Heike Egner / Andreas Pott (Hg.)
Geographische Risikoforschung

ERDKUNDLICHES WISSEN

Schriftenreihe
für Forschung und Praxis

Begründet von
Emil Meynen

Herausgegeben
von Martin Coy,
Anton Escher
und Thomas Krings

Band 147

z-SA

Heike Egner / Andreas Pott (Hg.)

Geographische Risikoforschung

Zur Konstruktion verräumlichter Risiken und Sicherheiten

Franz Steiner Verlag Stuttgart 2010

Umschlagabbildung:
Globus der Naturgefahren, Münchener Rück

Bibliografische Information der Deutschen Nationalbibliothek
Die Deutsche Nationalbibliothek verzeichnet diese
Publikation in der Deutschen Nationalbibliografie;
detaillierte bibliografische Daten sind im Internet über
<http://dnb.d-nb.de> abrufbar.

ISBN 978-3-515-09427-6

© 2010 Franz Steiner Verlag Stuttgart.
Gedruckt auf säurefreiem, alterungsbeständigem
Papier.
Druck: Laupp & Göbel, Nehren
Printed in Germany

INHALTSVERZEICHNIS

FOKUSSIERUNG III
MACHT UND KONTROLLE

SCHLIESSUNG UND WEITUNG

RAHMUNG

RISIKO UND RAUM

Das Angebot der Beobachtungstheorie

Heike Egner und Andreas Pott

Die Beiträge dieses Bandes beschäftigen sich mit verschiedenartigen Risiken, ihrer sozialen Konstruktion und ihren Raumbezügen. Sie gehen der Frage nach, was wir durch die Beobachtung und Analyse von Risiken und ihren Verräumlichungen an Einsichten über die Entstehung und den Umgang mit Risiken sowie die Gesellschaft, in der all dies geschieht, lernen können. Damit reiht sich der Sammelband in das schnell wachsende und fast schon unübersichtliche Feld der interdisziplinären Risikoforschung ein. Zugleich erprobt er eine besondere analytische Perspektive, die in der wissenschaftlichen Risikodebatte bisher kaum und nur selten konsequent eingenommen wird. Diese Perspektive interessiert sich nicht direkt für Risiken, sondern beobachtet, wie Risiken konstruiert und von (anderen) Beobachtern beobachtet werden. Fast überrascht, wie wenig verbreitet dieser beobachtungstheoretisch fundierte Ansatz in der Risikoforschung ist. Dabei führt die Auseinandersetzung mit Risiken in der modernen Gesellschaft (1) und mit der Beteiligung der Risikoforschung am gesellschaftlichen, oft raumbezogenen Risikodiskurs (2) fast geradlinig zu einer Reflexion der Beobachtungsabhängigkeit der Risikothematik (3), die zur Einnahme eines Beobachtungsmodus, den man Beobachtung zweiter Ordnung nennen könnte, auffordert (4). Mit der nachfolgenden Entfaltung dieses Argumentes sollen Anlass, Rahmen und Ziele dieses Bandes dargelegt werden.

1 DIE MODERNE GESELLSCHAFT UND IHRE RISIKEN

Die Gegenwartsgesellschaft lässt sich trefflich als „Risikogesellschaft" (Beck 1986) oder gar als „Weltrisikogesellschaft" beschreiben (Beck 2008). Doch auch schon vor Ulrich Becks griffigen Formeln hätte man zu einer vergleichbaren Diagnose kommen können. Die sich seit dem 18. Jahrhundert weltweit durchsetzende Struktur der modernen Gesellschaft ist eng mit dem Risikothema verknüpft. So stellt die funktional differenzierte Gesellschaft die einzelnen Menschen vor ganz neue, zuvor ungekannte Aufgaben. Waren das Leben und persönliche Entfaltungsmöglichkeiten in vormodernen, strikter hierarchisch strukturierten Gesellschaften durch Geburt, Geschlecht oder Abstammung weitgehend vorgezeichnet, entsteht erst mit der modernen Gesellschaft das uns allen bekannte Identitätsproblem, ja überhaupt erst das moderne Verständnis der individuellen Biographie und des für seine Biographie immer auch selbst verantwortlichen oder verantwortlich gemachten Individuums. Die biographischen Wahlmöglichkeiten in Bezug auf (Aus-)Bildung, Beruf, Partnerschaft, Religion, Politik, Freizeit, Konsum und andere Felder haben unübersehbar zugenommen – zumindest prinzipiell. Die Qual der Wahl resultiert ganz wesentlich aus dem mit der Entscheidungsmöglichkeit verbundenen Risiko, eine für zukünftige Situationen ungünstige Entscheidung zu treffen. Letztlich ist daher jede Entscheidung riskant. Und wer nicht wählt oder entscheidet oder zumindest glaubt, dies nicht zu tun, übersieht leicht, dass auch dies eine Entscheidung ist, die mit Risiken einhergeht.

Unter Unsicherheit und mit grundsätzlicher Zukunftsoffenheit müssen in der modernen Gesellschaft auch Unternehmen, Familien oder Regierungen leben, handeln und entscheiden. Weder Religion noch Wissenschaft nehmen ihnen das ab oder haben die Macht, allgemeingültige Sicherheiten zu produzieren und den unumstößlichen Glauben an diese zu gewährleisten. Die moderne Gesellschaft ist nicht nur ein rekursiver Kommunikationszusammenhang, in dem Kommunikationen und Handlungen immer an vorangehende Kommunikationen und soziale Strukturen anschließen – ohne freilich von ihnen determiniert zu werden. Vielmehr ist sich die moderne Gesellschaft ihrer grundsätzlichen Selbstbezüglichkeit und der Kontingenz und Zukunftsoffenheit ihrer Prozesse bewusst. Zwar wird das heutige Risikobewusstsein ganz entscheidend durch vielfältige Diskurse hervorgebracht, doch bereiten bereits die für die moderne Gesellschaft charakteristische Selbstreflexivität und Kontingenzeinsicht den Boden für ein allgemeines Risikobewusstsein.

In der Gesellschaft und nirgendwo sonst wird entschieden und ist zu entscheiden, wie mit der Unsicherheit der Zukunft und den Gefahren der Unvorhersehbarkeit von Ereignissen umzugehen ist. Hier werden die Bismarcksche Sozialversicherung, die Gesundheitsvorsorge, der Hochwasserschutz, die Verkehrserziehung oder die Rasterfahndung erfunden und praktiziert. Hier werden das Alter, die Erkrankung, das Naturereignis, der Unfall oder der terroristische Anschlag als mögliche Zukunftsereignisse oder Gefahren erkannt, *als* Risiken kommuniziert und mit entsprechenden Minimierungs-, Vermeidungs- oder Managementmaßnahmen bedacht. In diesem umfassenden Sinne sind Risiken immer soziale, gesellschaftsabhängige Konstruktionen, die überhaupt erst durch den kommunikativen Umgang mit ihnen bzw. den erwarteten Ereignissen, Schäden oder Veränderungen gesellschaftliche Bedeutung erlangen. Dass Rauchen die Gesundheit gefährdet, war auch schon früher gültig. Zumindest würde man dies nach heutiger medizinischer Einschätzung so sehen. Doch es ist genau dieses (hier: medizinische) Wissen und seine kommunikative Verbreitung, das Rauchen und – befeuert durch umfassende gesundheitspolitische Maßnahmen – zunehmend auch rauchende Menschen (genauer: die Nähe von rauchenden Menschen) zu einem vermeidbaren Risiko für die Gesundheit und nichtrauchende Menschen werden lässt. Rauchen ist nicht mehr nur gefährlich, da mit ihm die Gefahr der Gesundheitsschädigung einhergeht; Rauchen ist nun riskant, da entscheidungsabhängig.

Wie Risiken im Allgemeinen verweist auch ihre oft konstatierte Zunahme auf die Gesellschaft. Niklas Luhmann beobachtet für die moderne Gesellschaft die

Tendenz, unkalkulierbare Gefahren in kalkulierbare, entscheidungsabhängige und damit handhabbare Risiken zu transformieren. Er deutet dies als eine folgenreiche Begleiterscheinung der technischen Evolution, die unter anderem dazu beiträgt, die Unvorhersehbarkeit natürlicher Ereignisse in der modernen Gegenwartsgesellschaft zu verdrängen und durch ein der Technik gleichsam innewohnendes Könnensbewusstsein zu ersetzen (Luhmann 1991, 6). Zwar wird man heute nicht mehr von einem Bewusstsein vollständiger Technikbeherrschung ausgehen, wie dies in der zweiten Hälfte des 20. Jahrhunderts möglich war. Doch nach wie vor ist die Risikosemantik eng mit der modernen Vorstellung einer Steigerung der Mach- und Beeinflussbarkeit der Verhältnisse verknüpft.

Mit dem Modernisierungsprozess geht daher der andauernde Versuch einher, Vorgegebenes oder Zukünftiges in Gestaltbares zu verwandeln. Zusätzlich zu den damit geschaffenen Transformationen von Gefahren oder Unvorhersehbarkeiten in Risiken und riskante Entscheidungen werden durch die nicht-intendierten Folgen der gesellschaftlichen Verwandlungs- und Gestaltungsprozesse neue Risiken produziert. Eindrucksvoll zeigen dies die Diskussionen der jüngsten Vergangenheit über nicht hinreichend getestete Nebenwirkungen der Schweinegrippeimpfung. Es handelt sich hier um eine neue Impfmöglichkeit, die die Gefahr der Infektion mit dem H1N1-Virus in ein Erkrankungsrisiko transformiert, das man durch Impfverzicht bewusst eingehen oder durch Impfung vermeiden kann, was dann allerdings mit dem neuen Risiko der nicht vollständig bekannten Folgewirkungen des neuen Impfstoffes erkauft wird (siehe hierzu auch Davis 2005).

Die seit einigen Jahrzehnten beobachtbare Zunahme von Risiken oder – genauer – von Kommunikationen über Risiken ist sicherlich auch mit dem bis heute anhaltenden Komplexitätszuwachs der modernen Gesellschaft verbunden. Wie die „neue Unübersichtlichkeit" (Habermas 1985) der Welt, die Globalisierung und Transnationalisierung der gesellschaftlichen Funktionsbereiche oder die beschleunigten gesellschaftlichen Wandlungsprozesse (z. B. Neo-Liberalisierung, Umbau des Wohlfahrtsstaates, neue Governanceformen, neue gesellschaftliche Konfliktlinien), so trägt auch die explosionsartige Zunahme von Wissen und Information zum Wachstum und zur Verbreiterung der Risikoperspektive bei. Hinzu tritt die unüberhör- und unübersehbare ‚Rückkehr' der Natur in den gesellschaftlichen Diskurs, einer Natur, die zunehmend als gesellschaftlich beeinflusst, verändert, teilweise gar produziert verstanden wird. Man denke an allgegenwärtige Stichworte wie Klimawandel (Erwärmung, Überschwemmungen, Stürme etc.), Nahrungsketten oder Gentechnik, die in Diskussionen über neue Risiken und Entscheidungsnotwendigkeiten vorkommen.

Risiken werden nicht nur gesellschaftlich konstruiert und produziert, sondern auch verstärkt. Das Konzept der *social amplification of risk* weist darauf hin, dass allein die Kommunikation über Risiken ihre Formen und Auswirkungen verstärken (oder auch abschwächen) kann (vgl. Kasperson et al. 1988; Renn et al. 1992). Das Beispiel der massenmedialen Risikokommunikation liefert viele Belege für diesen Erklärungsansatz.

Zusammen genommen führen die skizzierten Entwicklungen zu einer so umfassenden Risikoperspektive, dass die moderne Gesellschaft in der Tat als eine durch Risiken strukturierte Gesellschaft erscheint: Als Risiken verstanden und behandelt werden heute so heterogene Phänomene wie Kriminalität, Unfall, Krankheit, Alter(n), Technikfolgen (z. B. von Kernkraftwerken oder Mobiltelefonen), Industriefolgen (z. B. Gentechnik oder Pharmaunternehmen), Terrorismus, Energieversorgung, Naturgefahren, Finanzen und Banken, Migration, Fremdenfeindlichkeit oder Armut. Folgt man den skizzierten Überlegungen zur gesellschaftlichen Konstruktion und Verstärkung von Risiken, ist die Frage, ob die mit dem Risikobegriff bezeichneten Ereignisse bzw. Ereignis-Eintrittswahrscheinlichkeiten tatsächlich zugenommen haben, kaum direkt zu beantworten. Unstrittig hingegen sind das Anschwellen und die Ausweitung des Risikodiskurses.

2 RISIKODISKURS, RAUMBEZUG UND RISIKOFORSCHUNG

Risiken haben Konjunktur. Ob Behörden, Versicherungen, Massenmedien, Stadtentwickler(innen) oder Risikoforscher(innen): Sie alle identifizieren Risiken, warnen vor ihnen und stellen Sicherheiten in Aussicht oder in Frage. Dazu gehört der Hinweis, dass diese ungleich verteilt sind. In dem häufig raumbezogenen Risikodiskurs werden Risiken verortet und kartiert, sichere von unsicheren Räumen unterschieden. Die räumliche Indizierung von Risiken und Sicherheiten dient ihrer Konkretisierung und Sichtbarmachung. Risiken und Sicherheiten erscheinen in der räumlichen (Vergleichs-)Perspektive – z. B.: hier riskant/dort sicher(er) – als mehr oder weniger territorial fixierte Phänomene (vgl. Belina & Miggelbrink 2009). Dies trägt zum Glauben an die Existenz der beschriebenen Risiken bei: Hier, in diesem (risikoträchtigen) Autobahnabschnitt passieren mehr Unfälle als anderswo; jene Hangabschnitte sind besonders von Lawinenabgängen bedroht; in den Hamburger Terrorzellen und in Afghanistan (heute auch Pakistan) wächst das islamistisch-terroristische Risiko heran. Derartige Diskursfragmente lassen vermuten, dass die Verräumlichung von Risiken als ein wesentliches Element des so genannten Risikomanagements benutzt wird und zu der angestrebten Reduzierung von Risiken beitragen soll. Ihre territoriale Adressierbarkeit erlaubt den zielgerichteten Umgang mit Risiken, sie werden handhabbar: Geschwindigkeitsreduktionen und Verkehrskontrollen lassen sich durch Raum- und Ortsangaben ebenso praktisch organisieren, wie Gefahrenzonenpläne die Siedlungstätigkeit strukturieren und die Lawine zum Risiko derer werden lassen, die ihnen nicht gehorchen. Auch die Gefahr, die von dem ortlosen AL-Kaida-Terrornetzwerk ausgeht, scheint durch das Anlegen einer raumbezogenen Perspektive zwar nicht vollständig gebannt, aber doch auf Risikoräume wie Moscheen und das afghanisch-pakistanische Bergland reduziert, die dann kontrolliert oder bekämpft werden können.

Am allgegenwärtigen Risikodiskurs und seiner Verräumlichung beteiligt sich auch die Risikoforschung. In gewisser Weise spielt die Wissenschaft sogar eine konstitutive Rolle für die Entstehung und Verbreitung des Diskurses. Wenn es zutrifft, dass in der modernen Gesellschaft Gefahren in dem Maße zu Risiken werden, „in dem bekannt ist, welche Entscheidungen zu treffen sind, um negative Ereignisse zu vermeiden" (Luhmann 1991, 88), dann ist es kein Zufall, dass sich die Risikoperspektive „im Parallellauf mit der Ausdifferenzierung von Wissenschaft entwickelt hat" (ebenda, 37). Denn als Wissen produzierendes Teilsystem der Gesellschaft tragen die Wissenschaft insgesamt und die Risikoforschung im Besonderen zur Selbstverstärkung des Risikodiskurses bei, da dieser ganz wesentlich von deren Wissensbeständen und Wissenszuwächsen genährt wird. Schon die Alltagserfahrung lehrt: „Je mehr man weiß, desto mehr weiß man, was man nicht weiß, und desto eher bildet sich ein Risikobewusstsein aus" (ebenda). Geht man daher davon aus, dass auch und gerade die Risikoforschung durch ihre gezielte Erarbeitung und Bereitstellung risikobezogenen Wissens zur Ausbildung des gesellschaftlichen Risikobewusstseins beiträgt, dann finden wir die wissenschaftliche Risikoforschung in einer geradezu paradoxen Situation. So sehr sie auch das Ziel verfolgen und die an sie (z. B. Forschungsaufträge durch Drittmittelgelder) herangetragene Hoffnung reproduzieren mag, durch mehr Forschung und durch mehr Wissensproduktion Risiken in Sicherheiten zu transformieren, so stark ist sie doch zugleich für die Verbreitung einer Perspektive verantwortlich, die überall Risiken erkennt, ihnen gesellschaftliche Bedeutung zuschreibt, aus ihnen Handlungsbedarfe ableitet oder gar Handlungsempfehlungen zum Umgang mit Risiken erarbeitet. Indem sie Risiken thematisiert, untersucht, zu organisieren und beseitigen hilft usw., indem sie also anderen nichtwissenschaftlichen Risikobeobachtern (wie Behörden, Versicherungen oder Massenmedien) vergleichbar Risiken von anderen möglichen Ereignissen unterscheidet und als Risiken bezeichnet, wird die wissenschaftliche Risikoforschung zu einem zentralen gesellschaftlichen Co-Konstrukteur von Risiken.

Berücksichtigt man dazu noch die Risiken, die aus dem technisch-wissenschaftlichen Fortschritt resultieren, dann lässt sich mit Beck zusammenfassend formulieren, dass sich die Gesellschaft durch den Prozess der (durch den technisch-wissenschaftlichen Fortschritt getriebenen) Modernisierung gleichsam selbst begegnet, wenn und da sie sich heute Risiken ausgesetzt sieht, die sie weitgehend selbst produziert. Handelte es sich früher vornehmlich um extern bedingte Gefahren, die zur Kontrolle und Bewältigung der Natur herausforderten, so liegt nach Beck die „historisch neuartige Qualität der Risiken heute" in ihrer zugleich sozialen und „wissenschaftlichen (...) Konstruktion begründet" (Beck 1986, 254): „Wissenschaft wird (Mit)Ursache, Definitionsmedium und Lösungsquelle von Risiken und öffnet sich gerade dadurch neue Märkte der Verwissenschaftlichung" (ebenda).

Es fällt nicht schwer, das Anwachsen des wissenschaftlichen Risikodiskurses und die Etablierung einer interdisziplinären Risikoforschung, die sich neue Themen, Forschungsfelder und „Märkte der Verwissenschaftlichung" schafft, nachzuweisen. Intensiv und in zunehmendem Maße hat die in den letzten zwei bis drei Jahrzehnten entstandene Risikoforschung an der Formung des gesellschaftlichen Risikodiskurses mitgewirkt. Allein der enorme Zuwachs der in Buchform veröffentlichten Fachliteratur zu einzelnen Teilaspekten der Risikoforschung ist beachtlich. Exemplarisch seien jüngere Publikationen zur Risikoanalyse (z. B. Cottin & Döhler 2008; Hollenstein 1997; Merz 2006), zum Risikomanagement (z. B. Alexander 2002; Perrow 1992), zur Risikotheorie (z. B. Bonß 1995; Japp 1996; Luhmann 1990, 1991) oder zum Umgang mit Risiken (z. B. Renn et al. 2007) genannt. Dazu kommen zahlreiche interdisziplinäre Sammelbände (z. B. Bechmann 1993; Bayerische Rück 1993; ISDR 2004; Plate & Merz 2001; Stiftung Umwelt und Schadenvorsorge 2005; Taylor-Gooby & Zinn 2006, WBGU 1998) und erste Lehrbücher (Felgentreff & Glade 2008) sowie eine vermehrte Zahl von wissenschaftlichen Tagungen, die sich primär dem Risikothema widmen (z. B. der Deutsche Geographentag 2007, siehe Kulke & Popp 2008). Dabei wird mittlerweile jegliche Größenordnung von Risiken behandelt, vom Scheidungsrisiko in der individualisierten Gesellschaft (Lewis & Sarre 2006) bis zu den Risiken globaler Katastrophen wie Klimawandel oder astrophysikalischen Ereignissen (Bostrom & Ćirković 2008).

Beteiligt an der interdisziplinären Risikoforschung ist auch die Geographie, eine Disziplin, für die der Raumbezug, der ja, wie angedeutet, auch für viele andere wissenschaftliche wie außerwissenschaftliche Perspektiven auf die Risikothematik kennzeichnend ist, geradezu fachkonstitutiv ist. Durch ihre Verräumlichung und Verortung von Risiken (z. B. auf und mittels Karten, durch die Ausweisung von sicheren bzw. gefährdeten Gebieten, durch so genannte Geo-Codierung usw.) trägt die geographische Risikoforschung zur interdisziplinären Herstellung des gesellschaftlichen Risiko-Wissens bei. Führt man für (ausgewählte) einschlägige geographische Fachzeitschriften eine entsprechende Zählung durch, ergibt sich ein ähnliches Bild der Zunahme an Publikationen und Tagungsthemen wie für die Risikoforschung im Allgemeinen (Tabelle 1).[1]

Deutlich wurde in der Durchsicht außerdem, dass sich die inhaltlichen Schwerpunkte der (geographischen) Risikoforschung im Laufe der Jahre verändert haben: Stand in den 1970er Jahren die „Natur" als Gefahr für den Menschen im Vordergrund, ging es in den 1980er Jahren weit häufiger um den „Menschen" als Gefahr für die Umwelt. In den 1990er Jahren setzten sich geographische Arbeiten auffallend häufig mit dem „Umweltschutz" sowie methodischen und planerischen Fragen seiner Umsetzung auseinander. Und seit 2000 fokussiert die Forschung stark auf „Umweltveränderungen" (wie Degradation, Wandel der Vegetation, Klimaveränderungen etc.), „Naturkatastrophen" sowie „Natur als Risiko". Die Durchsicht der Veranstaltungsankündigungen im „Rundbrief Geographie" ergab zudem, dass in den vergangenen Jahren viele Arbeitskreise der Deutschen Gesellschaft für Geographie eine oder mehrere Tagungen veranstalteten, die den Begriff „Risiko" oder einen eng verwandten Begriff (z. B. „Sicherheit" oder „Gefahr") im Titel führten, auch wenn der Fokus des AKs keine direkte Nähe zur Risikothematik vermuten lässt. Unterstellt man die Übertragbarkeit dieser für die Geographie nachgewiesenen Trends, dann lassen sie sich zum einen als Beleg für Becks These deuten, dass sich die Wissenschaft durch ihre Zuwendung und intensive Bearbeitung der Risikothematik erfolgreichen neue Märkte der Verwissen-

1   Die nachfolgenden Ergebnisse einer kleinen für diesen Beitrag durchgeführten Analyse verdanken wir Diplom-Geographin Ronja Wagner sowie dem Leipziger Institut für Länderkunde, das uns freundlicherweise ältere Ausgaben des „Rundbrief Geographie" für die Zählung und Auswertung zur Verfügung gestellt hat. Herzlichen Dank!

Zeitschrift (Beobachtungszeitraum)	Publikationen zum Thema Risiko in geographischen Zeitschriften			
	1970er Jahre	1980er Jahre	1990er Jahre	ab 2000
Geographische Zeitschrift (1965-2005)	2	1	4	0
Die Erde (1966-2006)	1	4	3	11
Erdkunde (1967-2007)	3	4	2	5
Berichte zur dt. Landeskunde (1967-2007)	0	3	1	13
Zeitschrift für Wirtschaftsgeographie (1972-2007)	4	2	3	1
Geographische Rundschau (1967-2007)	11	18	36	44
Progress in Human Geography (1988-2009)	0	5	34	20
Progress in Physical Geography (1977-2008)	2	15	32	32
Geographica Helvetica (1960-2007)	2	6	6	16
Rundbrief Geographie: Editorials und Hinweise auf Tagungen im Tagungskalender (1972-2008)	2	0	25	60
Gesamt	**27**	**58**	**146**	**217**

Tabelle 1 *Zählung der Publikationen und Tagungshinweise mit „Risiko" im Titel.[2]*

schaftlichung geschaffen hat. Zum anderen scheint auch die wissenschaftliche Beschäftigung mit Risiken gesellschaftlichen Moden und thematischen Trends zu folgen, die sie zugleich mit hervorbringt. Ob und inwiefern dieses Mitwirken der wissenschaftlichen Risikoforschung an der gesellschaftlichen Selbstverstärkung des Risikodiskurses auch durch politische Vorgaben und entsprechende Forschungsförderung verursacht ist, ist eine nahe liegende, aber in diesem Buch nicht weiter verfolgte Fragestellung.

Die skizzierte Beteiligung der Risikoforschung am gesellschaftlichen Risikobewusstsein bzw. Risikodiskurs wirft auch die Frage nach der Art und Weise der Erforschung von Risiken auf. Wie beobachtet und untersucht die Risikoforschung eigentlich Risiken? Welchen Beitrag leistet die Risikoforschung zur Reflexion

---

2   Die Übersicht erhebt keinen Anspruch auf Vollständigkeit, da einerseits die Beobachtungszeiträume uneinheitlich sind und andererseits einige Ausgaben einzelner Zeitschriften aufgrund von Schwierigkeiten bei der Beschaffung nicht berücksichtigt werden konnten. Es geht in der Tabelle lediglich um das Aufzeigen einer Tendenz.

von Risiken? Welchen Beitrag kann sie leisten, ohne – ob gewollt oder ungewollt – zum unkritischen Stichwortgeber und Verstärker eines allgemeinen gesellschaftlichen Risikodiskurses zu werden? Zur Annäherung an diese Fragen erscheint es lohnend, die Risikoforschung etwas genauer zu betrachten.

3 KONZEPTE UND PERSPEKTIVEN DER INTERDISZIPLINÄREN RISIKOFORSCHUNG

„Die" Risikoforschung gibt es nicht. Als interdisziplinäres Forschungsfeld (Zinn & Taylor-Gooby 2006) ist die Risikoforschung durch verschiedene Konzepte und Perspektiven gekennzeichnet. Auch der „schillernde Begriff" Risiko (Weichhart 2007), der als gemeinsamer Bezugspunkt fungiert, wird uneinheitlich gefasst und verwendet (vgl. z. B. Metzner 2002). Die Begriffsverständnisse, Grundannahmen, Erklärungsansätze und Vorgehensweisen der Disziplinen und Wissenschaftler, die sich mit der Erforschung von Risiken beschäftigen, divergieren teilweise so stark, dass es in der Forschungspraxis selten zu einer wirklich interdisziplinären Bearbeitung des Themas kommt; ein Schicksal, das das Risikothema mit anderen Querschnittsthemen in der Wissenschaft teilt. Dennoch lassen sich konzeptionelle Gemeinsamkeiten ausmachen. In Anlehnung und Erweiterung der Systematisierungsversuche von Zinn & Taylor-Gooby (2006) und Renn (2008a) könnte man folgende fünf Perspektiven unterscheiden:

1. In der *natur- und ingenieurwissenschaftlichen Risikoforschung* geht es um die Klassifizierung und Quantifizierung von Risiken. Risiken werden z. B. als Naturgefahren (etwa als Erdbeben, Überschwemmungen oder Zyklone) klassifiziert und in objektivistischer Perspektive als Aspekt der Realität, d. h. als objektive Sachverhalte der Natur bzw. der physisch-materiellen Umwelt betrachtet, die im Prinzip berechenbar sind und daher auch technisch kontrolliert werden können (Müller-Mahn 2007, 5). Dazu wird der als Risiko (oder, häufiger, als Gefahr) betrachtete Prozess mit einem Objekt (z. B. einem Haus, einer Person, einer Kommune oder einer Region) in eine kalkulatorische Beziehung gesetzt: Ein spezifisches Risiko ist das Produkt aus der Eintrittswahrscheinlichkeit eines bestimmten Ereignisses und der potentiellen Schadenshöhe (gemessen z. B. in Toten, Gebäuden, Infrastruktur, landwirtschaftlicher Fläche oder einer Währung). Diese Risikodefinition liegt auch der versicherungstechnischen Perspektive zu Grunde, die mit ihrer Hilfe für jeden geographischen Ort ein spezifisches Risiko oder einen Schadenserwartungswert berechnen kann, was wiederum die Voraussetzung für die Versicherungspraxis des „risk sharing" und die Zahlung von Kompensationen im Schadensfall ist (vgl. Höppe & Loster 2007; Müller-Mahn 2007, 5). Doch so mathematisch und eindeutig diese Risikodefinition erscheint, so unklar und diskussionswürdig ist, welche Parameter für die Berechnung von Risiken zugrunde gelegt werden sollten. Weder ist eindeutig, welche Bemessungsgröße für die Eintrittswahrscheinlichkeit verwendet werden sollte (sind bei einer Lawine oder

einem Hochwasser dreißig, fünfzig, hundert oder zweihundert Jahre angemessen?), noch kann die Schadenshöhe einfach in generalisierter Form bestimmt werden. Offensichtlich werden beide Parameter auch von sozialen Normen und gesellschaftlichen Diskursen beeinflusst, was in der natur- und ingenieurwissenschaftlichen Risikoforschung mit ihrer realistisch-objektivistischen Perspektive auf Risiken aber nicht angemessen berücksichtigt werden kann. Ulrich Beck weist daher zu Recht darauf hin, dass die Unterscheidung zwischen Risiko und der (sozialen oder kulturen) Wahrnehmung von Risiko zunehmend verschwimmt (vgl. Beck 2008, 15 ff.). Gerade der naturwissenschaftlich-technische Ansatz basiert auf der Annahme einer klaren Trennung zwischen Risiko und dessen Wahrnehmung, die durch die traditionelle Unterscheidung in ‚Experten' einerseits und ‚Laien' anderderseits gestützt wird. Die „Subjektivität" dcs Risikos, und damit dessen „Wahrnehmung", gehört so in den Bereich der Perzeptionsforschung und wird vor allem als individuelle Reaktion auf ein „objektives" Risiko verstanden. Mißverständnisse und Fehldeutungen kommen damit definitorisch allein auf der Seite der (wenig informierten) Laien vor – und nicht auf der Seite der (präzis und wissenschaftlich arbeitenden) Experten. Dass diese Sichtweise sich nicht nicht länger als tragfähig erweist, zeigen auch die Beiträge in dem vorliegenden Band. Vielmehr lässt sich konstatieren: Je ‚objektiver' ein Risiko erscheint, umso tiefer ist es in seiner sozialen oder kulturellen Konstruktion verankert, denn die „Objektivität" von Risiken ist ein Produkt sowohl ihrer Wahrnehmung als auch ihrer Realitätsinszenierung (an der Experten wesentlich beteiligt sind).

2. Die *wirtschaftswissenschaftliche Risikoforschung* kommt der natur- und ingenieurwissenschaftlichen Perspektive recht nahe. Anders als jene fokussiert sie jedoch auf die Berechnung des Nutzens oder der Chance von Risiken. Die mit einem Risiko verknüpften Chancen werden für die Analyse mit Hilfe der Frage objektiviert (d. h. messbar gemacht), welche Summe ein Individuum bereit ist, für die angestrebte (bzw. unterstellte) Nutzenmaximierung (Minimierung negativer oder Verstärkung positiver Effekte) zu zahlen. Die „Materialisierung" von Risiken und Chancen erfolgt jedoch oftmals erst Jahre nach einer riskanten Entscheidung, so dass für eine Risikoabschätzung aus wirtschaftswissenschaftlicher Perspektive auch die Veränderungen des Verhältnisses von Risiko und Chance im zeitlichen Verlauf zu berücksichtigen sind.

3. Die *psychologischen Ansätze der Risikoforschung* interessieren sich für die subjektive Einschätzung von Risiken durch Individuen. Sie suchen nach Erklärungen für unterschiedliches (Entscheidungs-)Verhalten von Individuen unter riskanten Bedingungen. Von besonderem Interesse sind Fragen nach der Abschätzung und Tolerierbarkeit von Risiken und der damit einhergehenden individuellen Handlungsoptionen. So scheinen die Einschätzung und die Akzeptanz von Risiken davon abhängig zu sein, ob es sich etwa um ein Risiko handelt, das von einer großtechnologischen Anlage (z. B. einem Atomkraftwerk) ausgeht, um eine als Naturereignis wahrgenommene Katastrophe oder um ein Risiko, das eher im Bereich des eigenen Handelns zu verorten ist (z. B. Freizeitgestaltung oder persönlicher Umgang mit Finanzen). Auch die

Wahrscheinlichkeit des Eintretens von Risiken wird sehr unterschiedlich wahrgenommen und interpretiert. Dies hängt von der Menge an Informationen über das Risiko und die Vertrauenswürdigkeit der Quelle ab sowie davon, ob das Risiko als ein mögliches Ereignis wahrgenommen wird, das bei Eintritt den persönlichen Alltag betrifft oder nicht (weil es beispielsweise in großer Entfernung eintritt).

4. Ganz ohne Berechnungen kommt die *sozialwissenschaftliche Risikoforschung* aus. Risiken werden als unerwünschte Ereignisse betrachtet, die nicht per se vorhanden sind, sondern in sozialen Definitions- und Aushandlungsprozessen geformt werden. In diesem Sinne sind Risiken immer mit Entscheidungen verbunden, die unter der Bedingung von Nicht-Wissen (i. e. Unsicherheit) getroffen werden. In der sozialwissenschaftlichen Perspektive ist eine Quantifizierung von Risiken nicht möglich und auch nicht nötig. Wie bei den anderen vorgestellten Perspektiven dürfte man streng genommen auch im Falle sozialwissenschaftlicher Risiko-Konzepte nicht von „der" sozialwissenschaftliche Perspektive auf Risiko sprechen. Denn das interessierende Entscheiden unter Ungewissheit wird tatsächlich mit ganz unterschiedlichen (und sich teilweise ausschließenden) theoretischen Ansätzen konzipiert und erklärt. Ortwin Renn (2008a, 57 ff.) führt in seinem Überblick über die Konzepte der Risikoforschung in den Sozialwissenschaften sechs Ansätze auf, die er in zweifacher Hinsicht voneinander unterscheidet: (a) Setzt das jeweilige Konzept beim Individuum an oder wird eher auf gesellschaftliche Ebene, also strukturalistisch, argumentiert? (b) Welche erkenntnistheoretische Position liegt dem jeweiligen Konzept zugrunde, eine realistische (objektivistische) oder eine konstruktivistische Position (siehe hierzu auch Metzner-Szigeth 2008)? – Derart lassen sich mit Renn folgende Konzepte unterscheiden: (1) Rational-Choice Theorien (realistisch-individualistisch, z. B. Jaeger et al. 2001; Renn et al. 2007); (2) Theorie der reflexiven Modernisierung (konstruktivistisch-individualistisch; z. B. Beck 1986); (3) Theorie sozialer Systeme (konstruktivistisch-strukturalistisch; z. B. Luhmann 1991); (4) Kritische Theorie und Theorie kommunikativen Handelns (realistisch-strukturalistisch; z. B. Habermas 1981); (5) postmoderne Ansätze (konstruktivistisch-poststrukturalistisch; z. B. Foucault 1982) und schließlich (6) kulturtheoretische Ansätze (konstruktivistisch-strukturalistisch; z. B. Douglas & Wildavsky 1982).

5. Die *geographische Risikoforschung* wiederholt – im Anschluss an das klassische Mensch-Umwelt-Paradigma der Geographie – den dargestellten Gegensatz zwischen realistisch-objektivistischen Ansätzen auf der einen und konstruktivistischen Ansätzen auf der anderen Seite innerhalb ihrer disziplinären Perspektive. Sie operiert sowohl mit natur- als auch mit sozial- und kulturwissenschaftlichen Konzepten. Anders als in anderen Feldern der Risikoforschung trifft man in der Geographie jedoch auch auf explizite Versuche, die Dichotomie zwischen objektivistischen und konstruktivistischen Zugangsweisen zu überwinden, indem man von einer Komplementarität beider Perspektiven ausgeht und zwischen sozial konstruierten Risiken und objektiven (Natur-) Gefahren unterscheidet (vgl. Müller-Mahn 2007, 10). Während Risi-

ken auch in der geographischen Risikoforschung nicht als Eigenschaft der natürlichen Umwelt, sondern als durch Wahrnehmungen, Bewertungen, Kommunikationen und Entscheidungen hervorgebrachte soziale Konstruktionen verstanden werden, gelten Gefahren als potentielle Ereignisse in der physisch-materiellen Umwelt, denen man ausgesetzt ist. Wenn geographische Arbeiten Gefahren und ihre Übersetzung in Risiken untersuchen, blicken sie daher vor allem auf so genannte Naturgefahren, auf Gefahren von Lebensräumen oder auf „'objektive Gefahren' und ihre räumliche Differenzierung auf der Erdoberfläche" (Müller-Mahn 2007, 10; vgl. auch Müller-Mahn & Rettberg 2007; Pohl & Geipel 2002). Die Kombination der erkenntnistheoretisch unvereinbaren Perspektiven des Realismus und des Konstruktivismus gelingt forschungspraktisch, indem – neben anderen – stets auch nicht-konstruktivistische Raumbegriffe Verwendung finden, etwa wenn von der räumlich differenzierten Vulnerabilität von Bevölkerungsgruppen, von den von „Dürre gefährdeten Regionen" oder von „Gefährdungen durch tropische Wirbelstürme" (Bohle 2007, 21 f.) die Rede ist. Im disziplinären Vergleich wird deutlich, dass derartige Verwendungsweisen eines nicht-konstruktivistischen, alltagsweltlichen, physisch-materiellen Raumbegriffs gerade in der nicht-geographischen Risikoforschung dominieren. Während in geographischen Arbeiten über Risiken zunehmend auch konstruktivistische (handlungstheoretische, diskurstheoretische, relationale etc.) Raumbegriffe Eingang finden (vgl. ebenda), die z. B. dazu motivieren, auch die Formen und Folgen der Konstruktion von Risikoräumen zu untersuchen (vgl. Müller-Mahn & Rettberg 2007), beschränkt sich die konstruktivistische Perspektive der sonstigen Risikoforschung auf die Rekonstruktion von Risikokonstruktionen, ohne der Raumdimension und der Praxis der Verräumlichung von Risiken eine vergleichbare (konstruktivistische) Aufmerksamkeit zu schenken.

Wie die Aufzählung der verschiedenen wissenschaftlichen Risikobegriffe und -konzepte andeutet, ist das Wissen über Risiko komplex und multiperspektivisch generiert. Eine einheitliche und allgemein gültige Perspektive auf Risiko, Sicherheit, Risikoräume etc. ist nicht auszumachen. Zwar gibt es Integrationsversuche wie das sozial-ökologische Konzept (Renn et al. 2007), den Ansatz zur gesellschaftlichen Verstärkung von Risiken (Kasperson et al. 1988; Renn et al. 1992), das Konzept zur Risikoklassifizierung des Wissenschaftlichen Beirats der Bundesregierung Globale Umweltveränderungen (WBGU 1998) oder den Analyserahmen des Risk Governance des International Risk Governance Council (IRGC 2007; Renn 2005). Doch von einer gelungenen Integration der verschiedenen Ansätze in einen adäquaten konzeptionellen Rahmen kann man nicht sprechen. So kommt Ortwin Renn in seiner Revision der Risikokonzepte zu dem Schluss: „A fully integrated risk perspective is not in sight" (Renn 2008b, 203).

Das Fehlen einer einheitlichen wissenschaftlichen Perspektive auf Risiken ist nicht überraschend. Zum einen sind naturalistisch-realistische Ansätze erkenntnistheoretisch nicht ohne weiteres mit konstruktivistischen Positionen vereinbar. Zum anderen wissen wir durch die Arbeiten von Ludwig Wittgenstein, Edmund

Husserl, George Spencer-Brown, Heinz von Foerster und vielen anderen, dass es keinen Beobachtungsstandpunkt außerhalb dieser Welt – den Archimedischen Punkt – gibt, von dem aus das Geschehen auf der Welt (als Einheit) beobachtet werden könnte. „Die Welt kann nicht von außen beobachtet werden, sondern nur in ihr selbst, das heißt: nur nach Maßgabe von (…) Bedingungen, die sie selbst bereitstellt" (Luhmann 1992a, 75). Wir können also keinen umfassenden und privilegierten Beobachterstandpunkt mehr annehmen, von dem aus etwas „richtig" oder „falsch" beobachtet wird, und von dem aus jemand behaupten könnte, er könne besser als alle anderen feststellen, was der Fall ist. Wie andere Risiko-Beobachter(innen) oder Risiko-Experten(innen) sind damit auch wissenschaftliche Beobachter(innen) ‚nur' Beobachter(innen), die in der Gesellschaft und mit ihren jeweiligen Definitionen und Konzepten Risiken und ihre Folgen untersuchen.

Während es bei Aspekten wie der Risikowahrnehmung durch Individuen und soziale Gruppen, der Bewertung der Akzeptabilität eines Risikos, dem Risikomanagement oder der Risikokommunikation kaum Zweifel gibt, dass diese individuell wie kollektiv variabel und Ergebnis sozialer Prozesse und spezifischer Beobachtungen sind, gilt die Abschätzung von Risiken durch Expert(inn)en gemeinhin als objektiv. Gerade die technisch-ingenieurwissenschaftlichen Berechnungen von Risiken genießen aufgrund ihrer naturwissenschaftlichen Fundierung den Nimbus des Eindeutigen und Unanfechtbaren. Während in der interdisziplinären Risikoforschung der naturwissenschaftlichen Risikoberechnung und -abschätzung zumeist die Aufgabe zukommt, zu analysieren und zu zeigen, was ist, widmen sich sozialwissenschaftliche Risikoforscher(innen) üblicherweise den sozialen Fragen der Bewertung und Interpretation von Risiken. Nach den voran stehenden Ausführungen ist eine solche Unterscheidung nicht mehr aufrecht zu erhalten. Die Annahme, dass Risiken sozial konstruiert und perspektivenabhängig sind, gilt auch für die naturwissenschaftlich-technische Berechnung oder Abschätzung von („objektiven") Risiken.

Wenn wir also im Folgenden von der sozialen Konstruktion aller Risiken ausgehen, stellt sich die Frage, welche Folgen diese Einsicht für die Forschungspraxis hat. Wie sind Risikokonstruktionen und ihre Folgen zu untersuchen? Wie kann die Untersuchung in einer Weise gelingen, die auch den Raumbezug von Risiken konstruktivistisch fasst? Es liegt nahe, die Antwort in einem Ansatz zu suchen, der genau das ernst nimmt, worauf der Durchgang durch die unterschiedlichen Konzepte der interdisziplinären Risikoforschung aufmerksam macht: auf die Beobachtungsabhängigkeit risikobezogenen Wissens.

4 RISIKEN, SICHERHEITEN UND IHRE VERRÄUMLICHUNGEN AUS BEOBACHTUNGSTHEORETISCHER PERSPEKTIVE

Der im Alltag häufig gebrauchte Gegenbegriff des Risikos ist der der Sicherheit. Der Sicherheitsbegriff fungiert als Reflexionsbegriff des Risikobegriffs (Luhmann 1991, 28 f.). Mit beiden Begriffen wird die Realität beobachtet und interpretiert, werden Dinge, Orte, Handlungen und Entwicklungen als sicher oder riskant interpretiert. Beobachter(innen) erster Ordnung sind üblicherweise professionelle Risikomanager(innen) oder Sicherheitsexpert(inn)en, die Risiken berechnen oder Sicherheiten gewährleisten, alle diejenigen, die ihnen vorwerfen, nicht genug für die Sicherheit zu tun, oder auch wissenschaftliche Risikoforscher(innen), die durch Forschung und Wissen zur Risikoreduktion oder zur Herstellung von größerer Sicherheit beitragen wollen. Sie alle glauben „an Fakten; und wenn gestritten oder verhandelt wird, dann typisch auf Grund unterschiedlicher Interpretationen oder unterschiedlicher Ansprüche in Bezug auf dieselben Fakten" (ebenda, 30). Dass etwas, was von verschiedenen Beobachtern für Dasselbe gehalten wird (i. e. Fakten, die „reale Welt"), für sie ganz verschiedene Informationen erzeugt, sieht erst, wer diese Sicherheits- und Risikobeobachter beobachtet – der (oder die) so genannte Beobachter(in) zweiter Ordnung.

Betrachtet man die Unterscheidung von Risiko und Gefahr, die Soziologen als die im Vergleich zur Risiko/Sicherheit-Unterscheidung analytisch präzisere und ergiebigere Unterscheidung präferieren (vgl. Japp 1996; Luhmann 1986, 1991), wird man noch direkter auf die Ebene der Beobachtung zweiter Ordnung verwiesen. Während im Falle des Risikos das Entscheiden eine Rolle spielt, ist man Gefahren ausgesetzt (Luhmann 1991, 32). Zwar bleibt es nicht dem Belieben des Beobachters überlassen, ob etwas als Risiko oder als Gefahr markiert und eingestuft wird. So kann man nur auf Entscheidungen zurechnen, „wenn eine Wahl zwischen Alternativen vorstellbar ist" (ebenda, 35). Aber es bleibt eine Zurechnung, von der die Unterscheidung von Risiko und Gefahr abhängig ist. Der Risikobegriff bezeichnet daher „keine Tatsache, die unabhängig davon besteht, ob und durch wen sie beobachtet wird. (…) [W]enn man wissen will, was hier der Fall ist, muß man den Beobachter beobachten" (ebenda, 36).

Die raumtheoretische Debatte der letzten Jahre hat wiederholt darauf aufmerksam gemacht, dass Räume und territoriale Grenzen nicht einfach ‚sind', sondern stets hergestellt werden, und zwar in Diskursen, in Wahrnehmungs-, Handlungs- oder Kommunikationsprozessen (Döring & Thielmann 2008; Glasze & Mattissek 2009; Miggelbrink 2002; Werlen 1997). Für die Analyse der interessierenden Raumdimension des Risikothemas bedeutet dies, nicht (nur) als Beobachter erster Ordnung selbst räumliche Differenzierungen vorzunehmen oder Räume zu bestimmen und auf ausgewählte Risiko-Merkmale hin zu beobachten, sondern (auch) zu untersuchen, wie, wozu und mit welchen Folgen in der alltäglichen – außerwissenschaftlichen wie wissenschaftlichen – Wahrnehmung und Kommunikation von Risiken räumliche Bezüge und Unterscheidungen von anderen Beobachtern vorgenommen, stabilisiert und verändert werden.

Ein viel versprechendes Angebot für die systematische Beobachtung der Konstruktion von Risiken, Sicherheiten und ihren Verräumlichungen (mit Ulrich Beck 2008, 13 ff: der „Reailitätsinzenierungen") stellt die Beobachtungstheorie dar, wie sie von Niklas Luhmann im Anschluss an Überlegungen von Heinz von Foerster und George Spencer-Brown formuliert und weiterentwickelt worden ist (Luhmann 1992a, 1992b; Foerster 1984; Spencer-Brown 1969/1997). Gemäß dieser Beobachtungstheorie bezeichnet Beobachten die Einheit von Unterscheiden und gleichzeitigem Bezeichnen einer Seite des so Unterschiedenen, z. B. „mein

Freund (und niemand sonst)", „zweiundvierzig (und keine andere Zahl)" oder –
als raumbezogene Beobachtung – „hier (und nicht dort)". Sind Beobachtungen
unterscheidende Bezeichnungen, ist mit Beobachten der operative Vollzug einer
Unterscheidung durch Bezeichnung der einen (und nicht der anderen) Seite gemeint. Keine Beobachtung also ohne Unterscheidung.

Eine Beobachtung – die Einheit von Unterscheiden und Bezeichnen – kann
nur durch eine weitere Beobachtung sichtbar gemacht werden. Denn im Vollzug
einer jeden Beobachtung – der so genannten Beobachtung erster Ordnung – kann
die dieser Operation zugrunde liegende Unterscheidung nicht selbst beobachtet
werden, sie ist der blinde Fleck der Beobachtung. Jede Beobachtung erster Ordnung bringt lediglich ein „Objekt" hervor, ein bezeichnetes „Ding", das als An-
schlussmöglichkeit weiterer Beobachtungen dient (vgl. Redepenning 2006, 64).
Während sich die Beobachtung erster Ordnung also durch Objektbezug und Ding-
schema auszeichnet, bietet die Beobachtung zweiter Ordnung die Möglichkeit, die
auf der Was-Ebene operierende Beobachtung erster Ordnung auf ihre gewählte
Unterscheidung hin zu beobachten. Sie nimmt die Beobachtung erster Ordnung
als ihren Gegenstand, um zu beobachten, wie unterschieden und bezeichnet wurde
oder wird (Abbildung 1).

Die Perspektivenabhängigkeit des Risikobegriffs lässt sich nun konzeptionell
genauer fassen. Wie andere Beobachtungs-„Objekte" hängen auch Risiken und
Sicherheiten von der bei ihrer Beobachtung gebrauchten *Unterscheidung* ab. Denn
alles, was von einem (einer) Beobachter(in) (z. B. von einer Person, einer Behör-
de, einem Messgerät, einer wissenschaftlichen Disziplin) beobachtet wird, wird so
beobachtet, wie es beobachtet wird (und nicht anders), weil der jeweils beobachtende Beobachter eine bestimmte Unterscheidung verwendet (und keine andere).
In diesem Sinne sind Risiken kontingente Formen der Beobachtung bzw. der Un-
terscheidungsverwendung. Was als Risiko bezeichnet (und von anderem unterschieden) wird, hängt immer von den Unterscheidungen derjenigen beobachtenden Person oder desjenigen beobachtenden Systems ab, die oder das etwas als
riskant (oder sicher) beobachtet. Kontingent ist auch die Verknüpfung der Risikokonstruktion mit einer Raumkonstruktion. Risikoräume sind in diesem Sinne als
Beobachtungen zu verstehen, die die Unterscheidung und Bezeichnung von etwas
als Risiko mit raumbezogenen Unterscheidungen wie nah/fern, hier/dort oder in-
nen/außen verbinden. Auch zur Analyse dieser Konstruktionspraxis bietet sich die
Beobachtung zweiter Ordnung an.

Im Anschluss an die skizzierte Unterscheidung der Beobachtungsmodi werden im vorliegenden Band Beobachtungen zweiter Ordnung ins Zentrum gerückt.
Mit ihrer Hilfe lassen sich die risiko- und raumbezogenen Unterscheidungen anderer Beobachter(innen) (oder auch – zeitversetzt – die eigenen wissenschaftlichen Unterscheidungen) beobachten und analysieren. Derart ist es möglich zu
rekonstruieren, wer was auf welche Weise als riskant oder sicher bezeichnet, oder
wessen Beobachtungen möglicherweise Risiken ausblenden, vor denen andere
Beobachter(innen) warnen. Außerdem wird sichtbar, welche Risiken wie ver-
räumlicht werden, indem sie auf Territorien oder bestimmte Orte bezogen werden,
indem sie als räumlich begrenzt oder auch als atopisch oder ubiquitär erscheinen.

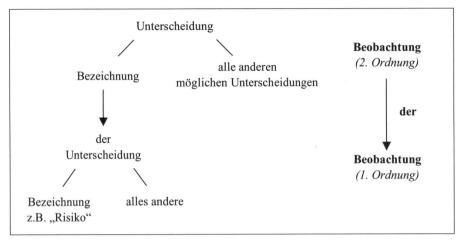

Abbildung 1 *Beobachtung erster und Beobachtung zweiter Ordnung (Egner 2008, 63).*

Auf diese Weise können Fragen nach Bedeutung und Funktion des Raumbezugs im Kontext von Risiko- und Sicherheitskonstruktionen behandelt werden.

In der Risikoforschung ist der Modus der Beobachtung zweiter Ordnung keineswegs selbstverständlich. Als „angewandte Wissenschaft" nimmt die interdisziplinäre Risikoforschung vorwiegend Beobachtungen erster Ordnung vor, und zwar immer dann, wenn sie selbst per Definition, über Verortung sowie über Interpretation von errechneten Daten entscheidet, was ein Risiko oder ein Risikoraum ‚ist'. Eine Beobachtung erster Ordnung verfährt jedoch auf ihrer operativen Ebene des unterscheidenden Bezeichnens „naiv" und „in Bezug auf die eigene Referenz unkritisch" (Luhmann 1992a, 85). Sie kann nur sehen, was mit dieser Unterscheidung zu sehen ist, und nichts anderes. Um die Unterscheidung, die ein(e) Beobachter(in) verwendet – sei es die eines anderen Beobachters oder die der eigenen Beobachtung –, beobachten und untersuchen zu können, ist die Einnahme der Beobachtungsposition zweiter Ordnung nötig. Die Beobachtung zweiter Ordnung findet üblicherweise zeitlich versetzt statt, um die jeweils verwendete Unterscheidung (in der Beobachtung anderer Beobachter(innen) oder in der eigenen, zu einem früheren Zeitpunkt stattgefundenen Beobachtung) zu identifizieren und ihre Folgewirkungen zu studieren. Als Beobachtungen sind alle Beobachtungen zweiter Ordnung immer zugleich Beobachtungen erster Ordnung, auch sie haben blinde Flecken (und könnten wiederum auf ihren Unterscheidungsgebrauch untersucht werden). Schon aus diesem Grund bezieht die Beobachtung zweiter Ordnung keine hierarchisch höhere Position. Beobachtungen zweiter Ordnung ‚sehen' nicht ‚mehr'; sie bekommen allenfalls anderes in den Blick, i. e. die beobachtungsleitenden Unterscheidungen der Risikobeobachter(innen) und damit die Konstruktionsweisen von Risiken.

Der beobachtungstheoretische Ansatz fordert stets auch zur Selbstreflexivität der Risikoforschung auf. Welche Risiken und Risikoräume konstruiert die Risiko-

forschung selbst? Wie und mit Hilfe welcher beobachtungsleitenden Unterscheidungen beteiligt sie sich am gesellschaftlichen Risikodiskurs oder verstärkt ihn?

Dass der konzeptionell vielversprechende beobachtungstheoretische Ansatz
bisher in der Risikoforschung noch keine weite Anwendung gefunden hat, überrascht, zumindest auf den ersten Blick. Die Zurückhaltung mancher Risikofor-
scher(innen), gerade der empirisch arbeitenden, mag auch seiner konstruktivistischen Radikalität geschuldet sein. Denn fraglos radikalisiert der Ansatz die Einsicht, dass Risiken soziale Konstruktionen darstellen: Folgt man dem beobachtungstheoretischen Ansatz konsequent, können Risiken und ihre Raumbezüge nur
als Konstruktionen verstanden werden. Als nicht-konstruierte Formen sind Risiken schlechterdings nicht mehr denkbar, da nun alles Soziale bzw. alles, was in
der Gesellschaft vorkommt und von Bedeutung ist, Beobachter(innen)
(=Konstrukteure/Konstrukteurinnen) voraussetzt. Ohne Beobachtung und Kommunikation der beobachteten Risiken und ihrer Räume gäbe es Risiken und Risikoräume gar nicht, zumindest nicht als gesellschaftlich relevante.

Aber, so wird manch' klassischer Risikoforscher einwenden, das Leben in der
vom Hochwasser oder Erdbeben bedrohten Gefahrenzone sei doch „objektiv" und
in jedem Fall für die betreffende Bevölkerung riskant, gleich ob diese die Gefahr
bzw. ihre Wohnortentscheidung als Risiko wahrnimmt und kommuniziert oder
nicht. In dieser Weise provoziert eine (radikal) konstruktivistische Perspektive
gerade dann Einspruch, wenn es um Risiken geht, deren Nichtbeachtung handfeste Folgeschäden zeitigt (z. B. Tote oder hohe materielle Schäden der Infrastruktur). Solche, oftmals naturgefahreninduzierten Risiken gelten als nicht konstruiert,
als „echt" oder eben „objektiv". Beobachtungstheoretisch argumentierende Risi-
koforscher(innen) würden darauf entgegnen, dass genau dieser objektivistische
Einwand des Risikoforschers (und anderer Beobachter(innen)) den von ihm (ihnen) beobachteten, identifizierten oder untersuchten Risiken zu sozialem Leben
verhilft. Und würde dabei bleiben, dass, solange Risiken nicht beobachtet und
kommuniziert werden, gleichgültig, ob als vermeintlich objektive – Beispiel Naturgefahren – oder als gesellschaftlich produzierte – Beispiel Technikfolgen –, sie
gesellschaftlich nicht existent sind.

In diesem Sinne ist der Anspruch einer „wahren" Risikodefinition ebenso aufzugeben wie der Anspruch einer „richtigen" Risikoabschätzung, z. B. durch die
Interpretation von errechneten, vermeintlich „objektiven" Werten in der naturwis-
senschaftlich-ingenieurwissenschaftlichen Perspektive. Denn das, was beobachtet
wird, z. B. dass etwas hier oder dort ein Risiko darstellt, ist kontingent, also nur
eine von vielen Beobachtungsmöglichkeiten der Welt. Diese Einsicht gilt für naturgefahreninduzierte Risiken ebenso wie für Technikfolge-Risiken oder sichere
und unsichere Orte in der Stadt.

Beobachtungstheoretisch gesehen, können Risiken nicht mehr, wie häufig in
der Risikoforschung, als objektive, beobachtungsunabhängige Dinge *und* als soziale Konstruktionen behandelt werden. Statt mit der Unterscheidung von Konstruktion und Realität zu operieren, geht die beobachtungstheoretische Perspektive von
der Konstruktion und Beobachtungsabhängigkeit alles Gesellschaftlichen aus. Sie
interessiert sich daher für die *Realität der Konstruktion von Risiken* und bezieht

gerade aus diesem Ernstnehmen der für soziale Prozesse folgenreichen Realität von Risikokonstruktionen ihre (gesellschaftliche) Relevanz. Der beobachtungstheoretisch fundierte Blick richtet sich demnach auf die Formen der Risiko- und Sicherheitskonstruktionen, die Konstruktionsbedingungen und die Folgen der beobachtbaren Konstruktionen. Dazu gehören auch Räume, Raumbezüge und Grenzen. Der Raumbezug von (beobachteten) Risiken ist ebenfalls kontingent, das heißt, wenn auch nicht beliebig, so doch immer auch anders möglich. Die Raumdimension von Risiken und Sicherheiten wird damit zu einer offenen empirischen Frage. Erst die Beobachtung der verschiedenen Risikobeobachter(innen) schafft die Möglichkeit, die Frage zu beantworten, ob und, wenn ja, welche Bedeutung der Verräumlichung und der räumlichen Indizierung von Risiken zukommt.

Um die Folgen, Bedeutungen oder Funktionen von Risikokonstruktionen und ihren Verräumlichungen zu analysieren, müssen die beobachteten und rekonstruierten Risikokonstruktionen kontextualisiert werden. Für die Deutung der beobachteten Formen ist die Annahme entscheidend, dass Risiken – wie soziale Konstruktionen im Allgemeinen – nicht beliebig konstruiert, sondern auf soziale Anschlussfähigkeit ausgerichtet sind. Auch um die Folgen der interessierenden Risikokonstruktionen zu verstehen, ist die jeweils relevante soziale System- oder Kontextreferenz zu beachten. Risikokonstruktionen erfüllen z. B. für Massenmedien andere Funktionen als für Behörden, die Risikomanagementmaßnahmen entwerfen. Sie haben für Versicherungen eine andere Bedeutung als für Versicherte oder Stadtbewohner(innen). Auch für die Analyse der ‚Wanderung' bestimmter Risikokonstruktionen durch verschiedene gesellschaftliche Kontexte ist die Reflexion der jeweiligen Produktions- und Verwendungskontexte eines Risikos unentbehrlich – man denke an klimabezogene Risiken, die die Forschung identifiziert, die von den Massenmedien mit ihren Mitteln kommuniziert und dann von der Politik in der einen oder anderen Form aufgegriffen oder ignoriert werden.

Wie und mit welchen Mitteln die Kontextualisierung in der wissenschaftlichen Analyse praktiziert wird, ist mit der Entscheidung für eine beobachtungstheoretisch fundierte Risikoanalyse keineswegs festgelegt. Sicherlich bietet die Luhmannsche Systemtheorie als komplexe und beobachtungstheoretisch konzipierte Gesellschaftstheorie ein reichhaltiges Repertoire zur Beschreibung von sozialen Strukturen wie Interaktionen, Organisationen und Funktionssystemen, die für die Praxis und die Folgen von Risikokonstruktionen relevant sind. Doch eine beobachtungstheoretisch ausgerichtete Risikoforschung kann auch mit anderen Gesellschafts- und Sozialtheorien verknüpft werden. Daher wurde bei der Erarbeitung dieses Bandes bewusst darauf verzichtet, mit der Wahl der Beobachtungstheorie auch die Wahl einer bestimmten Gesellschaftstheorie festzulegen. Im Gegenteil: Um neben den Erkenntnis- auch die Verwendungs- und Anschlussmöglichkeiten des beobachtungstheoretischen Ansatzes in der Risikoforschung sichtbar zu machen, beinhaltet der Band ein ganzes Spektrum von Theorien und theoretischen Hintergründen. Alle Beiträge eint jedoch der gemeinsame Bezug auf den dargestellten epistemologischen Rahmen der interdisziplinären und transkonzeptionellen Beobachtungstheorie. Insgesamt plädiert der Band für einen Wechsel des üblichen Beobachtungsmodus. Statt Risiken festzustellen und zu verräumlichen, fokussieren wir qua Beobachtung zweiter Ordnung auf die Praktiken der Konstruktion: Wie, unter welchen Bedingungen und mit welchen Folgen werden Risiken und ihre Verräumlichungen konstruiert?

5 DAS BUCH ALS *WORKING GROUP BOOK*:
ZIELE UND THEMEN

Der vorliegende Band verdankt sich der Neugierde, die einer Beobachtung entsprang: Wir beobachteten auf der einen Seite das rasch wachsende Feld der Risikoforschung, eines interdisziplinären Forschungszusammenhangs, in dem Risiken und ihre räumlichen Differenzierungen identifiziert und analysiert sowie Maßnahmen des Risikomanagements und zur Produktion von Sicherheit entwickelt werden. Auf der anderen Seite machten wir Erfahrungen mit der unterscheidungstheoretischen Beobachtungstheorie, die in vielen Forschungsfeldern erfolgreich Anwendung findet, jedoch in der Risikoforschung bisher kaum vorkam. Die damit aufgeworfene Frage nach den Potentialen des beobachtungstheoretischen Ansatzes für die geographische Risikoforschung bildete den Anlass für dieses Buch.

Schnell wurde deutlich, dass mit dieser Leitfrage eher ein Forschungsprojekt als eine klassische Anthologie angelegt war. Keiner der beitragenden Autorinnen und Autoren hatte zuvor den expliziten Versuch der Anwendung der vorgesellten Beobachtungstheorie auf Fragen der Risikoforschung unternommen. Wir alle betraten Neuland. Und so entstand die Idee, den Produktionsprozess des Buches als einen ergebnisoffenen Kommunikations- und Forschungsprozess zu gestalten. Das Resultat ist ein *working group book*, das aus intensiven Diskussionen und mehrfachen Überarbeitungsschritten der einzelnen Kapitel hervorgegangen ist. Allen beitragenden Autorinnen und Autoren schulden wir ein großes Dankeschön für ihre Forschungsbegeisterung und ihre Ausdauer, mit der sie in den vergangenen zwei Jahren an diesem gemeinsamen Austausch- und Erkenntnisprozess teilgenommen haben.

Im gemeinsamen Rekurs auf das beobachtungstheoretische Konzept der Herausgeber vereint der Band humangeographische und physiogeographische Perspektiven und Untersuchungsbeispiele, die selten in gemeinsamen Publikationen zusammengeführt werden. Dabei entstehen zum einen verschiedene Ausprägungen einer beobachtungstheoretisch orientierten Risikoforschung. Zum anderen kann der Band gerade durch die Heterogenität der Beiträge (von Stadtforschung bis Lawinengefahrenzonenplänen, von industriellen Risiken bis zu Machtanalysen in Dürregebieten) gut die Fruchtbarkeit des beobachtungstheoretischen Ansatzes für die interdisziplinäre Risikoforschung ausloten und demonstrieren.

Zum Forschungs- und Erprobungscharakter dieses Buchprojektes gehört auch die Frage nach den Grenzen der Beobachtungstheorie. Der radikale Konstruktivismus der beobachtungstheoretischen Perspektive provoziert die Frage, was mit ihr und ihrer Zuspitzung der Risikothematik zu gewinnen ist – und zu welchem Preis. Hans-Jochen Luhmann beispielsweise meint in seinem Beitrag, dass eine derartige Perspektive nur unter der Preisgabe der Erkenntnis „objektiver Risiken" durchzuhalten sei; dies geht für ihn am herkömmlichen Kern der Risikoforschung vorbei. In diesem Sinne stellt die Risikothematik, auf die der vorgeschlagene Ansatz angewendet wird, einen interessanten ‚Testfall' für die Beobachtungstheorie dar. Auf welche Limitationen und Schwierigkeiten stößt ihre Anwendung?

Der Band fokussiert auf unterschiedliche Aspekte, die uns für die Beobachtung der Praxis der Risikoforschung wesentlich erscheinen: (I) Konstruktionen und Deutungen, (II) Grenzen und Grenzziehungen sowie (III) Macht und Kontrolle. Die so unterschiedenen drei Teile des Buches beinhalten Beiträge, die auch Einsichten in die Praxis der Risikoforschung bieten, die über die jeweilige Fokussierung hinausgehen und andere Aspekte berühren. Wählte man eine andere Lesart, ließen sich einzelne Beiträge durchaus auch einer anderen Fokussierung zuordnen. Statt einer trennscharfen Zuordnung ist die Einteilung daher eher als der Versuch einer Lesehilfe zu verstehen, indem wir durch die Gliederung wichtige Elemente der Argumentation hervorheben.

Unter der Fokussierung *„Konstruktionen und Deutungen"* richtet *Peter Dirksmeier* den Blick auf die Figur des Fremden, der aufgrund seiner inhärenten Uneinschätzbarkeit Kontingenzen für die Autochthonen (und damit für die Gesellschaft) erzeugt. Diese Kontingenzen werden in modernen Gesellschaften entweder als Gefahr oder aber als Risiko gedeutet, je nachdem, über welches Maß an Ressourcen zur Selbstgestaltung des Lebens verfügt werden kann. Gerade in der Unterscheidung von Risiko und Gefahr in Verbindung mit Fragen der Verräumlichung dieser Zurechnungen sieht Peter Dirksmeier ein hohes Potenzial für die geographische Risikoforschung.

Margreth Keiler und *Sven Fuchs* zeigen am Beispiel von Gefahrenzonenplänen für Naturgefahren wie Wildbäche und Lawinen in Österreich, dass derartige Pläne zwar erstellt werden, um die Sicherheit für die im Bereich der Gefährdungszonen lebenden Menschen zu erhöhen. Doch als Instrumente des Risikomanagements beinhalten diese Pläne selbst ein hohes Maß an Unsicherheit (z. B. aufgrund der Berechnungsgrundlagen für die Grenzziehung der Zonen). Gefahrenzonenpläne stellen damit keineswegs eine „objektive" Grundlage für die Herstellung von Sicherheit dar. Darüber hinaus wird ein Gefahrenzonenplan durch verschiedenen Akteure in den unterschiedlichen Kontexten und gesellschaftlichen Teilbereichen nicht einheitlich interpretiert, sondern stets im Kontext ihrer je spezifischen Rationalitäten und Perspektiven gedeutet und verwendet. In dieser Hinsicht ließe sich behaupten, dass die Erstellung eines Gefahrenzonenplanes für die Gesellschaft selbst ein riskantes Unterfangen ist.

Günther Weiss verdeutlicht am Beispiel der Diskussionen über Risiken und Chancen von Sulfatzellstoffproduktionsanlagen an verschiedenen Standorten in Deutschland, dass die Ausrichtung der lokalen Diskurse (als eher risikobetont und die Ansiedlung der Industrie ablehnend oder als eher chancenbetont und der Ansiedlung zustimmend) nur in sehr geringem Maße von „faktischen" oder „objektiven" Risiken bestimmt wird. Sie variiert vielmehr kontextabhängig und wird weitgehend von den vor Ort parallel geführten Debatten über regionale Entwicklungspfade und allgemeine nationale Umweltprobleme bestimmt.

Das Interview mit *Andreas Siebert*, Leiter der Abteilung Geospatial Solutions der Münchener Rückversicherungs-Gesellschaft, richtet den Blick auf die Praxis und die Konsequenzen der Verräumlichung von Risiken im Kontext von Versicherungen. Für diese Unternehmen stellen die Möglichkeiten der Georeferenzierung von Risiken einerseits sowie ihrer raumbezogenen Überlagerung (so genannte kumulierte Risiken) andererseits eine sinnvolle Form der Optimierung ihrer ökonomischen Handlungsspielräume dar. Durch Georeferenzierung und raumbezogene Kumulierung der versicherten Risiken lassen sich beispielsweise das Schadenmanagement optimieren, aber auch Risiken punktgenauer abschätzen und damit (aus Sicht des Versicherungsunternehmens) kontrollieren.

Der Klimawandel beschäftigt seit einigen Jahren bekanntlich nicht nur die Wissenschaft, sondern auch Beobachter wie die Massenmedien, die Politik oder auch Versicherungsunternehmen wie die Münchner Rück. In diesen gesellschaftlichen Debatten wird der Klimawandel als „Weltrisiko" (Beck 2008) konstruiert und behandelt. *Detlef Müller-Mahn* nimmt dies zum Anlass, den öffentlichen Klimawandeldiskurs als Risikodiskurs zu rekonstruieren. Auf der empirischen Basis einer Printmedienanalyse zeigt er exemplarisch, wie die Vielstimmigkeit der wissenschaftlichen Debatte im öffentlichen Diskurs transformiert und reduziert wird. Von besonderer Bedeutung für die (folgenreiche) Durchsetzung der Erwärmungsthese erweisen sich bestimmte interessegeleitete und diskurskonstituierende Narrationen und Bilder, hier insbesondere längst tot geglaubte geo- und klimadeterministische Argumentationsmuster und Erklärungen, mit deren Hilfe der Klimawandel als eines der zentralen Risiken der Gesellschaft gedeutet wird.

Der Buchteil *„Grenzen und Grenzziehungen"* fokussiert auf die Praxis (und die Konsequenzen) der Verräumlichung von Risiken. *Rainer Bell, Kirsten von Elverfeldt* und *Thomas Glade* zeigen am Beispiel der Kartierung von Hangrutschungen die Beobachterabhängigkeit jeder wissenschaftlichen Untersuchung auf. Einer Gefährdungsabschätzung sind somit enge Grenzen gesetzt, da jede Studie – auch über so genannte objektive Tatbestände wie Hangrutschungen – aufgrund der (bewusst oder unbewusst) gesetzten Ausgangsunterscheidungen nur jeweils spezifische Aspekte in den Blick bekommt und so die Grenzziehung (was zu einer Hangrutschung gehört und was nicht) unterschiedlich vornimmt.

Dass auch so genannte „natürliche Risiken" sozial konstruiert und gesellschaftlich produziert werden, zeigt das Interview mit *Michael Bründl*, Leiter der Forschungsgruppe Risikomanagement am WSL-Institut für Schnee- und Lawinenforschung in Davos (Schweiz). Darüber hinaus verdeutlich das Gespräch, dass ein Risikomanagement ohne Verräumlichung nur schwer denkbar ist, denn die Grenzziehung zwischen „sicheren" und „gefährdeten" Bereichen bildet hierfür die entscheidende Grundlage.

Der Beitrag von *Katharina Mohring, Andreas Pott* und *Manfred Rolfes* rekonstruiert die öffentliche Debatte um No-Go-Areas im Vorfeld der Fussball-WM 2006. Die Analyse zeigt, wie vor allem in den Massenmedien mit Hilfe spezifischer Verortungen und Grenzziehungen unsichere Räume in Berlin-Brandenburg konstruiert und reproduziert wurden. Die konkretisierende und auch in nichtmassenmedialen Zusammenhängen höchst anschlussfähige Semantik der No-Go-

Area reduziert den Themenkomplex Rechtsextremismus folgenreich auf einzelne Risikoräume.

Die dritte Fokussierung des Buches schließlich richtet den Blick auf Aspekte von *„Macht und Kontrolle"*. *Hans-Jochen Luhmann* zeigt am Beispiel des Umgangs mit BSE in Deutschland, dass es aufgrund einer politischen Wunschaussage (z. B. „Deutschland ist BSE-frei") gleichsam zu einer staatlich verordneten Blindheit gegenüber Risiken kommen kann, die durch ein staatliches Monitoring gerade kontrolliert werden sollen. Das Fallbeispiel liefert einen guten Beleg für unsere These, dass Risiken eben nicht objektiv festgestellt, sondern vielmehr sozial produziert und kommunikativ vermittelt werden.

Der Beitrag von *Olivier Graefe* über den Bau einer Wasserinfrastrukur in drei Bergdörfern in Marokko verdeutlicht, wie über die Semantik von Risiko und Sicherheit die in einer Gesellschaft bestehenden sozialen Ungleichheiten verfestigt werden können. Durch die Einführung von Wasserspeichern, Pumpen und Leitungen sind im Fallbeispiel die Sicherheit in der lokalen Trinkwasserversorgung und das Risiko der Wasserknappheit neu definiert worden. Zwar haben sich mit der neuen Infrastruktur die materiellen Bedingungen der Wasserversorgung „objektiv" verbessert. Das Risiko der Wasserversorgung ist nun allerdings an die von lokalen sozialen und machtpolitischen Kontexten bestimmten Zugangsbedingungen zur neuen Infrastruktur geknüpft.

Ulrich Best zeigt in seinem Beitrag, wie das Thema Migration, das traditionell eher in der nationalen Integrations- oder Sozialpolitik behandelt wurde, in den letzten Jahren über Prozesse der Versicherheitlichung zu einem Thema des europäischen Risiko- oder Sicherheitsdiskurses mutierte. Rekonstruiert wird die komplexe Territorialität des migrationspolitischen Diskures, die über die der Migrationskontrolle dienenden Unterscheidung eines „Innen" und eines „Außen" der EU hinausgeht und an deren Hervorbringung sich auch die Wissenschaft beteiligt.

Schließlich weisen *Henning Füller* und *Nadine Marquardt* am Beispiel der jüngsten Umstrukturierungen von Downtown Los Angelos auf die Bedeutung hin, die dem Risikodenken in gegenwärtigen Prozessen der Stadtentwicklung zukommt. Anhand der für ein Entwicklungsgebiet beobachteten Maßnahmen des *Place Making*, des differenzierten Umgangs mit Wohnungslosigkeit sowie der Versuche, Urbanität zu produzieren, arbeiten sie heraus, wie sich raumbezogenes Risikodenken und soziale Kontrolle verzahnen.

Den Abschluss des Buches bildet der Versuch, die wesentlichen Argumentationslinien der unterschiedlichen Beiträge zusammenzuführen und eine Antwort auf einige der in dieser Einleitung aufgeworfenen Fragen zu finden.

LITERATUR

Alexander, David (2002): Principles of emergency planning and management. Harpenden, Hertfordshire.

Bayerische Rück (Hg.) (1993): Risiko ist ein Konstrukt. Wahrnehmungen zur Risikowahrnehmung. Gesellschaft und Unsicherheit. München.

Bechmann, Gotthard (Hg.) (1993): Risiko und Gesellschaft. Grundlagen und Ergebnisse interdisziplinärer Risikoforschung. Opladen.

Beck, Ulrich (1986): Risikogesellschaft. Auf dem Weg in eine andere Moderne. Frankfurt am Main.

Beck, Ulrich (2008): Weltrisikogesellschaft. Auf der Suche nach der verlorenen Sicherheit. Frankfurt am Main.

Belina, Bernd und Judith Miggelbrink (Hg.) (2009): Hier so, dort anders. Raumbezogene Vergleiche in der Wissenschaft. Münster.

Bohle, Hans-Georg (2007): Geographien der Verwundbarkeit. In: Geographische Rundschau 59 (10): 20–25.

Bonß, Wolfgang (1995): Vom Risiko – Unsicherheit und Ungewißheit in der Moderne. Hamburg.

Bostrom, Nick and Milan M. Ćirković, Hg. (2008): Global Catastrophic Risk. New York.

Cottin, Claudia und Sebastian Döhler (2008): Risikoanalyse. Modellierung, Beurteilung und Management von Risiken. Wiesbaden.

Davis, Mike (2005): Vogelgrippe. Zur gesellschaftlichen Produktion von Epidemien. Berlin u. a.

Döring, Jörg und Tristan Thielmann (Hg.) (2008): Spatial Turn. Das Raumparadigma in den Kultur- und Sozialwissenschaften. Bielefeld.

Douglas, Mary and Aaron Wildavsky (1982): Risk and culture. Berkeley, CA.

Egner, Heike (2008): Gesellschaft, Mensch, Umwelt – beobachtet. Ein Beitrag zur Theorie der Geographie. Stuttgart.

Felgentreff, Carsten und Thomas Glade (Hg.) (2008): Naturrisiken und Sozialkatastrophen. München.

Foerster, Heinz von (1984²): Observing systems. Seaside.

Foucault, Michael (1982): Structuralism and post-structuralism. In: Telos 55: 195–211.

Glasze, Georg und Annika Mattissek (Hg.) (2009): Handbuch Diskurs und Raum. Bielefeld.

Habermas, Jürgen (1981): Theorie des kommunikativen Handelns. 2 Bände. Frankfurt am Main.

Habermas, Jürgen (1985): Die neue Unübersichtlichkeit. Kleine politische Schriften 5. Frankfurt am Main.

Höppe, Peter und Thomas Loster (2007): Klimawandel und Wetterkatastrophen. Aktuelle Trends und Beobachtungen zur Rolle der Versicherungswirtschaft. In: Geographische Rundschau 59 (10): 26–31.

Hollenstein, Kurt (1997): Analyse, Bewertung und Management von Naturrisiken. Zürich.

IRGC, International Risk Governance Council (2007): An introduction to the IRC risk governance framework. Geneva.

ISDR, International Strategy for Disaster Reduction (2004): Living with Risk. A Global Review of Disaster Reduction Initiatives. Geneva.

Jaeger, Carlo C., Ortwin Renn, Eugene A. Rosa and Thomas Webler (2001): Risk, uncertainty and rational action. London.

Japp, Klaus Peter (1996): Soziologische Risikotheorie. Funktionale Differenzierung, Politisierung und Reflexion. Weinheim und München.

Kasperson, Roger E. et al. (1988): The social amplification of risk. A conceptual framework. In: Risk Analysis 8 (2): 177–187.

Kulke, Elmar und Herbert Popp (Hg.) (2008): Umgang mit Risiken. Katastrophen – Destabilisierung – Sicherheit. Berlin.

Lewis, Jane and Sophie Sarre (2006): Risk and Intimate Relationships. In: Peter Taylor-Gooby and Jens O. Zinn (Hg.): Risk in Social Science, 140–159, New York.

Luhmann, Niklas (1986): Die Welt als Wille ohne Vorstellung. Sicherheit und Risiko aus der Sicht der Sozialwissenschaften. In: Die Politische Meinung 31 (229): 18–21.

Luhmann, Niklas (1990): Risiko und Gefahr. In: Ders. (Hg.): Konstruktivistische Perspektiven, 131–169, Opladen.

Luhmann, Niklas (1991): Soziologie des Risikos. Berlin und New York.

Luhmann, Niklas (1992a): Die Wissenschaft der Gesellschaft. Frankfurt am Main.

Luhmann, Niklas (1992b): Beobachtungen der Moderne. Opladen,.

Merz, Bruno (2006): Hochwasserrisiken – Grenzen und Möglichkeiten der Risikoabschätzung. Stuttgart.

Metzner, Andreas (2002): Die Tücken der Objekte. Über die Risiken der Gesellschaft und ihre Wirklichkeit, Frankfurt am Main, New York.

Metzner-Szigeth, Andreas (2008): Contradictory approaches? On realism and constructivism in the social sciences reseach on risk, technology and the environment. In: Futures 41: 156–170.

Miggelbrink, Judith (2002): Der gezähmte Blick. Zum Wandel des Diskurses über "Raum" und "Region" in humangeographischen Forschungsansätzen des ausgehenden 20. Jahrhunderts. Leipzig.

Müller-Mahn, Detlef (2007): Perspektiven der geographischen Risikoforschung. In: Geographische Rundschau 59 (10): 4–11.

Müller-Mahn, Detlef und Simone Rettberg (2007): Weizen oder Waffen? Umgang mit Risiken bei den Afar-Nomaden in Äthiopien. In: Geographische Rundschau 59 (10): 40–47.

Perrow, Charles (19922): Normale Katastrophen. Die unvermeidlichen Risiken der Großtechnik. Frankfurt am Main.

Plate, Erich J. und Bruno Merz, Hg. (2001): Naturkatastrophen – Ursachen, Auswirkungen, Vorsorge. Stuttgart.

Pohl, Jürgen und Robert Geipel (2002): Naturgefahren und Naturrisiken. In: Geographische Rundschau 54 (1): 4–8.

Redepenning, Marc (2006): Wozu Raum? Systemtheorie, critical geopolitics und raumbezogene Semantiken. Leipzig.

Renn, Ortwin (2005): Risk governance. Towards an integrative approach. Geneva.

Renn, Ortwin (2008a): Concepts of Risk. Part I: An Interdisciplinary Review. In: GAIA 17 (1): 50–66.

Renn, Ortwin (2008b): Concepts of Risk. Part II: Integrative Approaches. In: GAIA 17 (2): 196–204.

Renn, Ortwin, W. J. Burns, J. X. Kasperson, R. E. Kasperson and Paul Slovic (1992): The social amplification of risk. Theoretical foundations and empirical applications. In: Journal of Social Issues 48 (4): 137–160.

Renn, Ortwin, Pia-Johanna Schweizer, Marion Dreyer und Andreas Klinke (2007): Risiko. Über den gesellschaftlichen Umgang mit Unsicherheit. München.

Spencer-Brown, George (1969/1997): Laws of Form. Gesetze der Form. Lübeck.

Stiftung Umwelt und Schadenvorsorge (2005): Naturgefahren und Kommunikation. Stuttgart.

Taylor-Gooby, Peter and Jens O. Zinn, Hg. (2006): Risk in Social Science. New York.

WBGU, Wissenschaftlicher Beirat der Bundesregierung Globale Umweltveränderungen (1998): Welt im Wandel: Strategien zur Bewältigung globaler Umweltrisiken. Jahresgutachten 1998. Berlin u. a.

Weichhart, Peter (2007): Risiko – Vorschläge zum Umgang mit einem schillernden Begriff. In: Berichte zur deutschen Landeskunde 81 (3): 201–214.

Werlen, Benno (1997): Sozialgeographie alltäglicher Regionalisierungen. Band 2: Globalisierung, Region und Regionalisierung. Stuttgart.

Zinn, Jens O. and Peter Taylor-Gooby (2006): Risk as an Interdisciplinary Research Area. In: Peter Taylor-Gooby and Jens O. Zinn (ed.): Risk in Social Science, 20–53, New York.

FOKUSSIERUNG I

KONSTRUKTIONEN UND DEUTUNGEN

DIE FIGUR DES FREMDEN ALS PERSPEKTIVE FÜR DIE RISIKOFORSCHUNG IN DER GEOGRAPHIE[1]

Peter Dirksmeier

Am Pfingstmontag des Jahres 1828 tritt auf dem Nürnberger Unschlittplatz eine Gestalt in die Weltgeschichte, deren Faszination bis zum heutigen Tage ungebrochen ist. Der geheimnisvolle Fremde, ein junger Mann nicht älter als 18 Jahre, besitzt neben seiner ärmlichen Kleidung nichts weiter als einen an einen bekannten Nürnberger Rittmeister adressierten und gesiegelten Brief, dessen Inhalt allerdings weder die Herkunft noch die Identität des Fremden klärt. Dieser Brief beansprucht offensichtlich als Dokument die Aufklärung der Identität des Fremden, verweigert aber genaue Aussagen und weist ihm nur einen Vornamen zu, Kaspar, der später von ihm selbst mit dem Nachnamen „Hauser" ergänzt wird. Der Familienname „Hauser", so zeigt sich recht bald, ist nichts weiter als eine zynische Anspielung auf die Tatsache, dass der Fremde seine Unterkunft in den letzten zwölf Jahren niemals verlassen hat (vgl. Gemünden 1995, 40). Die wahre Identität Kaspar Hausers ist bis zum heutigen Tag nicht geklärt. Sich auf zeitgenössische Korrespondenzen stützende historische Forschungen sehen in dem sprachlosen Fremden einen badischen Erbprinzen, der in der Wiege einem Komplott zum Opfer fiel (so statt vieler Pies 1966, 8 und 235 ff.), konnten dies aber nicht schlüssig darlegen. Selbst genetische Untersuchungen haben keinen Beweis für die Erbprinzentheorie erbringen können, genauso wie sie sie nicht sicher widerlegen konnten (vgl. Markus Benecke in der Süddeutschen Zeitung vom 23.08.2002). Die Faszination des Kasus Kaspar Hauser speist sich neben seiner Tragik, Kaspar Hauser fiel 1833 einem Attentat zum Opfer, besonders aus dieser bleibenden Fremdheit seines Protagonisten.

Der Fremde, der plötzlich als *Peregrinus*, d. h. als Fremder, der von fern her ist (vgl. Wimmer 1997, 1067), auftaucht und keinerlei Schlüsse über seine Herkunft, Genealogie und Identität gewährt, ist ein Phänomen, das in allen Gesellschaften existiert. Der Fremde tritt in dem Moment auf, in dem die Reichweite der menschlichen Beziehungen über die eigene Sippe hinausreicht und die daraus resultierende gesteigerte Komplexität der Sozialbeziehungen eine neue Kategorie der Klassifizierung von Menschen verlangt (vgl. Thieme 1958, 201). Diese neuartige Ansprechbarkeit des Menschen als Fremden evoziert gleichzeitig eine Assoziation mit der Gefahr. Der Fremde erscheint als ein extremes Ereignis. Die Unbestimmtheit und Unbestimmbarkeit des Fremden, der Freund oder Feind, Gast oder

1   Ich bedanke mich bei Gerhard Bahrenberg für seine kritische und sehr hilfreiche Diskussion von verschiedenen Versionen dieses Aufsatzes.

Parasit oder alles zugleich sein kann, zeigt sich aus der Beobachterperspektive der Autochthonen als gefährlich, simultan aber ebenfalls als Potentialität. Selbst der Findling Kaspar Hauser, kaum fähig zu sprechen, stellte in einem bestimmten Zusammenhang eine Gefahr dar und wurde daraufhin ermordet. Der Beitrag untersucht diese in der Kaspar Hauser-Geschichte erkennbare historische Beziehung zwischen der Semantik der Gefahr und der Figur des Fremden. Er verfolgt die These, dass die historische Beziehung der Semantiken des Fremden und der Gefahr in der Gegenwartsgesellschaft in Form einer Rückkehr der Gefahr in die soziale Kommunikation über eine Beobachtung zweiter Ordnung des Fremden virulent ist. Beobachtung zweiter Ordnung meint, dass die Beobachtungen des Fremden durch beobachtende Systeme, z. B. psychische Systeme, Organisationen usw. ihrerseits wieder Gegenstand von Beobachtungen sind. Die Semantik der Gefahr gewinnt so über die Figur des Fremden wieder an Bedeutung. Diese Vermutung steht quer zur allgemeinen gesellschaftlichen Tendenz, sämtliche Gefahren ausschließlich als Risiken, d. h. als entscheidungsabhängig, ernst zu nehmen (vgl. Luhmann 1991a, 36). Sie bietet hingegen einer über eine theoretisch eingebundene Begrifflichkeit verfügenden Risikoforschung in der Humangeographie ein Füllhorn an Forschungsperspektiven, die ich abschließend skizzieren werde.

1 ZUM BEGRIFF DES FREMDEN

Die Figur des Fremden ist eine intellektuelle Semantik, die einer bestimmten historischen Konstellation deutsch-jüdischer Verhältnisse der vorletzten Jahrhundertwende entstammt, d. h. sie besitzt ihren Ausgangspunkt in der Analyse einer gegebenen Interaktionssituation zwischen Autochthonen und Fremden. Die klassische Soziologie des Fremden, die sich mit den Namen von Simmel, Sombart, Michels oder Schütz verbindet, analysiert aus der Konflikthaftigkeit dieser Konstellation die gesellschaftlichen Möglichkeiten, die mit der Figur des Fremden verknüpft sind (vgl. Stichweh 1992, 295). Die Semantik des Fremden rekurriert auf eine Konnotation der Ferne zu jedem denkbaren Lebensaspekt, in dem Menschen verwurzelt sein können, wie z. B. die Gemeinschaft der Familie oder Sippe, eine gegebene Kultur, ein religiöser Glaube oder ein Nationalstaat. Die Figur des Fremden tritt in der klassischen Soziologie des Fremden zunächst in der Konstellation auf, dass das habituell Nahe fern ist und das Ferne nah. Der Fremde ist die Einheit aus Nähe und Entferntheit. Er lässt sich in zwei Typen unterteilen, den zufällig eintreffenden Fremden, z. B. einen Schiffbrüchigen und den aufgrund historischer Strukturen oder struktureller Mängel einer Gesellschaft bereits im Voraus bestimmten Fremden, z. B. den Juden in Europa (vgl. ebenda, 305). Die Semantik des Fremden verdichtet Fremdheitserfahrungen und Fremdheitszuschreibungen zu einem sozialen Objekt. Die Fremdheit des Fremden ist nicht einfach die Feststellung einer unabhängigen Gegebenheit, sondern erlangt erst durch die Beobachtung mit der Unterscheidung unbekannt/bekannt eine Existenz. Der Fremde entsteht in der Kommunikation über ihn, dadurch, dass in der Gesellschaft mit der Unterscheidung unbekannt/bekannt beobachtet und kommuniziert wird und indem Kommunikation auch mit Unbekannten möglich ist. Die Figur des Fremden rekurriert auf die Sozialdimension des Sinns, d. h. auf die Kommunikation im Hinblick auf Akteure und Adressaten, während Begriffe wie Fremdheit oder „das Fremde" die Sachdimension ansprechen, also Unterscheidungen dessen, was Gegenstand einer Beobachtung ist. Der Fremde bezeichnet daher eine soziale Rolle, die sich als historisch persistent darstellt und wahlweise von Menschen, Tieren, Objekten, Geistern, sozialen Gruppen oder Unternehmen ausgefüllt wird (vgl. Stichweh 1997a, 46). Die Figur des Fremden ist darüber hinaus ein System, das selbst beobachtet. Die Beobachtung der Figur des Fremden verlangt nach einer vorherigen kommunikativen Festlegung dessen, was bekannt und was unbekannt ist. Kommunikation über den Fremden ist mithin immer moralisch[2] und zugleich riskant, da sie zu einer voreiligen Fixierung von Positionen, zur Intoleranz oder zum Konflikt führen kann (vgl. Luhmann 1997a). Dies inhibiert die Möglichkeiten, die mit dem Fremden verknüpft sind. Bestimmte Formen der Bearbeitung der Fremdheit des Fremden lassen ihn dagegen als Gefahr erscheinen.

Der Fremde ist seiner ontischen Qualität nach unbestimmt, sodass er als Innovationsträger auftreten und neue Möglichkeiten extern in eine Gesellschaft einführen, diese durch seine eigenen Fähigkeiten, die zum Zeitpunkt des Kontakts unbekannt sind, aber ebenfalls gefährden kann (vgl. Stichweh 1997b, 165). Die Rede von dem Fremden ist eine universelle historische Semantik und jeder Gesellschaft als Problem bekannt (vgl. Stichweh 2006, 599). Sie findet sich z. B. im Alten Testament wie in der Ilias. Der Fremde deutet mit seinem Erscheinen die Kontingenz der eigenen Biografie an, die niemals ausschließt, selbst zum Fremden zu werden. Diese den Menschen begleitende Unbestimmtheit ist eine Basis der generalisierten Reziprozität zwischen Menschen (vgl. Stichweh 2003, 98).

Die Entscheidung, wie eine Sozietät mit einem einmal identifizierten Fremden verfährt, ob sie ihn in irgendeiner Form als Gast oder als Feind behandelt, bestimmt sich wiederum über moralische Kommunikation. Segmentäre Gesellschaften operieren in Bezug auf den Fremden häufig extrem. So kennen die Arapesh in Neuguinea keine Differenz zwischen dem Fremden und dem Feind. Der Fremde ist mit seinem Auftauchen sogleich der Feind und muss mit seiner Tötung rechnen (vgl. Greifer 1945, 740). Demgegenüber existiert Feindschaft bei den Maring, einer ebenfalls in Neuguinea lebenden segmentären Gesellschaft[3], nur zwischen Gruppen, deren Territorien aneinander grenzen, die mithin bekannt sind. Feindschaft gegenüber Fremden ist dagegen unbekannt. Bei den Maring ist nicht der

2   Eine Kommunikation ist moralisch, wenn sie suggeriert oder expliziert, dass Selbstachtung und Achtung anderer von der Erfüllung bestimmter Bedingungen abhängen (vgl. Luhmann 1997a, 331).

3   Es ist kein Zufall, dass Operationen segmentärer Gesellschaften meist anhand von Beispielen aus Neuguinea belegt werden, da hier Wissen über segmentäre Gesellschaften ohne die vorherige Einflussnahme einer westlichen Kultur, z. B. im Zusammenhang mit dem Kolonialismus, gewonnen werden konnte (so Luhmann 1997b, 634). Mit Blick auf die besondere Qualität der empirischen Feldstudien der 1960er Jahre in Papua Neuguinea spricht Mikesell darüber hinaus von einem „New Guinea syndrome", das auf die Qualität von folgenden Arbeiten der Ethnologie und Kulturgeographie ausgestrahlt habe (vgl. Mikesell 1978, 8).

Fremde der Feind, sondern der Bekannte. Diese normative Setzung sichert Handelswege (vgl. Rappaport 1984, 100).

Mit den zwei polaren Positionen des Fremden als Feind und des Fremden als Gast zeigt sich zugleich die Notwendigkeit der Kontingenzbearbeitung, die mit Auftreten des Fremden entsteht. Die meisten segmentären und stratifizierten Gesellschaften entwickeln daher bereits früh Mechanismen zur Kontrolle des Fremden, die dazu dienen, einen möglichen Schaden für sich zu begrenzen und gleichzeitig seine Potenzialität zu erhalten. Der Fremde wird zu diesem Zweck z. B. in der segmentären Gesellschaft Polynesiens in dem Wohnhaus der unverheirateten Männer untergebracht, die als die stärksten Mitglieder der Sozietät angesehen werden. Diese Maßnahme dient dem Schutz des Fremden wie der Autochthonen (vgl. Schurtz 1902, 209 f.) und würdigt ihn gleichzeitig (vgl. Schlesier 1953, 127). Häufiger sind Formen des ritualisierten Wettkampfs, meist in Kombination mit einem Fest, die dazu dienen, zu einer Einschätzung und Bewertung des Könnens des Fremden gegenüber den Werten und Fähigkeiten der Autochthonen zu gelangen. Die Duelle der Ritter des europäischen Mittelalters oder der von Boas beschriebene ritualisierte Zweikampf zwischen dem unbekannten Fremden und einem männlichen Mitglied der Sippe, der bei bestimmten Innuitgesellschaften bei Eintreffen des Fremden gefordert wird, sind Beispiele für diese, einer Aufnahme in den Gaststatus vorangestellten, Mechanismen (vgl. Pitt-Rivers 1968, 14).

In der modernen Gesellschaft verlagert sich die Kontingenzbearbeitung des Fremden in das Funktionssystem des Rechts, vorwiegend dadurch, dass unterschiedliche Rechtsnormen für Fremde und Autochthone kodifiziert werden. So kannte das deutsche Rechtssystem auf Samoa ab 1900 zwei unterschiedliche Kategorien, den „Eingeborenen", d. h. „eingeborene Samoaner oder andere Eingeborene der Südseeinseln" und den Fremden, „die im Schutzgebiet wohnen oder sich aufhalten und nicht Eingeborene sind" (Sack 2001, 681). Neben den deutschen Kolonialisten fielen nur noch einige chinesische Händler in diese Kategorie. Der Vorteil dieser juristischen Trennung war, dass die Deutschen dem deutschen Straf- und Zivilrecht untergeordnet wurden, die Eingeborenen hingegen dem deutlich schärfer sanktionierenden Kolonialrecht. Die aus der Beobachterperspektive der Deutschen „fremden" Eingeborenen waren so leichter zu kontrollieren. Doch warum entwickeln sowohl segmentäre, stratifizierte als auch die funktional differenzierte Gesellschaft Mechanismen zur Kontrolle des Fremden? Warum ist der Fremde, trotz seiner mitunter gefährlichen Unbestimmtheit, so wichtig, dass komplexe Normen, Rituale und Codes ausgearbeitet werden, um seine Unbestimmtheit einerseits zu kontrollieren, sie aber andererseits nicht vollständig aufzulösen? Und welche Bedeutung kommt der damit skizzierten semantischen Nähe der Figur des Fremden und der Gefahr in der Gegenwartsgesellschaft noch zu?

2 DIE BEDEUTUNG DES FREMDEN
FÜR DIE GESELLSCHAFLTICHE EVOLUTION

Stratifizierte Gesellschaften weisen in einem hierarchischen System geordnete Strata auf, die in sich kommunikativ vergleichsweise geschlossen sind. Aus diesem Grund tritt in ihnen das Problem der Ermöglichung von Kommunikation zwischen den sozialen Schichten auf. Die durch Dichotomisierung und Polarisierung bei gleichzeitiger starker Immobilität zwischen den Schichten gekennzeichneten stratifizierten Gesellschaften können daher auf Mittlerpositionen zwischen den abgeschotteten Strata nicht verzichten. Das Konzept der Statuslücke kennzeichnet diese Mittlerstellung zwischen zwei kommunikativ geschlossenen Schichten. Eine Statuslücke ist definiert als

> „the discontinuity, the yawning social void which occurs when superior and subordinate portions of a society are not bridged by continuous, intermediate degrees of status" (Rinder 1958, 253).

Fremde sind in der Lage, in diese durch die Diskontinuität der hierarchischen Übergänge entstandenen sozialen Positionen einzuwandern[4] und diese zu okkupieren, weil die Positionen des Übergangs, wie z. B. Entsorgungsfunktionen oder Dienstbotentätigkeiten, langfristig meist nicht mit Autochthonen zu besetzen sind (vgl. Tiryakian 1973, 52). Die Mittlerpositionen werden umso wichtiger, je komplexer sich die unpersönlichen Marktbeziehungen der Ökonomie entwickeln und je weniger sie auf die hierarchische Verfasstheit der stratifizierten Gesellschaft Rücksicht nehmen und sich so von der sozialen Struktur absetzen (vgl. Gusfield 1967, 354).

In Statuslücken eingewanderte Fremde sind in der Lage, die gesellschaftsinternen Kommunikationssperren zu überwinden und statusunabhängig über die Schichten hinweg zu kommunizieren, da sie selbst keinen Statusverlust befürchten müssen und ihren Interaktionspartnern keinen Reputationsverlust zufügen können (vgl. Stichweh 1992, 306). Diese Kommunikationsfunktion ist der Gewinn, den die stratifizierte Gesellschaft durch die Inklusion des Fremden trotz der ihm anhaftenden Bedrohung erzielt. Der Preis dieser lukrativen sozialen Position der Statuslücke ist allerdings eine erhöhte Vulnerabilität des Fremden, da diese monozentrische Position zwar den Schwankungen des Marktes oder politischer Einflüsse unterworfen, der Spielraum, auf andere Felder auszuweichen, für den Fremden allerdings begrenzt ist (vgl. Rinder 1958, 258). Das Konzept der Statuslücke verdeutlicht dennoch die herausgehobene Position des Fremden in der Organisation der stratifizierten Gesellschaft, da er erst Kommunikation zwischen den kommunikativ geschlossenen Schichten ermöglicht. Stratifizierte Gesellschaften neigen, um eine Machtakkumulation der Fremden zu verhindern, dazu, diese pa-

---

4   Ein Beispiel für Fremde, die erfolgreich eine Statuslücke besetzen, sind die Parsen in der indischen Kastengesellschaft. Diese zoroastrische Sekte migrierte im 8. Jahrhundert, als arabische Invasoren Persien eroberten, nach Indien und ihre Mitglieder fungierten fortan als Mittler zwischen den abgeschotteten Schichten der indischen Kastengesellschaft (vgl. Rinder 1958, 255).

rallel als eine potenzielle Gefahr zu konstruieren. Diese enge semantische Ver-
wandtschaft des Fremden mit der Gefahr zeigt sich in der Ambivalenz von Nutzen
und Schuld, die die Figur des Fremden in historischer Perspektive in sich verei-
nigt. Der Fremde (*foranus*) ist immer zugleich der Schurke (*forban*) oder, wie
Serres es formuliert, sind jedwede vom Fremden ableitbare Semantiken „allesamt
eher zweifelhafte Gestalten" (2005, 65).

Die Fähigkeit des Fremden, in stratifizierten Gesellschaften intermediäre Statuslücken zu füllen, ohne jedoch selbst in der Lage zu sein, Macht zu akkumulie-
ren, kann ihn in bestimmten sozialen Umbruchphasen, z. B. politischen Umwäl-
zungen, Unruhen oder religiösen Konflikten in eine marginale Position führen. In
diesem Fall greift der Mechanismus des Sündenbocks auf den Fremden zu. Im
Zusammenhang mit der Zuschreibungsoperation des Sündenbocks versucht die
stratifizierte Gesellschaft ihre gegebene endogene Bedrängnis, z. B. durch eine
ökonomische Krise, zunächst durch moralische Urteile zu erklären, wenn andere
Motive, etwa ein kriegerischer Angriff von außen, nicht zur Verfügung stehen.
Anstelle der eigenen Anklage werden in diesem Fall Auswege in der Form der
Identifizierung einzelner Gruppen oder Individuen als besonders schädlich für die
Sozietät gesucht (vgl. Girard 1988, 26). Diese Sündenböcke werden mit stereoty-
pen Anschuldigungen, meist in der Form entdifferenzierender Verbrechen wie
Inzest, Hostienschändung, Häresie, Vatermord oder anderer Tabubrüche, konfron-
tiert. Häufig treten Ideologien der Marginalisierung und Verfolgung des identifizierten Sündenbocks hinzu, wie das Beispiel des Antisemitismus zeigt, der in der
normativen Marginalisierung der Juden nach der großen Pestepidemie 1349 in
Europa seinen Anfang nahm (vgl. Stryker 1959, 341 f.). Der Sündenbock fungiert
in diesem Fall als Brücke zwischen der Mikroebene des Individuums und der
Makroebene der Sozietät, die durch die Entscheidungen des Sündenbocks geschä-
digt wird (vgl. Girard 1988, 26 f.). Am Ende des Mittelalters ersetzt die Semantik
des Giftes die inzwischen offensichtliche Willkür der bis dato dominierenden magischen Kausalität von Schaden und Sündenbock durch eine materialistische. Die
Semantik des Giftes überzeugt die frühneuzeitliche Gesellschaft, dass eine kleine
Gruppe oder ein Individuum die gesamte Sozietät zu schädigen in der Lage ist, in
dem sie die Bedrohung, die vom Fremden ausgehen kann, empirisch aufzeigt. Die
Brunnenvergiftung ist fortan die erfolgreichste Variante des Anschuldigungsste-
reotyps, da sie sich auf offensichtlich objektive Gründe stützt (vgl. ebenda, 29).
Das Sündenbockmotiv erlangt auf diese Weise eine neue Qualität.

Die Bedeutung dieser Zuschreibungsoperation des Fremden als Sündenbock
liegt in ihrer ausgesprochenen Persistenz im Kontext der gesellschaftlichen Evolution. Auch die funktional differenzierte Gesellschaft, die aufgrund ihrer inneren
Ordnung keine Statuslücken mehr aufweist, kennt die Identifizierung des Fremden
als Sündenbock, obwohl sie aufgrund der Ausdifferenzierung des Rechts keine
Bedrohung durch den Fremden im vergleichbaren Maß wie die stratifizierte Gesellschaft mehr zu fürchten braucht. Fremde wandern in der Gegenwartsgesellschaft nicht länger in Status-, sondern in Funktionslücken ein (vgl. Stichweh
1997b, 171), da die Statusdifferenzierung lediglich als sekundäre oder tertiäre, der
funktionalen Differenzierung nachgeordnete Form existiert. Für die Zuschrei-

bungsoperation des Fremden als Sündenbock in der Moderne lassen sich viele Muster anführen. Beispielsweise unterscheiden die Autochthonen auf der thailändischen Insel Koh Samui zwischen Fremden, d. h. Migranten, die dauerhaft auf der Insel leben und Touristen, d. h. Fremden, die nur Gaststatus beanspruchen. Modifikationen der physischen Umwelt durch die Migranten erscheinen in dieser Konstellation als Problem, wenn andere als touristische Infrastrukturen errichtet werden, wie informelle Siedlungen oder offene Märkte. Den Migranten fällt in diesem Fall die Funktion des Sündenbocks zu, der für die sozialen Problemlagen und Umweltprobleme der Insel verantwortlich gemacht wird, obwohl diese offensichtliche Folgeerscheinungen des Tourismus sind, mithin die Touristen das Ziel der Zuschreibungsoperation sein müssten (empirisch überzeugend Green 2005, 49). Meine These für die Erklärung dieses Festhaltens an der Sündenbockfunktion des Fremden in der Gegenwartsgesellschaft ist die enge Verflechtung der Figur des Fremden mit der Semantik der Gefahr über die operationale Verwendung der Unterscheidung Potenzialität/Gefahr. Die ontische Unbestimmtheit des Fremden machte ihn trotz seines potenziellen Nutzens seit jeher verdächtig, sich tendenziell gegen die autochthone Sozietät zu wenden und deren endogene Probleme, z. B. Spannungen zwischen unterschiedlichen Ethnien einer Nation, für seine Zwecke zu nützen. Die o. a. Rituale und rechtlichen Codes sollten gerade dies verhindern (vgl. Erdheim 1994, 242 f.).

Die Figur des Fremden ist offensichtlich wertvoll für Differenzierungsprozesse im Kontext der gesellschaftlichen Evolution, dies aber um den Preis einer subluminalen Bedrohung der autochthonen Sozietät aufgrund der ontischen Unbestimmtheit des Fremden, die als potenzielle Gefahr betrachtet wird. Die historische Analyse zeigt, dass vor allem stratifizierte Gesellschaften auf den Fremden als Vermittler zwischen kommunikativ geschlossenen Schichten nicht verzichten konnten (vgl. Stichweh 1992, 306), ihn gleichzeitig aber als potenziell gefährlich ansahen. Die aus der ontischen Unbestimmtheit resultierende tendenzielle Bedrohung war daher häufig Anlass für kollektive Verfolgungen des Fremden sowie seine Umwidmung als Sündenbock. Das Sündenbockmotiv als Residuum der Statuslückenfunktion des Fremden ist in der Gegenwartsgesellschaft nach wie vor virulent. Es stellt sich somit die Frage, welche Bedeutungen sich mit dem Gegebensein der widersprüchlichen Wertungen, die mit der Figur des Fremden verbunden sind, für die moderne Gesellschaft ergeben. Und welche Folgen hat dieses Problem für die Humangeographie?

3 DIE UNTERSCHEIDUNG RISIKO/GEFAHR

Um aufzuzeigen, wie die Gefahr wieder soziale Bedeutung erlangt, ist zunächst eine theoretische Trennung der Begriffe Risiko und Gefahr nötig. Risiken und Gefahren meinen nicht dasselbe, sondern bilden eine Unterscheidung, die für die Beobachtung sozialer Prozesse in der modernen Gesellschaft zentral ist. Die Unterscheidung basiert im Wesentlichen darauf, dass Risiken entscheidungsabhängig sind, während die Gefahr durch ihre Entscheidungsunabhängigkeit gekennzeichnet ist. Luhmann reagiert mit der Substituierung der Unterscheidung Risiko/Sicherheit durch die Unterscheidung Risiko/Gefahr auf seine Beobachtung, dass die Entscheidungsabhängigkeit der Zukunft der Gesellschaft in der Moderne stark zugenommen hat. Dies hat zur Konsequenz, dass in der Gegenwartsgesellschaft lediglich eine Vorstellung von der Zukunft existiert, in der die Unvorhersehbarkeit natürlicher Ereignisse vollständig verdrängt ist. Diese Unvorhersehbarkeit wurde von einem Bewusstsein vollständiger Technikbeherrschung ersetzt, um den Preis einer extremen Erhöhung des Risikos, das wiederum mit bestimmten Entscheidungen verbunden ist (vgl. Luhmann 1991a, 6). Sicherheit, der ursprüngliche Gegenbegriff von Risiko und Gefahr, ist aus diesem Grund letztlich nicht mehr als ein allgemeines gesellschaftliches Ziel, das nicht zu erreichen ist. Luhmann zeigt diesen Sachverhalt am Beispiel des Versicherungswesens exemplarisch auf. Eine Versicherung verkauft die Sicherheit finanzieller Äquivalente bei eingetretenem Schaden und produziert damit neue Risiken, da jede Entscheidung, sich zu versichern oder dies zu unterlassen, selbst riskant ist (vgl. Luhmann 1996, 273).

Zentral ist damit der Begriff der Entscheidung, der erst Risiken entstehen lässt. Luhmann definiert den Begriff der Entscheidung in zeitlicher Perspektive, da eine Entscheidung durch die Funktion, die Vergangenheit und Zukunft zu trennen und wieder zu verbinden gekennzeichnet ist. Eine Entscheidung unterscheidet die Vergangenheit, die vor dem Zeitpunkt der Entscheidung existierte von der Zukunft, die nach der Entscheidung folgt (vgl. ebenda, 276). Risiken entstehen aus dieser manipulativen Funktion der Entscheidung in Hinblick auf die Zukunft. Eine Gefahr ist so ein in der Zukunft gelegenes Unglück, das sich realisiert oder nicht, während ein Risiko die Aufforderung zur Kalkulation in der Gegenwart für eine unbekannte, aber entscheidungsabhängige Zukunft bedeutet. Risiko tritt folglich als Paradoxie auf, da die Zukunft über Entscheidungen in Gegenwart transformiert werden soll, aber dennoch immer Zukunft bleibt. Die Unbestimmtheit begleitet jede Kalkulation der Zukunft in der Gegenwart und jede Entscheidung eröffnet neue Ausgangslagen für andere Zukunftsperspektiven (vgl. ebenda, 282).

Diese Überlegungen markieren einen emergenten Sprung, indem der Begriff des Risikos im Verhältnis zum Begriff der Gefahr Eigenständigkeit erlangt, die beiden Begriffe mithin unterscheidbar werden. Das bedeutet, dass das Risiko nicht aus dem Vorhandensein einer Gefahr resultiert oder unabwendbar auf die Gefahr verwiesen ist. Das Risiko entsteht vielmehr daraus, dass abstrakte Daten oder Faktoren, die Wahrscheinlichkeiten von unerwünschten Ereignissen bedingen, wechselseitig korrelieren oder in Hinblick auf eine gewünschte Zukunft in Beziehung gebracht werden können (vgl. Castel 1983, 59). Der Ursprung des Risikobegriffs liegt in dieser damit bezeichneten Relation des gesellschaftlichen Rationalitätsanspruchs gegenüber der Zeit. Im Kontext des Risikos sind Entscheidungen zentral, mit denen man Zeit bindet, ohne die Zukunft hinreichend genau zu kennen. Dies gilt ebenfalls für die Zukunft, die aus den eigenen Entscheidungen resultiert. Die Neuzeit und die Moderne kennzeichnet diese Vorstellung einer Steigerung der Machbarkeit der Verhältnisse, die in der Risikosemantik ihren Ausdruck findet (vgl. Luhmann 1991a, 21). Die frühneuzeitliche Seeversicherungspraxis illustriert diesen Anspruch exemplarisch. Ihr neuralgischer Punkt war die sog. Rückwärtsversicherung, d. h. die Versicherung eines Schiffes, das bereits losgefahren ist, über dessen Verbleib aber weder der Versicherer noch der Versicherungsnehmer Bescheid wissen. Um dieses zentrale Problem des frühen Seeversicherungswesens zu lösen, griff man auf eine seit römischen Zeiten bekannte Form der Wette zurück. Damit wurde die Beliebigkeit des Eintritts eines unsicheren Ereignisses, auf dessen Eintreten oder Nichteintreten Wetten abschließbar waren, mithin die Gefahr, auf den Bereich der realen Befürchtungen von Schäden übertragen und zur Beeinflussung einer unbekannten Zukunft herangezogen, die Gefahr somit in ein Risiko transformiert (vgl. Nehlsen-von-Stryk 1989, 203 ff.).

Die Umdeutung von Gefahren in Risiken ist eine bedeutende Begleiterscheinung der technischen Evolution. Die Konversion basiert auf den parallel zur technischen Entwicklung neu entstehenden Entscheidungsmöglichkeiten (vgl. Luhmann 1997a, 328). Im Kontext der technischen Evolution der Gegenwartsgesellschaft konstituiert sich die Gefahr als die Bestreitung oder als ein Widerspruch der Zurechenbarkeit eines eintretenden Schadens auf eine Entscheidung. Die Unterscheidung von Risiko und Gefahr setzt folglich voraus, dass im Allgemeinen mit Bezug auf zukünftige Schäden eine Unbestimmtheit besteht. Diese Tatsache evoziert im Anschluss zwei Möglichkeiten. Entweder der Schaden wird als Folge der eigenen Entscheidung gesehen und dieser Entscheidung zugerechnet oder der Schaden gilt als extern veranlasst und wird der Umwelt zugerechnet. Der erste Fall bezeichnet das Risiko, der zweite Fall die Gefahr. Konstitutives Merkmal der Unterscheidung Risiko/Gefahr ist also, dass nur im Fall des Risikos das eigene Entscheiden und somit Kontingenz eine Rolle spielt, während man der Gefahr ausgesetzt ist (vgl. Luhmann 1991a, 30 ff.).

Das analytische Potenzial der Unterscheidung von Risiko und Gefahr für die Eruierung sozialer Prozesse in der Gegenwartsgesellschaft liegt in der Möglichkeit, mit der Unterscheidung zu beobachten, wie ein anderer Beobachter ein Ereignis zurechnet (vgl. ebenda, 34), ob er dies als riskant und somit auf die eigenen Entscheidungen bezogen oder als gefährlich und damit von den eigenen Entscheidungen unabhängig betrachtet. Die Beobachtung der Zurechnung von Beobachtetem als external oder internal, bei sich selbst oder bei anderen etc. durch einen Beobachter, die durch die Unterscheidung Risiko/Gefahr erst ermöglicht wird, weist eine große Bedeutung für Anschlussentscheidungen auf.

4 DIE RÜCKKEHR DER GEFAHR ÜBER DIE FIGUR DES FREMDEN

Im Kontext von Risiko und Gefahr kommt es in der Gegenwartsgesellschaft zu Zurechnungsdifferenzen, die von sozialen und kulturellen Bedingungen abhängig sind. In Folge der technischen, geldwirtschaftlichen und organisatorischen Entwicklung der modernen Gesellschaft werden viele Gefahren entscheidungsabhängig und somit in Risiken transformiert. Viren und Bakterien gefährden zwar die menschliche Gesundheit, die Entscheidung, sich impfen zu lassen überführt diese Gefahr hingegen in ein Risiko. In der modernen Gesellschaft werden folglich Gefahren zum einen in dem Maße zu Risiken, in dem bekannt ist, welche Entscheidungen zu treffen sind, um negative Ereignisse zu vermeiden (vgl. Luhmann 1991b, 88) und zum anderen in dem Maße, wie Menschen in der Lage sind, diese Entscheidungen praktisch umzusetzen. Die Besonderheit der Figur des Fremden liegt in diesem Zusammenhang darin, dass sich seine Beobachtung dieser gesamtgesellschaftlichen Tendenz entzieht, d. h. es sind außer Strategien der Meidung oder Exklusion keine Entscheidungen bekannt, die die ontische Unbestimmtheit und damit verbunden seine prinzipielle Gefahr in Risiken auflösen würden. Ob diese Gefahr überhaupt objektiv gegeben ist, spielt für ihre individuelle oder kollektive Wahrnehmung keine Rolle, da die gesellschaftliche Perzeption von Gefahren und Risiken nicht auf einer Abschätzung objektiver Wahrscheinlichkeiten des Eintretens von negativen Ereignissen beruht (vgl. Slovic 1987, 280).

Der Fremde ist in der Gegenwartsgesellschaft omnipräsent. Die Figur entsteht dadurch, dass eine irritierende Andersheit in der Sozialdimension des Sinns sich auf eine Person bezieht, die als Fremder begriffen und als soziales Objekt vergegenwärtigt wird (vgl. Stichweh 2003, 99). Die Multiplizierung von Möglichkeiten in der modernen Gesellschaft führt parallel zu einem Mehr an Komplexität und Kontingenz (vgl. Luhmann 1992, 125), die als einen Aspekt eine „Universalisierung" des Fremden bedingt. Die Figur des Fremden wird in diesem Zusammenhang als gefährlich beobachtet, wenn einem beobachtenden System diese Vergegenwärtigung der Universalität des Fremden nicht gelingt. Wird diese hingegen akzeptiert, beobachtet ein beobachtendes System den Fremden als ein Risiko, d. h. der Beobachter entscheidet von Situation zu Situation, ob er sich auf das Risiko einlässt. Hahn vermutet, dass ein geringes Maß an sozial vermittelten Ressourcen zur Selbstgestaltung des eigenen Lebens Beobachter dazu neigen lässt, die Kontingenz des Fremden als eine Gefahr zu interpretieren, während Gruppen mit einer hohen Gestaltungskompetenz in Bezug auf ihre soziale Umwelt die Kontingenz des Fremden deutlich stärker als riskant beobachten (vgl. Hahn 1998, 53).

Empirische Studien zur Kriminalitätsangst in marginalisierten Wohngebieten US-amerikanischer Großstädte zeigen auf, dass die individuelle Angst Opfer eines Verbrechens zu werden und die objektive, statistisch belegbare Gefahr eines solchen Ereignisses in einem umgekehrt proportionalen Zusammenhang stehen. Allgemein besteht ein Misstrauen unter Urbaniten, das in der Unsicherheit in Bezug auf die Reaktion eines Fremden in der urbanen Umgebung begründet ist (vgl. Franck 1980, 63). Folglich ist die am häufigsten geäußerte Angst von Urbaniten die vor dem Angriff eines Fremden. Die Wahrscheinlichkeit, Opfer eines schwerwiegenden Angriffs eines Familienmitglieds oder Freundes zu werden, ist hingegen mehr als doppelt so hoch, wie die Wahrscheinlichkeit, Opfer eines Angriffs durch einen Fremden im öffentlichen Raum der Straße zu werden. So wurden lediglich 12,2 Prozent der Morde in Philadelphia in den Jahren 1948 bis 1952 von Fremden begangen. Dennoch ist die Angst vor Freunden und Familienmitgliedern in den meisten Fällen nur gering, die vor Fremden jedoch stark ausgeprägt (vgl. Merry 1981, 6). Signifikante Verringerungen der Kriminalitätsraten sänken folglich nicht die psychologischen Kosten der Kriminalitätsangst. Diese Paradoxie der Kriminalitätsfurcht ist nach wie vor in westlichen Ländern konstant, wie der zweite periodische Sicherheitsbericht der Bundesregierung zeigt[5] (vgl. Bundesministerium des Innern/Bundesministerium der Justiz 2006, 485).

Die objektive Gefahr der Viktimisierung in der Stadt zeigt sich allerdings ambivalent. Die Komplexität der sozialen Umwelt, mithin die Urbanität einer Stadt
(vgl. Luhmann 1981, 377), wirkt sich entscheidend auf die Komplexität von begangenen Straftaten aus, d. h. komplexe kriminelle Akte und organisierte Kriminalität rekurrieren auf die Anonymität der urbanen Umwelt (vgl. Clinard 1942).
Oder mit Luhmann formuliert: „Unter Komplexitätsdruck werden Organisationssysteme *nolens volens* zu Innovationen gedrängt" (Luhmann 1981, 377). Neuere
empirische Studien belegen diesen theoretisch formulierten Zusammenhang, da
sich die Wahrscheinlichkeit, Opfer eines Verbrechens zu werden, als eine Funktion der Einwohnergröße darstellt, d. h. mit steigender Einwohnerzahl oder Komplexität der sozialen Umwelt steigt die Wahrscheinlichkeit der Viktimisierung
(statt vieler Glaeser & Sacerdote 1999, 233 ff.) als Ausdruck krimineller Innovation. Auf der anderen Seite zeigen neuere empirische Studien, dass sämtliche Formen der Kriminalitätsfurcht mit der Größe der politischen Gemeinde, in der der
Befragte wohnt, korrelieren. Der Zusammenhang ist dabei gleichgerichtet. Je
größer die politische Entität, desto ausgeprägter ist die Angst vor einer Viktimisierung (vgl. Sessar 2003, 203). Allerdings besteht kein Zusammenhang zwischen
der Größe der politischen Gemeinde und der Wahrscheinlichkeit, dem Angriff
eines Fremden ausgesetzt zu sein. Viktimisierungswahrscheinlichkeit und Kriminalitätsfurcht sind in der Großstadt höher, dies ist aber unabhängig von der Wahrscheinlichkeit, einem kriminellen Akt eines Fremden zum Opfer zu fallen.

An diese empirischen Sicherheiten schließe ich meine eingangs formulierte
These an. Obschon der Fremde, verstanden als Verdichtung von Fremdheitserfahrungen und Fremdheitszuschreibungen zu einem kompakten sozialen Objekt (vgl.
Stichweh 1997a, 46), statistisch offensichtlich ein harmloser Geselle ist, ist die
Angst vor ihm vor allem in Städten stark ausgeprägt. Er wird als riskant und gefährlich wahrgenommen. Der Fremde scheint als Sündenbock für eine antizipierte
steigende Kriminalität zu dienen, die objektiv seit Jahren in Westeuropa zurückgeht (vgl. Bundesministerium des Innern/Bundesministerium der Justiz 2006,
485). Der Fremde wird als riskant und gefährlich beobachtet, obwohl er es objektiv nicht ist. Fasst man dieses Problem in ein systemtheoretisches Gewand, lässt
sich für eine geographische Risikoforschung eine Fülle an Forschungsfragen formulieren, die diese Paradoxie eingehender untersuchen.

Der Fremde wird zunächst in erster Ordnung beobachtet, d. h. ein Beobachter
kommt zu einer Einschätzung des Fremden aufgrund seiner Wahrnehmungen etc.
Der Fremde wird zugleich in zweiter Ordnung beobachtet, d. h. ein Beobachter

---

5 So zeigt die für die Bundesrepublik Deutschland repräsentative Bevölkerungsumfrage „Die
   Ängste der Deutschen 2006", die jährlich von der R + V Versicherung in Auftrag gegeben
   wird und in den periodischen Sicherheitsbericht der Bundesregierung eingeht, dass von allen
   genannten Ängsten im Zeitraum 2005 bis 2006 ausschließlich die Angst vor Straftaten um ein
   Prozent gestiegen ist, während alle anderen Ängste um im Mittel 6,7 % gesunken sind
   (www.ruv.de/de/presse/download/pdf/aengste_der_deutschen_2006/20060907_aengste2006_
   grafiken_aengste_2006.pdf, zuletzt besucht 09.09.2008).

beobachtet die Beobachtungen des Fremden, da der Fremde gleichzeitig ebenfalls immer ein Beobachter ist. Gegenstand der Beobachtung ist nicht mehr die Figur des Fremden, sondern die Einschätzungen, Beobachtungen oder Interpretationen des Fremden. Der Fremde wird in Hinblick auf seine eigenen Beobachtungen, z. B. von Gelegenheiten beobachtet. Für den Beobachter zweiter Ordnung stellt sich damit das Problem der Rechtfertigung seiner Beobachtungen und Interpretationen über den Fremden, wie Luhmann ausführt.

> „Ein Beobachter hat zu erklären (oder sogar zu rechtfertigen), warum er sich entscheidet, einen ganz bestimmten Beobachter zur Beobachtung auszuwählen und zu bezeichnen – *diesen* nämlich und keinen anderen" (Luhmann 2001, 278).

Daraus lässt sich ableiten, dass die Kommunikation über den Fremden immer eine moralische ist, da sie explizit machen muss, dass die Achtung des anderen von der Erfüllung bestimmter Kriterien abhängt. Nach Luhmann ist jede moralische Kommunikation generell riskant, da sie zur Fixierung von einmal eingenommenen Positionen, zu Intoleranz und Konflikt führen kann (vgl. Luhmann 1997a, 331). Unter der Bedingung der Beobachtung der Beobachtungen des Fremden transformiert sich seine ontische Unbestimmtheit mitunter in Gefahr, da einem Beobachter die Zurechenbarkeit eines vom Fremden ausgehenden Schadens auf eine eigene Entscheidung nicht gelingt. Es bleibt ihm in diesem Fall als einzige Entscheidung eine Meidung oder Exklusion des Fremden. Die ontische Unbestimmtheit wird so als gefährlich bestimmt und damit der eigenen Entscheidung entzogen. Die Semantik der Gefahr findet auf diese Weise über die Beobachtung zweiter Ordnung des Fremden wieder Eingang in die Kommunikation der Gegenwartsgesellschaft, was sich empirisch z. B. in der hohen Kriminalitätsfurcht trotz geringer Viktimisierungswahrscheinlichkeit zeigt. Der Fremde ist in diesem Fall wieder der Schurke und dient unter Umständen als Sündenbock.

Eine geographische Risikoforschung kann aus dieser Konstellation epistemologischen Gewinn ziehen. Die Geographie muss zu diesem Zweck beobachten, wie Beobachter Beobachtungen des Fremden in Hinblick auf die Unterscheidung von Risiko und Gefahr zurechnen. Die Geographie nimmt in diesem Zusammenhang die Perspektive des Beobachters zweiter Ordnung ein[6], der wiederum den Beobachter zweiter Ordnung in Hinblick auf dessen Selektion von zu beobachtenden Beobachtern beobachtet. Jede Beobachtung mit der Unterscheidung Risiko/Gefahr evoziert Zurechnungsdifferenzen, die Luhmann auf soziale und kulturelle Determinanten zurückführt (vgl. Luhmann 1991b, 88). Eine geographische Risikoforschung sollte neben den angeführten sozialen und kulturellen Faktoren als Auswahlkriterien der Beobachtung zweiter Ordnung ebenfalls räumliche Differenzierungen in den Blick nehmen. Ein Beispiel bietet die zeitliche Differenzierung in der Zurechnung von Risiko/Gefahr des Fremden in einem Stadtteil von Philadelphia, der tagsüber als sicher, nachts hingegen als gefährlich angesehen

6 Die Reflexion der Reflexion verbleibt auf der Ebene der zweiten Ordnung, da zweite Ordnung immer auf die Beobachtung von Beobachtungen zielt und damit nicht bis zu einer n-ten Ebene durchzählbar ist (vgl. von Foerster 2008, 85).

wird (vgl. Stichweh 2005, 58). Die Frage stellt sich, ob nur dieser Stadtteil die zeitliche Umkehr in der Zuschreibung des Fremden kennt oder ob ebenfalls andere Räume ähnliche Zurechnungsdifferenzen aufweisen? Variieren Beobachtungen des Fremden zweiter Ordnung allgemein räumlich? Und wenn ja, was ist der Grund dafür? Diese und ähnliche Fragen geographischer Bedeutung lassen sich aus einer Perspektive der Beobachtung zweiter Ordnung des Fremden ableiten. Die Figur des Fremden bietet damit einer Humangeographie ein breites Aufgabenfeld, die sich mit einer theoretisch ausgearbeiteten Begrifflichkeit dem Problem von räumlichen Differenzierungen in der Zuschreibung von Beobachtungen zweiter Ordnung stellt und nicht auf der rein ontologischen Ebene der Beschreibung von Phänomenen wie Fremdenfeindlichkeit und Devianz verharrt.

LITERATUR

Benecke, Markus (2002): Kaspar Hausers Spur führt wieder ins Fürstenhaus. Süddeutsche Zeitung, 23.08.2002.

Bundesministerium des Innern und Bundesministerium der Justiz (2006): Zweiter Periodischer Sicherheitsbericht. Paderborn.

Castel, Robert (1983): Von der Gefährlichkeit zum Risiko. In: Manfred M. Wambach (Hg.): Der Mensch als Risiko. Zur Logik von Prävention und Früherkennung, 51–74, Frankfurt am Main.

Clinard, Marshall B. (1942): The process of urbanization and criminal behavior. In: American Journal of Sociology 48 (2): 202–213.

Erdheim, Mario (1994/1985): Die Repräsentanz des Fremden. Zur Psychogenese der Imagines von Kultur und Familie. In: Mario Erdheim (Hg.): Psychoanalyse und Unbewußtheit in der Kultur. Aufsätze 1980–1987, 237–251, Frankfurt am Main.

Foerster, Heinz von (2008/2002): Der Anfang von Himmel und Erde hat keinen Namen. Eine Selbsterschaffung in sieben Tagen. Hrsg. von Albert Müller und Karl H. Müller. Berlin.

Franck, Karen A. (1980): Friends and strangers: the social experience of living in urban and non-urban settings. In: Journal of Social Issues 36 (3): 52–71.

Gemünden, Gerd (1995): Kaspar Hauser und das Rätsel der Hermeneutik. In: Ulrich Struve (Hg.): Der imaginierte Findling: Studien zur Kaspar-Hauser-Rezeption, 39–57, Heidelberg.

Glaeser, Edward L. and Bruce Sacerdote (1999): Why is there more crime in cities? In: Journal of Political Economy 107 (6): 225–258.

Girard, René (1988): Der Sündenbock. Zürich.

Green, Ray (2005): Community perceptions of environmental and social change and tourism development on the island of Koh Samui, Thailand. In: Journal of Environmental Psychology 25 (1): 37–56.

Greifer, Julian L. (1945): Attitudes to the stranger: a study of the attitudes of primitive society and early Hebrew culture. In: American Sociological Review 10 (6): 739–745.

Gusfield, Joseph R. (1967): Tradition and modernity: misplaced polarities in the study of social change. In: American Journal of Sociology 72 (4): 351–362.

Hahn, Alois (1998): Risiko und Gefahr. In: Graevenitz, Gerhard v. und Odo Marquard (Hg.): Kontingenz (= Poetik und Hermeneutik 17), 49–54, München.

Luhmann, Niklas (1981): Organisation und Entscheidung. In: Niklas Luhmann. Soziales System, Gesellschaft, Organisation. Soziologische Aufklärung Band 3, 335–389, Opladen.

Luhmann, Niklas (1991a): Soziologie des Risikos. Berlin/New York.

Luhmann, Niklas (1991b): Verständigung über Risiken und Gefahren. In: Die politische Meinung 36 (258): 86–95.

Luhmann, Niklas (1992): Beobachtungen der Moderne. Opladen.

Luhmann, Niklas (1996): Das Risiko der Versicherung gegen Gefahren. In: Soziale Welt 47: 273–283.

Luhmann, Niklas (1997a): Die Moral des Risikos und das Risiko der Moral. In: Gotthard Bechmann (Hg.): Risiko und Gesellschaft. Grundlagen und Ergebnisse interdisziplinärer Risikoforschung, 327–338, Opladen.

Luhmann, Niklas (1997b): Die Gesellschaft der Gesellschaft. Zwei Bände. Frankfurt am Main.

Luhmann, Niklas (2001/1995): Dekonstruktion als Beobachtung zweiter Ordnung. In: Oliver Jahraus (Hg.): Niklas Luhmann. Aufsätze und Reden, 262–296, Stuttgart.

Merry, Sally E. (1981): Urban danger. Life in a neighborhood of strangers. Philadelphia.

Mikesell, Marvin W. (1978): Tradition and innovation in cultural geography. In: Annals of the Association of American Geographers 68 (1): 1–16.

Nehlsen-von-Stryk, Karin (1989): Kalkül und Hasard in der spätmittelalterlichen Seeversicherungspraxis. In: Rechtshistorisches Journal 8: 195–208.

Pies, Hermann (1966): Kaspar Hauser. Eine Dokumentation. Ansbach.

Pitt-Rivers, Julian (1968): The stranger, the guest and the hostile host. In: John G. Peristany (ed.): Contributions to mediterranean sociology. Mediterranean rural communities and social change, 13–30, Paris/The Hague.

Rappaport, Roy A. (1984/1968): Pigs for the ancestors. Ritual in the ecology of a New Guinea people. A new, enlarged edition. New Haven/London.

Rinder, Irwin D. (1958): Strangers in the land: social relations in the status gap. In: Social Problems 6 (3): 253–260.

Sack, Peter (2001): Das deutsche Rechtswesen in Polynesien. In: Hermann J. Hiery (Hg.): Die Deutsche Südsee 1884–1914. Ein Handbuch, 676–689, München u. a.

Schlesier, Erhard (1953): Die Erscheinungsformen des Männerhauses und das Klubwesen in Mikronesien. Eine ethno-soziologische Untersuchung. S-Gravenhage.

Schurtz, Heinrich (1902): Altersklassen und Männerbünde. Eine Darstellung der Grundformen der Gesellschaft. Berlin.

Serres, Michel (2005/1994): Atlas. Berlin.

Sessar, Klaus (2003): Kriminologie und urbane Unsicherheiten. In: Die alte Stadt 30 (3): 195–216.

Slovic, Paul (1987): Perception of risk. In: Science 236 (4799): 280–285.

Stichweh, Rudolf (1992): Der Fremde – Zur Evolution der Weltgesellschaft. In: Rechtshistorisches Journal 11: 295–316.

Stichweh, Rudolf (1997a): Der Fremde – Zur Soziologie der Indifferenz. In: Herfried Münkler (Hg.): Furcht und Faszination: Facetten der Fremdheit, 45–64, Berlin.

Stichweh, Rudolf (1997b): Ambivalenz, Indifferenz und die Soziologie des Fremden. In: Luthe, Heinz und Rainer Wiedenmann (Hg.): Ambivalenz. Studien zum kulturtheoretischen und empirischen Gehalt einer Kategorie der Erschließung des Unbestimmten, 165–183, Opladen.

Stichweh, Rudolf (2003): Fremdheit in der Weltgesellschaft – Indifferenz und Minimalsympathie. In: Iglhaut, Stefan und Thomas Spring (Hg.): Sience + Fiction. Zwischen Nanowelt und globaler Kultur, 98–110, Berlin.

Stichweh, Rudolf (2005/1997): Inklusion/Exklusion, funktionale Differenzierung und die Theorie der Weltgesellschaft. In: Rudolf Stichweh: Inklusion und Exklusion. Studien zur Gesellschaftstheorie, 45–63, Bielefeld.

Stichweh, Rudolf (2006): Stranger. In: Harrington, Austin, Marshall, Barbara L. and Hans-Peter Müller (Eds.): Encyclopedia of social theory, 599–600, London.

Stryker, Sheldon (1959): Social structure and prejudice. In: Social Problems 6 (4): 340–354.

Thieme, Hans (1958): Die Rechtsstellung der Fremden in Deutschland vom 11. bis zum 18. Jahrhundert. In: La Société Jean Bodin (Dir.): L'Étranger. Deuxieme Partie, 201–216, Bruxelles.

Tiryakian, Edward A. (1973): Sociological perspectives on the stranger. In: Sallie TeSelle (Ed.): The rediscovery of ethnicity, 45–58, New York u. a.

Wimmer, Michael (1997): Fremde. In: Christoph Wulf (Hg.): Vom Menschen. Handbuch Historische Anthropologie, 1066–1078, Weinheim/Basel.

BERECHNETES RISIKO

Mit Sicherheit am Rande der Gefahrenzone

Margreth Keiler und Sven Fuchs

1 EINLEITUNG

Wenige Staaten verfügen im Bereich von Naturgefahren über ein so ausgereiftes Instrumentarium zur Risikoreduktion wie Österreich, die Schweiz und Frankreich. Der Umgang mit Naturgefahren hat in den Gebirgsregionen dieser Länder eine lange Tradition, und ist in der jeweiligen nationalen Gesetzgebung berücksichtigt. Mit der Umsetzung der gesetzlichen Grundlagen sind verschiedene fachliche Dienststellen der öffentlichen Verwaltung betraut.

Im Zentrum der unterschiedlichen Schutzmaßnahmen und Managementinstrumente zur Risikoreduktion steht in den meisten Alpenländern der Gefahrenzonenplan. In diesem wird aufgrund statistischer Abschätzungen bisheriger Ereignisse, Berechnungen und Modellierungen eine Grenzziehung zwischen „sicheren" und „gefährdeten" oder „riskanten" Bereichen im Überlagerungsbereich natürlicher Prozesse (Lawinen, Muren, Hochwasser, Stürze,…) mit dem Siedlungs- und Wirtschaftsraum vorgenommen.

Für diese Grenzziehungen und sachlichen Festlegungen bedarf es hinsichtlich potentieller naturgefahreninduzierter Risiken klarer Unterscheidungen, was als „gefährdet" oder „sicher" gilt. Aus einer beobachtungstheoretisch fundierten Perspektive sind Unterscheidungen wie „gefährdet/sicher" stets sozial konstruierte und kontingente Unterscheidungen. Da Risiko und Sicherheit beobachtungs- und bezeichnungsabhängig sind, stellt sich die Frage, welche Akteure welche Situationen zu welchem Zeitpunkt als „gefährdet", „sicher" oder „riskant" bezeichnen, in welchem Kontext also welche Unterscheidungen getroffen werden. Die nachfolgenden Überlegungen gehen mithin davon aus, dass es keineswegs eindeutig oder a priori entschieden ist, was als „gefährdet", „sicher" oder „riskant" zu gelten hat. Es ist zu vermuten, dass unterschiedliche Akteure abhängig von ihrer jeweiligen Beobachtungsperspektive auch zu unterschiedlichen Einschätzungen kommen. Dies wirft die Frage auf, ob der Gefahrenzonenplan, der eigentlich als Instrument zur Risikoreduktion entworfen wurde, nicht selbst ein riskantes Unterfangen ist. Führt ein berechnetes Risiko also mit Sicherheit an die Grenzen der Gefahrenzone, wie wir im Titel behaupten, zumal Gefahrenzonen per Definition ein statisches Konstrukt in einer sich wandelnden Umwelt sind?

Ziel dieses Beitrages ist es, mit Hilfe der Beobachtung zweiter Ordnung am Beispiel von Wildbächen und Lawinen in Österreich den Umgang mit Naturgefahren zu verstehen. Wir wollen anhand des Gefahrenzonenplans als Instrument zur Reduktion naturgefahreninduzierter Risiken aufzeigen, welche (perspektivenabhängigen) Unterscheidungen zu der Entwicklung des Gefahrenzonenplan beitragen und welche Konsequenzen dies hat.

Der Gefahrenzonenplan ist, historisch gesehen, eine recht neue Erscheinung etwa der letzten vierzig Jahre. Bevor wir den Hintergrund dieses Instrumentes beleuchten, wird ein kurzer Überblick über verschiedene frühere Phasen des Umgangs mit Naturgefahren gegeben. Denn dass es zu den Aufgaben des Staates gehört, Sicherheit vor Naturgefahren zu produzieren und gewähren, ist eine vergleichsweise junge, moderne Entwicklung. In einem letzten Schritt richten wir den Fokus schließlich auf die Konsequenzen, die aus einem kontextabhängigen Umgang mit dem Gefahrenzonenplan erwachsen.

2 VON DER GEFAHR ZUM RISIKO. ÜBER DIE HISTORISCHE ENTWICKLUNG DES UMGANGS MIT RISIKO

Mit dem gesellschaftlichen Wandel änderte sich im Laufe der Zeit auch der Umgang mit Naturgefahren, die sich in unterschiedlichen sozial-technologischen Mustern und Anpassungsstrategien manifestieren. Die Veränderungen erfolgen nicht in abrupten Wechseln, sondern in langsamen Übergängen mit parallel vorkommenden Unterscheidungen, bis sich eine bestimmte Unterscheidung als primäre Deutungsweise von Naturgefahren in der Gesellschaft durchsetzt.

Darüber hinaus hat sich der *Begriff* Naturgefahr ebenfalls erst im Laufe der Zeit entwickelt. Er entstand, als die „Natur" als Ursache einer Gefährdung des Menschen erkannt und bezeichnet wurde. Beim heute allgegenwärtigen Begriff des Risikos handelt es sich um einen ausgesprochen „schillernden" Begriff (Weichhart 2007, 201), der von verschiedenen Akteuren und Fachdisziplinen unterschiedlich definiert wird. Im Sinne eines kleinsten gemeinsamen Nenners verstehen wir Risiko hier als eine Funktion der (negativ bewerteten) Einwirkung eines natürlichen Prozesses auf vorhandenes Schadenpotenzial. Die genaue Höhe des Schadens sowie der Zeitpunkt des Schadeneintritts sind jedoch ungewiss. Diese Ungewissheit fehlt den historisch dominanten Konzepten wie Tabu oder Sünde. Bei einer Tabuverletzung oder einem Sündenfall ergeben sich mit Sicherheit Schäden (vgl. Wiedemann 1993).

In der Entwicklungsgeschichte des gesellschaftlichen Umgangs mit Naturgefahren lassen sich, grob vereinfacht, sechs Phasen unterscheiden.[1] Jede von ihnen ist von charakteristischen Anpassungsstrategien geprägt.

---

[1] Die zeitliche Einordnung dieser Phasen ist nicht statisch zu verstehen, vielmehr haben sich einige Elemente eines früheren Umgangs mit Naturgefahren bis in die heutige Zeit erhalten; zum Beispiel die Tradition von Bittprozessionen im kirchlichen Jahresverlauf auf bei dem Auftragen von Ereignissen.

Phase 1: Mythos und Tabu

In der Antike bis in die Zeit des frühen Mittelalters hinein ist der Umgang mit Naturgefahren durch die Begriffe des Mythos und Tabus geprägt (vgl. Bernstein 1997, 31). Im Sinne einer Vorstellung, die allerdings erst später durch die Aufwertung der Antike gegenüber dem christlichen Weltbild entstanden ist, wird Mythos hier als eine Autorität oder höhere Wahrheit verstanden (vgl. Douglas 1990, 4), die für unabwendbares Schicksal verantwortlich gemacht wird. Das Tabu als gesellschaftliche Verbotsregel, beschreibt das Verhältnis des Menschen zu magischen Mächten. Durch einen Meidungsbann werden Dinge oder Personen bezeichnet, die durch ihre Kräfte eine Gefahr darstellen, vor der man sich hüten muss. Von den mit Tabu belegten Bereichen geht Unheil aus; wer ein Tabu bricht, hat mit Schaden zu rechnen (vgl. Wiedemann 1993). Das bedeutet, dass jeder Einzelne die Entscheidung treffen kann (wenn er die Unterscheidung kennt), ein Tabu zu brechen und damit z. B. Hochwasser- oder Murereignisse verursachen kann. Frühe Beispiele und Erklärungen hierzu finden sich in den traditionellen Mythen und Sagen, in denen Hexen und Drachen die großen Schadensereignisse auslösten und in denen sich nur sehr Mutige diesen Kräften widersetzen konnten.

Phase 2: Strafe Gottes

Die Gottesstrafe fand im Hochmittelalter ihre Verbreitung als gesellschaftliche Bewältigungsstrategie und Deutungsmuster in Bezug auf durch Naturgefahren entstandene Schäden (vgl. Pfister 1999, 14). In dieser Phase wurde die Unterscheidung von „sicheren" und „gefährdeten (Siedlungs-) Plätzen" im heutigem Sinne nicht getroffen. Eine Unterscheidung in „hier sicher", „dort gefährdet" existierte nicht. Vielmehr trat eine Gefährdung dann ein, wenn man gegen die Regeln des religiösen Vorschriftenkataloges gehandelt hatte. Die Sünde als Zuwiderhandlung gegen Gottes Gebote wurde von Gott beispielsweise mit Unwetterereignissen und der Zerstörung von Gebäuden bestraft. Das Individuum kann zwar entscheiden, ob es eine Sünde begeht oder nicht, die Folgen einer Strafe Gottes sind jedoch nicht individuellen Personen zuzuordnen. Die einzige Möglichkeit zur Abwendung der Strafe bestand im Gebet und in einem „züchtigen" Lebenswandel. Im Weiteren wurde durch den Vatikan festgelegt, welche religiösen Handlungen zur Abwendung welcher Schäden vorzunehmen waren (vgl. ebenda, 17). Die Tradition der Durchführung von Bittprozessionen, um mögliche Gefährdungen der Dorfgemeinschaft abzuwehren, hat sich bis heute in vielen Alpentälern erhalten. Die Unterscheidungen in den diesen beiden Entwicklungsphasen weisen zwei grundsätzliche Merkmale auf. Erstens kann ein Tabubruch oder ein Sündenfall von einer Person ausgehen, die Folgen hat dagegen die gesamte Gemeinschaft zu tragen. Zweitens haben die relevanten Unterscheidungen keinen räumlichen Bezug, sondern fokussieren auf betroffene Personen. Aufgrund des Glaubens an die Vorbestimmtheit (der Strafe Gottes) und des fehlenden räumlichen Bezugs sind Aspekte der Gefahrenprävention oder Gefahrenabwehr noch nicht von Interesse.

Phase 3: Übergang von der Strafe Gottes zu Naturwissenschaft und Technik

Diese Phase setzte bereits im Spätmittelalter ein und ist gekennzeichnet von einer Ausdifferenzierung der Sünde in leichtere und schwerwiegendere Vergehen (vgl. Weichselgartner 2002, 117). Die Bezeichnung eines Schadensereignisses als Strafe Gottes bleibt erhalten, jedoch werden die Sünden in unterschiedliche Schweregrade unterteilt. Diese Unterscheidung ermöglichte es, sich von einer rein fatalistischen Ergebenheit gegenüber Bedrohungen durch Ereignisse zu entfernen und den gottgewollten Folgen des eigenen Fehlverhaltens durch einfache bauliche Maßnahmen entgegenzuwirken. Durch die Ideen der Renaissance und der Aufklärung, verbunden mit dem Fortschritt in den Naturwissenschaften, wurde der Schutz gefährdeter Objekte weiterentwickelt. Beispiele hierfür sind Spaltkeile in den Auslaufbereichen von Lawinen sowie Schutz- und Ablenkmauern auf den Schwemmkegeln von Wildbächen; derartige Maßnahmen sind teilweise noch heute in alten Siedlungskernen erkennbar. Daneben war die schlichte Meidung gefährdeter Räume jedoch immer noch die weit verbreitete Alternative im Umgang mit Naturereignissen (vgl. Stötter & Fuchs 2006). Die wiederholte Konfrontation mit bestimmten Naturereignissen (jährliches Hochwasser, wiederkehrende Lawinenabgänge) führte dazu, dass sich parallel zu systematischen Aufzeichnungen beispielsweise des Witterungsverlaufes (vgl. Pfister 1999, 20) ein gewisses Gefahrenbewusstsein ausbildete und dass mögliche Bedrohungen teilweise auch mit einem räumlich-territorialen Index versehen wurden. Die theologische Erklärung von Naturereignissen hat jedoch jene der naturwissenschaftlichen Sichtweise noch an Bedeutung übertroffen (vgl. Weichselgartner 2002, 118).

Phase 4: Naturwissenschaft und Technik

Die theologischen Erklärungen für Naturereignisse traten in gleichem Maße in den Hintergrund, wie die Eigenverantwortung eines Individuums für sein Handeln stieg. Mit der Industrialisierung im ausgehenden 18. Jahrhundert trat in dieser Phase außerdem die räumliche Verortung von Schadensereignissen und deren Prozessgebiete in den Vordergrund (vgl. Länger 2003). Technische Verbauungen mit Holz und Naturstein wurden als reaktive Maßnahme nach Ereignissen ausgeführt (vgl. Aretin 1808; Duile 1826).

In der Folge von vermehrten extremen und großflächigen Schadensereignissen in den 1860er und 1880er Jahren wurde das so genannte k.u.k. Wildbachverbauungs-Gesetz[2] erlassen, wodurch die Dienststellen des Forsttechnischen Dienstes für Wildbach- und Lawinenverbauung (WLV) ins Leben gerufen wurden (vgl. Aulitzky 1998). Mit der Übernahme der Aufgabe der Gefahrenabwehr und Gefahrenprävention in den staatlichen Hoheitsbereich erfuhren einerseits die begrenzten individuellen oder gemeinschaftlich organisierten Maßnahmenprojekte eine staat-

---

2   Gesetz vom 30. Juni 1884 betreffend Vorkehrungen zur unschädlichen Ableitung von Gebirgswässern, RGBl 117/1884.

liche Unterschützung. Anderseits ist hier auch der Beginn eines Wandels von der Eigenverantwortung zur staatlichen Verantwortung zu erkennen. Das Aufkommen des Begriffs „Naturgefahr" fällt ebenfalls in diese Phase. Sie war geprägt durch die Durchführung von Ereignisanalysen und die naturwissenschaftliche Beschäftigung mit den Ereignisursachen. Aufgrund der neuen Erkenntnisse wurde neben einer Verbesserung der Maßnahmen im Auslauf- und Ablagerungsgebiet gefährlicher Prozesse (Objektschutz, vgl. Holub & Hübl 2008) auch in wachsendem Maße mit technischen und biologischen Maßnahmen im gesamten Einzugsgebiet eingegriffen. Daneben erfolgen die ersten gezielten Bemühungen zur präventiven (Hochlagen-) Aufforstung.

Die Behörden erstellten Pläne zur Darstellung von Gefährdungsbereichen in unterschiedlichen Klassen (Concurrenz-Rayons), die als Grundlage für die Beitragsleistung der Betroffenen (Interessenten) zu den Verbauungsarbeiten dienten (Länger 2005). Mit den von den Behörden erarbeiteten Plänen wurde erstmals offiziell eine Unterscheidung zwischen „gefährdeten" und „sicheren Räumen" getroffen. Richtlinien zur Grenzenziehung zwischen „sicheren" und „gefährdeten Bereichen" existierten noch nicht. Die Flächen sollten größtmöglich ausgewiesen werden, um die Interessentenbeiträge auf eine größere Anzahl von Anliegern umlegen zu können. In diese Phase fallen auch erste technologisch bedeutende Großprojekte (wie der „Große Durchstich" der Donau im Wiener Stadtgebiet), die ohne staatliche Koordination und Finanzierung kaum möglich gewesen wären. Diese Großprojekte stellen sehr große Eingriffe in die ursprünglichen Prozessräume dar, die derart immer weiter eingeschränkt wurden, um das vor Naturgefahren „sichere" Gebiet einer intensiven wirtschaftlichen Nutzung zuführen zu können.

Phase 5: Technikglaube

Nach dem Zweiten Weltkrieg wurde in Österreich stark in die Wiederinstandsetzung der Infrastruktur und der Industrie investiert, was anschließend das „Österreichische Wirtschaftswunder" bewirkte (Haas 2007). Hierbei kam es zu einer Konzentration der Maßnahmen des Marshall-Plans in den westlichen Bundesländern. Neben Industriestandorten in den großen Talräumen wurde in den Hochgebirgstälern in den Ausbau von Wasserkraftwerken und in den Tourismus investiert. Die westlichen Regionen Österreichs waren stark agrarisch geprägt. Hier existierte eine traditionelle Kultur der alltäglichen Beobachtung der Natur und ihrer Veränderungen. So wurden Hinweise auf potentielle Naturgefahrenereignisse erkannt und individuelle Handlungsstrategien auf der Basis eigener (Beobachtungs-) Erfahrungen entwickelt. Beispielsweise entschieden sich Familien an Tagen mit hoher Lawinengefahr, auf Arbeiten oder Wege (zur Schule oder auf den Markt) außerhalb von Gebäuden (in denen man sich sicher fühlte) zu verzichten. Aufgrund neuer technischer Möglichkeiten und der Verwendung neuer Materialen (z. B. Stahlbeton) entstanden neben den bereits existierenden Maßnahmen im Prozessauslaufgebiet auch vermehrt Permanentverbauungen in oberhalb der Waldgrenze gelegenen Anrissgebieten der Prozesse. Die katastrophalen Auswirkungen der Lawinenwinter 1950/51 und 1952/53 lieferten die volkswirtschaftliche und politische Legitimation für die Durchführung umfangreicher ingenieurtechnischer Verbaumaßnahmen, die seit den späten 1950er Jahren zunehmend auch durch ingenieurbiologische Ansätze ergänzt wurden (vgl. z. B. Schiechtl 1958). Die wachsende Überzeugung, dass sämtliche Naturereignisse durch technische Maßnahmen verhindert werden können, verstärkte den Sicherheitsanspruch der Bevölkerung gegenüber Naturgefahren. Dies ging zugleich mit einer intensiven Ausdehnung des Siedlungs- und Wirtschaftsraumes einher. Insgesamt stieg das Schutzbedürfnis ungleich stärker an, „als es durch die Herstellung von Schutzbauten befriedigt werden kann" (Bergthaler 1975, 161).

Die wesentliche neue Differenzierung in dieser Phase könnte mit „nicht verbaut = gefährlich" und „verbaut = sicher" zusammengefasst werden. Die Naturgefahrenabwehr wurde vor dem Hintergrund einerseits einer Individualisierung der Gesellschaft und anderseits einer vermehrten Verrechtlichung bisher nicht geregelter Materie (Raumplanung, Forstwege, touristische Infrastruktur), für die nun ein behördliches Gutachten zur Feststellung des Gefährdungsgrades notwendig war, nahezu vollständig als staatliche Aufgabe angesehen. Es wurde zur Aufgabe der entsprechenden Behörden, die Naturgefahrenabwehr im Alltag praktisch zu organisieren (vgl. Länger 2005, Stötter & Fuchs 2006).

Phase 6: Vom Einzelereignis zur Gefahrenzone

Intensive Lawinen- und Wildbachereignisse mit hohen Schadenssummen in den 1950er und 1960er Jahren bewirkten ein Umdenken im bis dahin praktizierten Umgang mit Naturgefahren (vgl. Länger 2003, 2005). Rein aktive, ingenieurtechnische und -biologische Maßnahmen zum Schutz vor Naturgefahren schienen auf Dauer nicht mehr ausreichend oder nicht mehr finanzierbar zu sein. Als Konsequenz wurde ein neuer Ansatz entwickelt. Naturgefahren und der Schutz vor Naturgefahren wurden in die Raumplanung zu integriert. Dies geschah nicht wie bisher auf Basis individueller, oft auf Objekte oder Ereignisse bezogener Gutachten, sondern in Form einer flächenhaften Festlegung des Gefährdungsgrades im Rahmen einer Gefahrenzonenplanung.

3 DAS KONSTRUKT DES GEFAHRENZONENPLANS

Aufgrund der Erfahrung aus den ersten im Bundesland Tirol erstellten Gefahrenzonenplänen erließ das damalige Bundesministerium für Land- und Forstwirtschaft 1973 die „Vorläufige Dienstanweisung für die Ausarbeitung von Gefahrenzonenplänen", die abschließend im Forstgesetz 1975 rechtlich geregelt wurde (Republik Österreich 1975). Mit der Schaffung dieser gesetzlichen Grundlage und der dazugehörigen „Verordnung über die Gefahrenzonenpläne" aus dem Jahr 1976 (Republik Österreich 1976) war der Übergang der Abwehr von Naturgefahren vom Individuum auf staatliche Verwaltungseinheiten weitgehend vollzogen.

Für die Ausarbeitung der Gefahrenzonenpläne sind in Österreich die Sektionen und Gebietsbauleitungen der Wildbach- und Lawinenverbauung (WLV) zuständig. Generelles Ziel der Gefahrenzonenplanung ist die Darstellung

    a) der Bereiche, die durch Wildbäche und Lawinen gefährdet sind,
    b) der Höhe der Gefährdung sowie
    c) der Flächen, die für Schutzmaßnahmen zu reservieren sind.

Im Gefahrenzonenplan wird innerhalb des raumrelevanten Bereiches aufgrund gesetzlicher Regelungen die Unterscheidung in „sichere" und „gefährdete Räume" vorgenommen. Der raumrelevante Bereich umfasst einerseits das in Flächenwidmungsplänen ausgewiesene Bauland, anderseits werden auch Gebiete berücksichtigt, von denen angenommen wird, dass sie in abschbarer Zeit (fünf bis zehn Jahre) einer Nutzung für gewerbliche oder bauliche Zwecke zugeführt werden (vgl. Bauer 2005). „Gefährdete Räume" werden weiter differenziert in eine rote und eine gelbe Gefahrenzone, zusätzliche Informationen werden flächenhaft in Vorbehalts- und Hinweisbereichen dargestellt. Die Definitionen der Unterscheidung des Gefährdungsgrades lauten:

> „Die rote Gefahrenzone umfasst jene Flächen, die durch Wildbäche oder Lawinen derart gefährdet sind, dass ihre ständige Benützung für Siedlungs- und Verkehrszwecke wegen der voraussichtlichen Schadenswirkungen des Bemessungsereignisses oder der Häufigkeit der Gefährdung nicht oder nur mit unverhältnismäßig hohem Aufwand möglich ist.

> Die gelbe Gefahrenzone umfasst alle übrigen durch Wildbäche und Lawinen gefährdeten Flächen, deren ständige Benützung für Siedlungs- und Verkehrszwecke infolge dieser Gefährdung beeinträchtigt ist" (Republik Österreich 1976).

Die Differenzierung des Gefährdungsgrades sowie die indirekte Ausweisung jener Bereiche, die keine Gefährdung aufweisen, bedürfen nach dieser Definition einer Interpretation durch einen Sachbearbeiter. Grundlage für die Unterscheidung des Gefährdungsgrades ist das Bemessungsereignis, das aufgrund fachlicher Diskussionen auf ein Ereignis, das ungefähr einer 150-jährlichen Wiederkehrwahrscheinlichkeit entspricht, festgelegt wurde (vgl. Republik Österreich 1976).

Diese Unterscheidungen wurden im Laufe der Zeit über interne Dienstanweisungen der WLV weiter ausdifferenziert. Die Grenzziehung (Unterscheidung) der einzelnen Gefährdungsstufen wurde zur Orientierung für die jeweiligen Sachbearbeiter durch allgemeine Abläufe, die im „Leitfaden der Gefahrenzonenplanung" zusammengefasst sind, und durch Angaben über zulässige Prozess-Parameter, wie Druck und Ablagerungshöhe im Auslaufgebiet, konkretisiert (vgl. Länger 2005). So bürgerte sich für die zulässige Druckwirkung von Lawinen und Murprozessen zunächst ein Grenzwert von 25 kN/m² ein. Jene Flächen, die durch ein Lawinen- oder Murereignis eine berechnete Druckeinwirkung über 25 kN/m² aufwiesen, wurden der roten Gefahrenzone zugewiesen, und jene Bereiche, in denen die Druckeinwirkung unter 25 kN/m² lag, der gelben Gefahrenzone (vgl. ebenda). Die Grenzziehung zwischen der gelben Gefahrenzone und dem „nicht gefährdeten Bereich" lag bei 3 kN/m² (ÖROK 1984).

Aufgrund von Erfahrungen durch eingetretene Schadensereignisse wurden die Grenzwerte für Lawinen später auf 10 kN/m² (rote Zone) bzw. 1 kN/m² (gelbe Zone) reduziert. Diese Grenzwerte wurden zunächst nur probeweise erlassen, nach den Ereignissen des Lawinenwinters 1998/99 dann aber als Richtlinie verbindlich eingeführt. Diese Veränderung der Grenzziehung bewirkte eine Ausdehnung der behördlich festgelegten gefährdeten Bereiche. Die Richtlinien für die Ausweisung der Gefahrenzonen für Wildbäche und Lawinen und somit die Unterscheidung in „gefährdete" und „sichere Bereiche" wurde letztmals im Jahr 2001 modifiziert, wobei es zu einer Erhöhung der Werte für das „häufige Ereignis" kam (BMLFUW 2001, vgl. Tabelle 1).

4 UMGANG VERSCHIEDENER AKTEURE MIT DEM GEFAHRENZONENPLAN

Der Gefahrenzonenplan wird in verschiedenen gesellschaftlichen Zusammenhängen erstellt, angeeignet und genutzt – oder auch ignoriert. Auch die Folgen der Entscheidungen, die aufgrund des Gefahrenzonenplans getroffen werden, zeigen ihre Auswirkungen in verschiedenen Bereichen der Gesellschaft. Im Folgenden werden wichtige Akteure (Nutzer) und Verwendungszusammenhänge sowie deren Prioritäten und Aneignungsformen des Gefahrenzonenplans dargestellt.

4.1 Nutzung des Gefahrenzonenplans durch die WLV

Einer der Hauptakteure sind die Gebietsbauleitungen der WLV, die per Gesetz für die Gefahrenzonenplanung verantwortlich sind (vgl. Republik Österreich 1975). Die dem heutigen Bundesministerium für Land- und Forstwirtschaft, Umwelt und Wasserwirtschaft nachgeordnete Dienststelle wird nicht von sich aus tätig, sondern erst nach einer Aufforderung zur Erstellung eines Gefahrenzonenplans durch eine Gemeindeverwaltung. Der Gefahrenzonenplan soll im Weiteren:

–   den Dienststellen Anhaltspunkte für die Reihung der Verbauungsnotwendigkeiten und Hinweise für die Projektierung von Verbauungsmaßnahmen geben,
–   den Dienststellen als Basis für Gutachtertätigkeiten in den Einzugsgebieten dienen,
–   den Raumordnungsbehörden der Bundesländer und der Gemeinden Hilfestellungen für die Planung und die Beurteilung von zukünftigen Entwicklungen zur Verfügung stellen (Entwicklungskonzepte, Flächenwidmungspläne usw.),
–   den für die öffentliche Sicherheit zuständigen Dienststellen und Behörden Hinweise für notwendige Maßnahmen im Gefahrenfalle liefern (vgl. Länger 2005).

a) Abgrenzungskriterien für Wildbachereignisse

Kriterien	Zone	Bemessungsereignis	Häufiges Ereignis (1- bis 10-jährlich)
1) Stehendes Wasser	WR	Wassertiefe $\geq$ 1,5 m	Anschlaglinie HQ > 50 cm, HQ_1 > 20 cm
	WG	Wassertiefe < 1,5 m	Anschlaglinie HQ < 50 cm, HQ_1 < 20 cm
2) Fließendes Wasser	WR	Höhe der Energielinie $\geq$ 1,5 m	HQ_{10}; Höhe der Energielinie $\geq$ 0,25 m
	WG	Höhe der Energielinie < 1,5 m	HQ_{10}; Höhe der Energielinie < 0,25 m
3) Erosionsrinnen	WR	Tiefe $\geq$ 1,5 m	Erosionsrinnen möglich
	WG	Tiefe < 1,5 m	Abfluss ohne Erosionsrinnen, daher wie 2)
4) Geschiebe-ablagerung	WR	Ablagerungshöhe $\geq$ 0,7 m	Geschiebeablagerung möglich
	WG	Ablagerungshöhe < 0,7 m	Keine Geschiebeablagerung, daher wie 2)
5) Nachböschung infolge Tiefen-/ Seitenschurf	WR	Oberkante der Nach-böschungsbereiche	--
	WG	Sicherheitsstreifen	
6) Mur- und Erdströme	WR	Rand der ausgeprägten Murablagerungen	--
7) Rückschreitende Erosion	WR	Mögliches Ausmaß	Keine Beurteilung
	WG	Kriterien 3) und 5) beachten	

Legende: HQ = Hochwasser, der Index bezeichnet die Jährlichkeit; WR = Wildbach Rot; WG = Wildbach Gelb

b) Abgrenzungskriterien für Lawinenereignisse

Kriterien	Zone	Bemessungsereignis	Häufiges Ereignis (1- bis 10-jährlich)
1) Druck (p)	LR	p > 10 kN/m²	p > 10 kN/m²
	LG	1 < p < 10 kN/m²	1 < p < 10 kN/m²
2) Mächtigkeit der Ablagerung (T)	LR	T > 1,5 m	T > 1,5 m
	LG	0,2 < T < 1,5 m	0,2 < T < 1,5 m

Legende: LR = Lawine Rot; LG = Lawine Gelb

Tabelle 1 *Kriterien für die Gefahrenzonenabgrenzung, verändert nach Bauer (2005, 159).*

Der primäre Fokus für die Erstellung des Gefahrenzonenplans ist folglich die Er-arbeitung der Planungsgrundlage für Verbauungsprojekte und deren Priorisierung

im gesamten Gebiet der zuständigen Dienststelle der WLV. Der Gefahrenzonenplan ist ein interner Teilschritt für die dienstlich zu erfüllende Aufgabe, der entsprechend der genannten Richtlinien zu erarbeiten ist. Aus einer Verschneidung
der roten und gelben Gefahrenzonen mit der bestehenden oder geplanten Bebauung und Nutzung kann die Notwendigkeit und Dringlichkeit von (Verbauungs-)
Maßnahmen abgeleitet werden. Die wesentlichen Unterscheidungen für die WLV
sind auf zwei Ebenen angesiedelt:

a) Ausweisung der Zugehörigkeit einer Fläche zur roten und gelben Gefah-
    renzone oder zu nicht gefährdeten Bereichen – entsprechend der Grenz-
    werte von Druckeinwirkung oder Ablagerungshöhe für das Bemessungs-
    ereignis – sowie
b) eine Unterscheidung im Hinblick auf „Maßnahmen notwendig", „Maß-
    nahmen, wenn möglich" und „keine Maßnahmen notwendig".

Daneben dient der Gefahrenzonenplan als qualifiziertes Sammel-Gutachten mit
Prognosecharakter[3] zur Unterstützung der Dienstellen-Mitarbeiter in Sachverstän-
digenfragen. Der Gefahrenzonenplan soll so erstellt werden, dass dieser auch im
Zusammenhang mit Fragen der Raumordnung und der öffentlichen Sicherheit
hilfreich eingesetzt werden kann. Aufgrund der gesetzlichen Bestimmung des
Zweckes der Gefahrenzonenplanung sind weitere Akteure so bereits vorbestimmt.

4.2 Nutzung des Gefahrenzonenplans durch die Raumplanung

Gefahrenzonenpläne haben keine rechtsverbindliche Wirkung für die Planung:

> „Die Beachtung und Berücksichtigung der Gefahrenzonenpläne durch Private und Gemein-
> den kann rechtlich nicht erzwungen werden" (Länger 2005, 21).

Dieser Satz bringt die vielschichtige und thematisch breite rechtliche Quer-
schnittsmaterie der Naturgefahren in Österreich auf den Punkt. Den Begriff „Naturgefahr" kennt die österreichische Rechtsordnung nicht, jedoch finden sich Gesetze mit Naturgefahrenrelevanz in verschiedenen Bereichen des öffentlichen
Rechts (vgl. Hattenberger 2006). Von großer Bedeutung sind neben dem Forstgesetz von 1975 und der zugehörigen Verordnung von 1976 raumordnungsrechtli-
che Aspekte und deren Umsetzung in der Praxis. In Österreich fällt die Raumordnung in die Gesetzgebung der Bundesländer, so existieren entsprechend der Anzahl der Bundesländer neun verschiedene Regelungen. Neben allgemeinen Aussagen zu Naturgefahren, zur Gefahrenvermeidung und -abwehr in den Raumord-
nungszielen und der überörtlichen Raumordnung, kann die Abgrenzung der Gefährdungsbereiche durch die WLV in der örtlichen Raumordung über Flächenwidmung als Entscheidungsgrundlage ohne Rechtswirkung herangezogen werden.

---

3 Vgl. hierzu das entsprechende Urteil des Österreichischen Verwaltungsgerichtshofes: VwGH
   27.03.1995, 91/10/0090.

In den Raumordnungsgesetzen werden unterschiedliche Gefährdungsbegriffe und Beschränkungsvorschriften verwendet, die teilweise erhebliche Ermessungsspielräume für die kommunalen Planungsträger zulassen (vgl. Kanonier 2006). Die Raumordungsgesetze oder entsprechende nachgeordnete Verordnungen bestimmen die Ersichtlichmachung der Gefährdungsbereiche im Flächenwidmungsplan, beispielsweise durch einen Gefahrenzonenplan. Die Gefahrenzonen gelten nicht automatisch als Baulandverbotsbereiche (rote Gefahrenzone) oder Bereiche mit verbindlicher Nutzungseinschränkung (gelbe Gefahrenzone). Bauverbote gelten in der Flächenwidmungsplanung generell nur für jene Flächen, die sich wegen natürlicher Verhältnisse für eine Bebauung nicht eignen (vgl. ebenda). Aufgrund von Schadensereignissen revidierten einige Bundesländer (Niederösterreich, Oberösterreich, Steiermark) die Raumordnungsgesetzgebung, vor allem in Bezug auf Widmungsverbote, und gaben präzisere Richtlinien für Bauverbote an. Nur im Bundesland Tirol gelten Gefahrenzonenpläne sowie Fachgutachten laut Raumordnungsgesetz als relevante Kriterien zur Widmungsentscheidung. Die grundsätzlichen Widmungsverbote für Bauland in Gefährdungsbereichen gelten nicht uneingeschränkt, es existieren durchwegs Ausnahmen (vgl. ebenda). Die Gesetzgeber geben jedoch in keinem Bundesland abgestufte Widmungskriterien (z. B. ausdifferenziert nach unterschiedlichen Gefahrenzonen) an. Vielmehr kommt es zu anlassbezogenen Abwägungsentscheidungen.

Welche Unterscheidungen, und damit zentrale Entscheidungen, werden nun in der Raumordnung hinsichtlich „sicherer" und „gefährdeter Räume" getroffen? Verallgemeinert gesagt, wird die rote Gefahrenzone als gefährdeter Bereich betrachtet. Um potentielle Schäden zu verhindern, werden gefährdete Bereiche sekundär codiert – mit Hilfe der Bezeichnung „Bau- oder Nutzungsverbot". Dies ist jedoch keineswegs die Regel, wie viele Ausnahmen in der Praxis zeigen. Daraus folgt, dass entweder die potentiellen Schäden in Kauf genommen werden, da andere Nutzungsinteressen diesen Nachteil überwiegen, oder dass die roten Gefahrenzonen (basierend auf Grenzwerten von Druckeinwirkung und Ablagerungshöhe) nicht gleichgesetzt werden mit einer hohen Gefährdung. Gelbe Gefahrenzonen werden durch die Raumordnung nicht als gefährdete Räume gesehen, sondern als Bereiche, in denen es zeitlich begrenzt zu Nutzungseinschränken kommen kann oder in denen bestimmte Auflagen ausgesprochen werden (z. B. durch Bauvorschriften), die eine Nutzung grundsätzliche jedoch ermöglichen. Die wesentliche Unterscheidung in der Raumordnung ist daher nicht die Differenzierung in „sichere" und „gefährdete Räume", sondern eine Unterscheidung nach Nutzungseignung und Nutzungsanspruch des verfügbaren Raumes. Naturgemäß können sich hierbei stark konkurrierende Nutzungsansprüche entwickeln.

4.3 Nutzung des Gefahrenzonenplans durch politische Akteure

Das Risikomanagement von Naturgefahren wird durch politische Akteure auf internationaler, nationaler, länderspezifischer und kommunaler Ebene beeinflusst. Auf den ersten drei Ebenen findet man naturgefahrenspezifische Richtlinien und

Verordnungen sowie die Ausweisung gefährdeter Bereiche aufgrund der Gesetzgebung durch politische Akteure wie die EU-Kommission, die Bundesregierung
sowie die Landesregierungen. Beispiele auf internationaler Ebene sind die Verträ-
ge der Alpenkonvention (vgl. CIPRA 1991, 1998), die EU-Wasserrahmenricht-
linie (vgl. European Commission 2007) und die Richtlinien der Strategischen
Umweltplanung der EU, die eine Verpflichtung zur Ausweisung von Gefahren-
und Risikobereichen enthalten. Die unterschiedlichen Regelungen in Österreich
hinsichtlich naturgefahreninduzierter Risiken auf Bundes- und Länderebene wurden für die Bereiche der Wildbach- und Lawinengefahren in den voran stehenden
Abschnitten bereits exemplarisch aufgezeigt. Politische Akteure auf kommunaler
Ebene schließlich entscheiden in dem gesetzlich vorgegeben Rahmen z. B. über
Flächenwidmung, Baubewilligungen und die weitere Gestaltung der Gemeinde.

Durch Beobachtung über einen längeren Zeitraum hinweg kann eine hohe
Korrelation zwischen dem Auftreten von „Naturkatastrophen" mit sehr großen
Personen- sowie Sachschäden auf der einen Seite und den Entstehungs- und Ab-
änderungsprozessen einschlägiger gesetzlicher Regelungen auf der anderen Seite
festgestellt werden. Einige Beispiele wurden bereits in Abschnitt 3 mit Bezug auf
die Ausdifferenzierung der Grenzwerte für Gefahrenzonen aufgezeigt. Zum gleichen Schluss kommt Arthur Kanonier:

> „Infolge der Naturkatastrophen [Hochwasserereignisse 2002 und 2005] haben einige Bundes-
> länder (…) ihre raumordnungsrechtlichen Regelungen bezüglich Naturgefahren jüngst über-
> arbeitet und neue Vorgaben für die planerische Praxis bestimmt" (Kanonier 2006, 123).

Damit drängt sich die Frage auf, warum neuere (Er-) Kenntnisse der Fachbehörden und Forschungsergebnisse, die die Schäden zumindest hätten begrenzen können, immer erst nach einem Schadensereignis zu einer Umsetzung gelangen. Einer
ähnlichen Frage geht Heike Egner aus systemtheoretischer Sicht nach. Folgt man
ihrer Argumentation, orientieren sich die Kommunikationen und Entscheidungen
im Funktionssystem Wissenschaft an der Leitdifferenz wahr/unwahr, jene des
politischen Teilsystems dagegen an der Unterscheidung Regierung/Opposition
(vgl. Egner 2008). Der Erkenntnisgewinn in den entsprechenden Fachbehörden
und wissenschaftlichen Expertenkreisen findet nur dann eine Umsetzung in die
Gesetzgebung, wenn das politische System durch die extremen Schadensereignisse so irritiert wurde, dass es zum eigenen Systemerhalt (an der Regierung bleiben)
auf die Störung reagiert. Das bedeutet, dass Regelungen, wie z. B. eine Reduzierung der Grenzwerte für Gefahrenzonen, die eine Ausdehnung der roten und gelben Zonen zur Folge hätte, von politischen Akteuren nur dann unterstützt und
gesetzlich verankert werden, wenn mit einer hoher Wahrscheinlichkeit diese Entscheidung nicht die Wählergunst vermindert. Dies ist nach einer „Naturkatastrophe" wahrscheinlicher als in einer Periode ohne derartige Ereignisse. Bei Berücksichtigung des Sachverhalts, dass die primäre Unterscheidung eines politischen
Akteurs nicht „sichere Räume" oder „gefährliche Räume" ist, sondern die Frage,
wie sich eine mögliche Entscheidung auf den Zustand „Regierung" oder „Opposi-
tion" auswirkt, dann ist auch verständlich, warum z. B. Bürgermeister Baugenehmigungen in roten Gefahrenzonen erteilen.

4.4 Nutzung des Gefahrenzonenplans durch betroffene Bürger

Die Deutung des Gefahrenzonenplans mit „sicheren" und „gefährlichen Räumen" durch betroffene Bürger ist vielfältig und zeitlich hoch variabel. Einerseits wird die Ausweisung der Gefahrenzonen als Hilfestellung gesehen, um Gefahren zu erkennen und diese dann reduzieren zu können. Hierbei werden (a) die „rote Zone" als hochgefährdet, (b) die „gelbe Zone" als teilweise gefährdet und (c) alle andere Flächen als „absolut sicher" gedeutet, ohne zu berücksichtigen, dass sich die Ausweisung der Gefahrenzonen auf ein 150-jähriges Bemessungsereignis bezieht. Andererseits, wenn das eigene Grundstück sich in einer der Gefahrenzonen befindet und es im Zuge gewünschter Neubauten oder Gebäudeerweiterungen zu Nutzungsbeschränkungen oder -verboten kommt, werden die offiziell ausgewiesenen Gefahrenzonen stark angezweifelt. Als Begründung wird dann häufig die eigene Erfahrung herangezogen.

Durch die Änderung von Grenzwerten zur Ausweisung von Gefahrenzonen können diese in bereits als Bauland gewidmete Flächen ausgedehnt werden. Handelt es sich dabei um unbebautes Bauland, kann eine Widmungskorrektur vorgenommen werden. Die Kosten der Widmungskorrektur, insbesondere der Wertverlust zwischen Bauland- und Grünlandwidmungen, sind im Bundesland Niederösterreich allein vom Grundeigentümer zu tragen; in anderen Bundesländern werden der Wertverlust oder die Kosten für erforderliche Aufwendungen zum Teil ersetzt (vgl. Kanonier 2006). Von den Betroffenen wird daher oftmals nicht die Unterscheidung „sicher" oder „gefährlich" zugrunde gelegt, vielmehr steht mit Blick auf die persönliche Lebensqualität (schöne Aussicht) oder das wirtschaftliche Einkommen die Differenzierung von Gewinn und Verlust im Vordergrund. Diese Differenzierung ist jedoch nicht beständig (Christian Weber, Gebietsbauleiter WLV Oberes Inntal, Interview September 2002). So wollten einige Betroffene, die Einspruch gegen die Ausweisung der gelben Gefahrenzonen erhoben hatten, im Lawinenwinter 1998/99 als erste evakuiert werden, da sie sich in „hoch gefährdeten Räumen" befanden.

5 KONSEQUENZEN DER UNTERSCHIEDLICHEN NUTZUNG DES GEFAHRENZONENPLANS

Wie in den vorangegangen Abschnitten gezeigt, wird der Gefahrenzonenplan als Instrument des Risikomanagements in unterschiedlichen kontext- und teilsystemspezifischen Perspektiven verschieden betrachtet und interpretiert. Die Leitdifferenzen der jeweiligen Beobachter führen zu systemeigenen Rationalitäten der Entscheidungsfindung und stoßen zum Teil in anderen Teilsystemen der Gesellschaft auf Unverständnis, da diese den Gefahrenzonenplan und ihren Umgang mit ihm vor dem Hintergrund ihrer eigenen Systemrationalität betrachten. Dies bleibt nicht ohne Konsequenzen für die Produktion von Sicherheit vor Naturgefahren.

Am Beispiel der Gemeinde Galtür lässt sich zeigen, dass der Gefahrenzonenplan einen deutlichen Einfluss auf die Siedlungs- und Schadenspotenzialentwicklung hatte. Keiler (2004) führte eine zeitlich (1950–2000) und räumlich nach Lawinengefahrenzonen differenzierte Analyse des Gebäudebestandes durch. Die räumliche Analyse der betrachteten Gebäudewerte führte zu der Unterscheidung:

a) rote und gelbe Gefahrenzone,
b) rote und gelbe Gefahrenzone mit einer Erweiterung um jene Gebäude, die sich genau auf der Zonengrenze befinden („Gefahrenzone + Rand" in Abbildung 1), und den
c) Bereich eines Puffers (10 m-Bereich direkt in Angrenzung an die gelbe Gefahrenzone), der die Gebäudewert-Entwicklung in zonennahen „sicheren Räumen" aufzeigt (Abbildung 1).

Der Gefahrenzonenplan der Gemeinde Galtür wurde 1986 fertig gestellt, jedoch erst 1995 behördlich genehmigt. Die Gemeinde hat den Gefahrenzonenplan bereits nach Fertigstellung in der Flächenwidmung und für Baugenehmigungen berücksichtigt. In allen Gebäudeklassen ist ein Anstieg der Gebäudewerte seit 1950 zu beobachten, wobei jener in der roten Gefahrenzone mit dem Faktor 4 am geringsten ist. Die Gebäudewerte in der gelben Gefahrenzone sind zwischen 1950 und 2000 um den Faktor 9 gestiegen, dieser Anstieg liegt über jenem der gesamten Gemeinde (Faktor 8) (Abbildung 1). Durch die Berücksichtigung des Gefahrenzonenplanes seit dem Jahr 1986 veränderte sich die Entwicklung zunächst deutlich. Es kam zu einer Stagnation in der roten Zone bzw. zu einem deutlich verringerten Anstieg in der gelben Zone zwischen 1980 und 1990. Hingegen weist der nur 10 m breite Puffer während dieser Dekade ein bemerkenswertes Wachstum auf. In der Periode zwischen 1990 und 2000 sind hingegen wieder deutliche Anstiege in der roten und gelben Zone sowie im Bereich des Puffers zu verzeichnen. In diesem „sicheren Bereich" finden sich im Jahr 2000 etwa die gleichen Gebäudewerte wie in der roten und gelben Gefahrenzone gemeinsam.
Die Siedlungsentwicklung im Grenzbereich der Gefahrenzonen ist eindeutig auf die Einführung des Gefahrenzonenplanes und dessen Umsetzung in der Raumordnung zurückzuführen. Der überdurchschnittliche Anstieg in der gelben Zone zeigt, dass hier die Unterscheidung der Raumordnung, und nicht jene der WLV, zum Tragen kam. In der Raumordnung wird die gelbe Zone nicht mit „gefährdet" gleichgesetzt und demzufolge auch nicht gemieden, sondern als für Bauzwecke geeignete Fläche, in der die Bauweise der Gefahr angepasst werden muss. Der Druck von einzelnen Akteuren auf das kommunale politische System konnte zwischen 1990 und 2000 offensichtlich erhöht werden, da es auch zu einem Anstieg der Gebäudewerte aufgrund von Gebäudeerweiterungen sowie Neubauten in der roten Zone kam. Das bedeutet, dass Ausnahmeregelungen des Raumordnungsrechts (beispielsweise als Inselwidmungen in der roten Zone) zur Anwendung kamen, denen die Sachverständigen der WLV sowie der Bürgermeister als letzte Instanz der Baubehörde zustimmten.
    Die Entwicklung des Gebäudebestandes und der Gebäudewerte stellt nur einen Faktor der Risikoentwicklung dar. Weitere Faktoren sind die Reduktion der Verletzlichkeit von Objekten im Gefahrenbereich sowie die Reduktion des Ge-

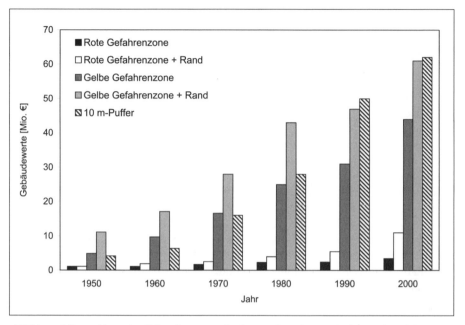

Abbildung 1 *Entwicklung der Gebäudewerte in der Gemeinde Galtür gegliedert nach Gefahren-*
zonen zwischen 1950 und 2000 (verändert nach Keiler 2004, 252).

fahrenbereiches durch technische Maßnahmen. In Galtür konnte somit auf der
Grundlage des Gefahrenzonenplanes das Risiko in den Gefahrenzonen auch durch
technische Maßnahmen sowie Bauvorschriften für den Objektschutz reduziert
werden (vgl. Keiler et al. 2006).

Betrachtet man die zeitliche Entwicklung der Nutzung von Gefahrenzonenplänen in der Raumordnung, treten zwei wichtige Aspekte hervor. Einerseits entsteht in der Raumordnung eine parzellenscharfe Nutzungsordnung, die nur bedingt abänderbar ist, da diese Entscheidungen rechtsverbindlich sind (vgl. Kanonier 2006). Diese statische Nutzungsordnung trifft auf unbeständige und bezüglich
der Intensität und Häufigkeit veränderliche Gefahrenbereiche. Veränderungen im
Prozessverhalten oder neue Erkenntnisse (meist nach Extremereignissen) führen
zur Anpassung der Grenzwerte für die Ausweisung der Gefahrenzonen (siehe Abschnitt 3). Damit dehnen sich die Gefahrenzonen aus, was sich wiederum auf die
Raumordnung auswirkt. Ehemals „sichere Räume" werden auf diese Weise zu
„gefährdeten Räumen". Das berechnete Risiko kann sich dadurch deutlich erhöhen, wie das Beispiel des 10 m-Puffers in direktem Anschluss an die Gefahrenzonen in der Gemeinde Galtür zeigt.

Anderseits ist der Gefahrenzonenplan zum Zeitpunkt seiner Erstellung eine
Ist-Analyse der Naturgefahrensituation. Diese wird in die Raumordnung übertragen, welche ihrerseits die potentielle zukünftige Entwicklung berücksichtigen und
lenken soll. Beim Übertragen von Ergebnissen aus dem Fachbereich der WLV,
die den Gefährdungsgrad aufgrund von Druckeinwirkung und Ablagerungshöhe

bestimmt, in die Raumordnung, die nach Nutzungseignung und -anspruch unterscheidet, wird zumeist nicht berücksichtigt, dass die Ausweisung von Gefahrenzonen ohne Darstellung möglicher Unsicherheiten des potentiellen Prozessverhaltens in der Zukunft sowie ohne Berücksichtigung von Ereignissen, die über das Bemessungsereignis hinausgehen, erfolgt (vgl. Fuchs & Keiler 2008).

Ohne dieses Wissen wird mit der Ausweisung von roten und gelben Gefahrenzonen entlang scharfer Grenzen, wie von der Raumordnung gefordert und praktiziert, eine Sicherheit für die restlichen Flächen suggeriert, die real nicht existiert. Der Mehrheit der betroffenen Bevölkerung jedoch, die die restlichen Flächen als „sicher" wahrnimmt, sind die Unterscheidungen und Kriterien der WLV nicht bekannt. Entsprechend heftig sind die Reaktionen der Öffentlichkeit bei Ereignissen, die über das Bemessungsereignis hinausgehen und in den vermeintlich „sicheren Räumen" zu Schäden führen. Es kommt zu Forderungen nach der besseren „Sicherung des Lebensraumes", die wiederum zu Versprechungen von neuen Maßnahmen durch die politischen Akteure führen und auch zu Änderungen von Richtlinien im Bereich der Gefahrenzonenausweisung.

Falls es aufgrund des Klimawandels zu der erwarteten Häufung von Ereignissen mit hohen Intensitäten kommt, verändern sich die verfügbaren Datengrundlagen und somit auch die statistisch ermittelten Eintretenswahrscheinlichkeiten, auf denen die Gefahrenzonenpläne beruhen. Aber auch die dadurch eintretenden Veränderungen werden (wahrscheinlich) nichts daran ändern, dass alle betroffenen Akteure auch in Zukunft nach ihrer je systemeigenen Rationalität handeln.

6 FAZIT

Verschiedene Akteure orientieren sich an unterschiedlichen, für ihren Alltag relevanten Unterscheidungen und treffen aus ihrer je spezifischen Weltsicht heraus unterschiedliche Entscheidungen. Die zeitliche und räumliche Werteentwicklung der Gebäude innerhalb der Gefahrenzonen und in direkter Nachbarschaft im „sicheren Gebiet" hat offensichtlich etwas mit den Gefahrenzonen selbst zu tun, die keine natürlichen Einheiten, sondern sozial konstruierte Formen sind. So werden, indem die Gefährdung exponierter Werte benannt wird, bei der Erstellung der Gefahrenzonenpläne letztlich „gefährliche" und „sichere Räume" erst geschaffen. Man könnte von einer ersten Ebene der Risikokonstruktion sprechen.

Unter Berücksichtigung der Prozesse des globalen Wandels im Natur- und Kulturraum sind Gefahrenzonenpläne periodisch zu überarbeiten (§ 8 GZP-VO 1976). Das von den Gefahrenzonen umschlossene Gebiet wird also unter Umständen ausgedehnt. Sind von dieser Ausdehnung Schadenspotenziale und exponierte Werte betroffen, führt dies zu einer zweiten Form der Risikokonstruktion, und zwar in ehemals „sicheren Räumen", da gemäß der Logik der Verwaltung ehemals sichere Räume nun als gefährdet eingestuft werden.

Der dargestellte Umgang verschiedener Akteure mit dem Gefahrenzonenplan wäre dann als dritte Ebene der Risikokonstruktion anzusprechen, unter anderem wegen der verschiedenen Aushandlungsprozesse, die mit der Erhöhung exponierter Werte einhergehen (siehe das Beispiel der Inselwidmungen). Die unterschiedliche Nutzung ein und desselben Instruments – des Gefahrenzonenplans – steht somit dem administrationslogischen Anspruch der Reduktion von Risiken und Gefährdungen gegenüber und könnte somit gegenläufig wirken.

„Sichere Räume" sind nicht gleich „sichere Räume". Das Gleiche gilt für „gefährdete Räume". Ob eine Unterscheidung zwischen „sicher" und „gefährdet" getroffen wird, ist von der jeweils gültigen Beobachterperspektive abhängig. Auch wenn die gleiche Bezeichnung verwendet wird, bedeutet dies nicht, dass daraus die gleichen Konsequenzen gezogen werden. Die jeweiligen beobachtungs- und entscheidungsleitenden Differenzierungen der verschiedenen Akteursgruppen im Naturgefahren- und Risikomanagement weisen zudem zeitliche Variabilitäten auf, wie in Abschnitt 2 aufgezeigt wurde. Neben der langfristigen Veränderung kommt es zu kurzfristigen Schwankungen, wie sie während einer Periode erhöhter Gefährdung oder nach Extremereignissen entstehen können. Die eingangs gestellte Frage, ob der Gefahrenzonenplan als ein Instrument zur Reduktion des Risikos selbst ein riskantes Unterfangen ist, kann hier nicht beantwortet werden, denn Risiko ist perspektivenabhängig und somit muss jeder Leser diese Frage letztlich beantworten. Mit Sicherheit befinden wir uns am Rande einer gefährlichen Zone, wenn wir glauben, der Gefahrenzonenplan bilde eindeutig „sichere" und „gefährdete Räume" ab. Was wir immerhin wissen: Er stellt sie her.

LITERATUR

Aretin, Johann Georg Freiherr von (1808): Über Bergfälle, und die Mittel denselben vorzubeugen, oder ihre Schädlichkeit zu vermindern: mit vorzüglicher Rücksicht auf Tirol. Innsbruck.

Aulitzky, Herbert (1998): Die Wildbach- und Lawinenverbauung Österreichs – Vorstellungen, Wünsche und Visionen an der Schwelle zum nächsten Jahrtausend. In: Wildbach- und Lawinenverbau 137, 7–24.

Bauer, Roland (2005): Gefahrenzonenpläne des Forsttechnischen Dienstes für Wildbach- und Lawinenverbauung, Antworten auf häufig gestellte Fragen. In: Wildbach- und Lawinenverbau 152, 153–159.

Bergthaler, Josef (1975): Grundsätze zur Erarbeitung von Gefahrenzonenplänen in Wildbächen der Nördlichen Kalkalpen und der Grauwackenzone. In: Österreichische Wasserwirtschaft 27 (7/8), 160–168.

Bernstein, Peter (1997): Wider die Götter. München.

BMLFUW, Bundesministerium für Land- und Forstwirtschaft, Umwelt und Wasserwirtschaft (2001): Richtlinien für die Gefahrenzonenplanung des Forsttechnischen Dienstes für Wildbach- und Lawinenverbauung, Stand März 2001. unveröffentlicht.

CIPRA, Commission Internationale pour la Protection des Alpes (1991): Rahmenkonvention. www.cipra.org/d/alpenkonvention/ Rahmenkonvention_d.pdf (abgerufen am 01.05.2008).

CIPRA, Commission Internationale pour la Protection des Alpes (1998): Protokoll Bodenschutz. www.cipra.org/d/alpenkonvention/offizielle_texte/Protokoll_d_Bodenschutz.pdf (abgerufen 01.05.2008).

Douglas, Mary (1990): Risk as a forensic resource. In: Daedalus 119 (4), 1–16.

Duile, Joseph (1826): Ueber die Verbauung der Wildbäche, vorzüglich in der Provinz Tirol, und Vorarlberg. Innsbruck.

Egner, Heike (2008): Warum konnte das nicht verhindert werden? Über den (Nicht-) Zusammenhang von wissenschaftlicher Erkenntnis und politischen Entscheidungen. In: Felgentreff, Carsten und Thomas Glade (Hg.): Naturrisiken und Sozialkatastrophen, 421–433, Heidelberg.

European Commission (2007): Directive of the European Parliament and of the Council on the assessment and management of floods. http://eur-lex.europa.eu/LexUriServ/LexUri Serv.do?uri=CELEX:32007L0060:EN:NOT (abgerufen 01.10.2008).

Fuchs, Sven and Margreth Keiler (2008): Variability of natural hazard risk in the European Alps – Evidence from damage potential exposed to snow avalanches. In: Pinkowski, Jack (ed.): Disaster management handbook, 267–279, London.

Haas, Josef (2007): 60 Jahre Marshall-Plan – eine Würdigung aus österreichischer Sicht. www.oenb.at/de/img/gewi_2007_2_haas_tcm14-58007.pdf (abgerufen 28.04.2008).

Hattenberger, Doris (2006): Naturgefahren und öffentliches Recht. In: Fuchs, Sven; Khakzadeh, Lamiss und Karl Weber (Hg.): Recht im Naturgefahrenmanagement, 67–91, Innsbruck.

Holub, Markus und Johannes Hübl (2008): Local protection against mountain hazards – State of the art and future needs. In: Natural Hazards and Earth System Sciences 8 (1), 81–99.

Kanonier, Arthur (2006): Raumplanungsrechtliche Regelungen als Teil des Naturgefahrenmanagements. In: Fuchs, Sven; Khakzadeh, Lamiss und Karl Weber (Hg.): Recht im Naturgefahrenmanagement, 123–153, Innsbruck.

Keiler, Margreth (2004): Development of the damage potential resulting from avalanche risk in the period 1950-2000, case study Galtür. In: Natural Hazards and Earth System Sciences 4 (2), 249–256.

Keiler, Margreth, Sailer, Rudolf, Jörg, Phillip, Weber, Christian, Fuchs, Sven, Zischg, Andreas und Siegfried Sauermoser (2006): Avalanche risk assessment – a multi-temporal approach, results from Galtür, Austria. In: Natural Hazards and Earth System Sciences 6 (4), 637–651.

Länger, Eugen (2003): Der forsttechnische Dienst für Wildbach- und Lawinenverbauung in Österreich und seine Tätigkeit seit der Gründung im Jahre 1884. Teil 1: Textband. Dissertation am Institut für Sozioökonomik der Forst- und Holzwirtschaft, Universität für Bodenkultur, Wien.

Länger, Eugen (2005): Geschichtliche Entwicklung der Gefahrenzonenplanung in Österreich. In: Wildbach- und Lawinenverbau 152, 13–24.

ÖROK, Österreichische Raumordnungskonferenz (Hg.) (1986): Raumordnung und Naturgefahren. Wien.

Pfister, Christian (1999): Wetternachhersage. Bern.

Republik Österreich (1975): Forstgesetz 1975. BGBl. 440/1975.

Republik Österreich (1976): Verordnung des Bundesministers für Land- und Forstwirtschaft vom 30. Juli 1976 über die Gefahrenzonenpläne, BGBl. 436/1976.

Schiechtl, Hugo (1958): Grundlagen der Grünverbauung (= Mitteilungen der Forstlichen Bundesversuchsanstalt 55), Wien.

Stötter, Johann und Sven Fuchs (2006): Umgang mit Naturgefahren – Status quo und zukünftige Anforderungen. In: Fuchs, Sven; Khakzadeh, Lamiss und Karl Weber (Hg.): Recht im Naturgefahrenmanagement, 19–34, Innsbruck.

Weichhart, Peter (2007): Risiko – Vorschläge zum Umgang mit einem schillernden Begriff. In: Berichte zur deutschen Landeskunde 81 (3), 201–214.

Weichselgartner, Jürgen (2002): Naturgefahren als soziale Konstruktion. Aachen.

Wiedemann, Peter (1993): Tabu, Sünde, Risiko: Veränderungen der gesellschaftlichen Wahrnehmung von Gefährdungen. In: Bayerische Rück (Hg.): Risiko ist ein Konstrukt, 43–67, München.

KOMMUNIKATION UND DEUTUNG
INDUSTRIELLER RISIKEN

Das Beispiel der Sulfatzellstoff-Produktion in Deutschland

Günther Weiss

1 EINLEITUNG

Betrachtet man lokale öffentliche Diskussionen um Risiken und Chancen, die mit der Ansiedlung einer „sperrigen Infrastruktur" verbunden sind, so lassen sich, auch bei identischem Gegenstand, einerseits lokale Variationen und andererseits über-lokale Ähnlichkeiten beobachten. Ob es sich um eine neue Autobahn, die Erweiterung eines Flughafens, die Platzierung eines Windparks oder einer Mülldeponie oder andere vergleichbare Beispiele handelt: Meist sind lokal sehr unterschiedliche Debattenstrukturen zu finden, von breiter Zustimmung bis zu dominierender Ablehnung oder heftigen Konflikten, von einem zentralen „Problem" bis zu einer Vielzahl geäußerter unterschiedlicher Argumente und Problemkreise. Aus geographischer Perspektive sind solche „lokalen Besonderheiten des Handelns" (vgl. Werlen 1997) und ihre Erklärung von großem Interesse, denn es stellt sich die Frage, welche Rolle die Lokalität innerhalb dieser Besonderheiten in den „Standortdebatten" spielt: Sind hier objektive Raummerkmale von entscheidender Bedeutung, wie beispielsweise eine Häufung seltener Biotoptypen, im Raum inhomogen verteilte Individuen mit unterschiedlichen psychischen Eigenschaften oder Merkmale des sozialen Raums wie eine besonders kritische oder auffällig lethargische Bevölkerung? Wie lassen sich räumliche Variationen und Ähnlichkeiten in der Wahrnehmung von Risiken erklären?

In der frühen Forschung zur Wahrnehmung und Beurteilung von Risiken gibt es zahlreiche Studien zu psychologischen und sozialpsychologischen Einflussfaktoren auf die Risikowahrnehmung (vgl. Slovic et al. 1980; Kahnemann et al. 1982). In diesen wird davon ausgegangen, dass die Wahrnehmung eines objektiv vorhandenen Risikos durch psychische Faktoren gefiltert wird. In jüngeren soziologisch-kulturellen Forschungsansätzen hat sich jedoch die Erkenntnis durchgesetzt, dass Risiken nicht einfach objektiv existieren, sondern sowohl individuell als auch sozial konstruiert werden (vgl. z. B. Douglas & Wildavsky 1982):

> „Risiko ist ein soziales Konstrukt, das in den Köpfen unterschiedlich zusammengebaut wird. Ein objektives Risiko gibt es nicht" (Weichselgartner 2001, 42).

Dieser Hypothese folgen auch die Herausgeber dieses Bandes mit ihrem beobachtungstheoretisch fundierten Ansatz.

Der Beitrag stellt die (medien-) öffentlich geführten Auseinandersetzungen
um die Ansiedlung „sperriger Infrastruktur" in das Zentrum der Betrachtung und
fragt nach den lokalen Varianzen oder Ähnlichkeiten in den Kommunikationen
über Risiken und Chancen derartiger Ansiedlungen. In modernen Gesellschaften
haben Dorfplatz, Kirche und Wirtshaus als dominierende Orte des Meinungsaus-
tauschs über anstehende Probleme für die Bevölkerung weitgehend an Bedeutung
verloren. Heute stellen, neben überregionalen (Nachrichten) und ortsungebunde-
nen Massenmedien (Internet), die lokalen Printmedien – in abgeschwächter Form
regionalisierte Rundfunkprogramme – das einzige allgemein zugängliche lokale
Forum für die Präsentation von nahraum-bezogenen Informationen sowie für den
Austausch von Argumenten dar. Wer auf den Entscheidungsprozess einwirken
möchte, muss sich in relevanten Arenen der (teil-) öffentlichen Diskussion – Sit-
zungen der Kommunalparlamente, Bürgerversammlungen, Leserbriefseiten, Ge-
nehmigungsverfahren u. a. – zu Wort melden; eine unartikulierte Einstellung zu
Risiken bleibt wirkungslos. Den Fokus auf eine medienöffentliche Debatte zu
legen bedeutet, dass psychologische Erklärungen von vornherein ausgeschlossen
werden, denn individuelle psychische Befindlichkeiten sind hier bedeutungslos.
Es zählen nur überindividuell gültige Aussagen, die überzeugen müssen, ohne
dass dem Adressaten Details über die Psyche des Sprechers bekannt sind. Die in
den lokalen Printmedien geäußerten Meinungen zur Ansiedlung sperriger Infrastruktur werden in den Zusammenhang weiterer, im selben Zeitraum geführter
Debatten über Umweltfragen und die Beschaffenheit des vorgesehenen Standort-
raumes gestellt. Diese Vorgehensweise folgt der Hypothese, dass ein solcher Konflikt nicht unabhängig von dem ist, was einerseits vor Ort und andererseits im
„Rest der Welt" sonst noch geschieht. Es handelt sich mithin um eine multiple
Kontextualisierung, entsprechend dem Ansatz der Beobachtung zweiter Ordnung.

Die Analyse der Debatten um die Ansiedlung „sperriger Infrastruktur" zeigt,
dass Risiko hier in Form der Unterscheidung Risiko/Chance relevant wurde. Daher wird im Folgenden nicht nur von Risiken, sondern auch von Chancen die Rede sein. Risiken sollen hier als mögliche negative Resultate individueller Handlungen verstanden werden, in Gegenüberstellung zu Chancen als möglichen positiven Resultaten (vgl. Weichhart 2007, 205). Wenn im Folgenden von antizipier-
ten Risiken und Chancen der Errichtung einer industriellen Produktionsanlage die
Rede ist, dann sind dabei nicht die Urteile aus der Perspektive der Investoren oder
Anlagenbetreiber als Entscheidungsträger gemeint – im Sinne einer Kalkulation
möglicher Gewinne und Verluste –, sondern die Vermutungen der Akteure im
Umfeld des geplanten Standorts, wie Anwohner, Politiker, Einzelhändler usw.
über die Konsequenzen für ihre jeweiligen alltäglichen Belange. Deren kalkulierte
Konsequenzen können sehr unterschiedlicher Art sein: Risiken wie Verkehrslärm,
Konkurrenz um einen Rohstoff oder Vernichtung der Fischbestände durch Abwasser; Chancen reichen von Arbeitsplätzen und kommunalen Steuereinnahmen
bis zu gesteigertem Rohstoff-Absatz und Wählerstimmen.

2 UNTERSUCHUNGSBEISPIEL:
ANLAGEN ZUR SULFATZELLSTOFF-PRODUKTION

Als Gegenstand lokaler Debatten über Risiken und Chancen industrieller Großanlagen wurden Projekte zur Ansiedlung von oder Umwandlung bestehender Anlagen in Fabriken zur Erzeugung von Sulfatzellstoff in Deutschland gewählt. In einer solchen Anlage werden Hackschnitzel aus Holz unter Zusatz von Chemikalien zu Zellstoff als Papierrohstoff gekocht. Die Erzeugung von Sulfatzellstoff ist verbunden mit einer Reihe von Umwelt belastenden Emissionen in den Bereichen Abwasser, Abluft, feste Abfälle und Lärm, so dass es sich um Anlagen handelt, welche für die Umwelt eine Reihe von Problemen bergen (vgl. EIPPCB 2001). Entsprechende Ansiedlungsprojekte konnten in Deutschland nach 1945 an verschiedenen Orten und zu verschiedenen Zeiten rekonstruiert werden, so dass nicht nur regionale, sondern auch zeitliche Vergleiche der lokal geführten Diskussionen über Risiken und Chancen dieser Anlagen möglich wurden. Es handelte sich um die Projekte Mannheim in Baden-Württemberg (1952–1966), Wackersdorf in Bayern (1974–1979), Rattelsdorf in Bayern (1978/79), Zeitz in Sachsen-Anhalt (1995–1997) Wittenberge in Brandenburg (1996–1999), Blankenstein in Thüringen (1979–2000) und Arneburg in Sachsen-Anhalt (1996–2004). Die in Klammern genannten Jahreszahlen geben grob den Zeitraum der medienöffentlichen Diskussion über das Projekt wider, ohne Unterbrechungen und Schwankungen der Intensität zu berücksichtigen. Realisiert wurden nur die Sulfatwerke Blankenstein (2000) und Arneburg (2004). Im Zusammenhang mit den jeweils zirkulierenden Risiko-Konstrukten war zudem bedeutsam, dass die Bevölkerung an allen geplanten Standorten keine Vorkenntnisse über die Technologie der Sulfatzellstoffproduktion besaß, also zur Deutung der Gefahren nicht auf endogenes Wissen zurückgreifen konnte, wie dies beispielsweise Anlieger eines Flughafens in Bezug auf eine geplante Erweiterung desselben vermögen.

Gegenstand der Analyse bildeten alle Aussagen zum Sulfatzellstoffprojekt in der lokalen Tagespresse, welche zudem auch die einzige überall vorhandene Chronik solcher lokalen Ereignisse darstellt. Sofern vorhanden, wurden fallweise Unterlagen eines behördlichen Genehmigungsverfahrens, einer juristischen Auseinandersetzung und Experteninterviews mit laut Pressespiegel herausragenden Akteuren herangezogen. Um einschätzen zu können, inwieweit die Diskussion um eine Zellstofffabrik hinsichtlich ihrer Merkmale eine typische oder außergewöhnliche lokale Auseinandersetzung um Risiken und Chancen darstellt, wurden weitere Debatten um „sperrige Infrastruktur" im selben Zeitraum vergleichend betrachtet, beispielsweise der Bau eines Flughafens, einer Müllverbrennungsanlage, eines Atomkraftwerks, einer Flugzeugwerft, einer Autobahn, einer Windkraftanlage, eines Steinbruchs oder einer Kiesgrube (zum Vorgehen bei der Textanalyse und zu den methodischen Grenzen dieser Vorgehensweise vgl. Weiss 2008). Die im folgenden Beispiel verwendeten Aussagen sind der Debatte um das Sulfatprojekt Rattelsdorf bei Bamberg (1978/79) entnommen.

3 EINFLUSSFAKTOREN DER LOKALEN DISKUSSIONEN UM RISIKEN UND CHANCEN BEI GEPLANTEN INDUSTRIEANSIEDLUNGEN

3.1 Kontextuelle Steuerung der Risikodeutungen durch lebensweltliche Perspektiven

Douglas & Wildavsky (1982) traten als erste den Nachweis an, dass innerhalb einer Gesellschaft über-individuelle Kulturen existieren, welche unterschiedliche Muster der Risikowahrnehmung in Bezug auf Großtechniken aufweisen. Sie grenzten Kultur-Typen der Risikobereitschaft ab, wie den „Entrepreneur-Typ", der Risiko als Preis für Lebensqualität betrachtet, oder den „Bürokraten", der Risiken akzeptiert, solange staatliche Institutionen sie im Griff haben (vgl. Douglas & Wildavsky 1993). Es handelt sich hier um aus der Lebensphilosophie begründete Stile im Umgang mit Risiken. Rohrmann (1990) bildete hingegen eine von der Beziehung zum Risiko ausgehende Typologie von Akteursgruppen, zu denen Verursacher, Betroffene, Experten, Medien, regulative Instanzen und die interessierte Öffentlichkeit gehören. Beide Vorgehensweisen stellen den Umgang mit Risiken in den Mittelpunkt der Typologie und klammern dabei aus, dass Risiken von den Individuen nicht absolut betrachtet werden, sondern im Kontext alltäglicher Relevanzen. Menschen beurteilen Risiken nicht pauschal als „Betroffene" oder „Bürokraten", sondern in Relation zu ihren alltäglichen Zielen, Zwecken und Rationalitäten, die notwendigerweise unterschiedlich, aber nicht individuell-psychologisch, sondern lebensweltlich differenziert sind.

Entsprechend ergab die Betrachtung der Akteure und ihrer Aussagen zu den Sulfatzellstoffprojekten, dass die lokalen Besonderheiten der Diskussion zum einen von der Konstellation involvierter lebensweltlicher Perspektiven im Umfeld der geplanten Industrieanlage bestimmt sind. Der hierfür verwendete Interpretationsansatz der „kleinen Lebenswelten" geht auf Benita Luckmann (1970) zurück. Mit „kleinen Lebenswelten" sind sozial vorkonstruierte Zweckwelten mit spezifischen Deutungsschemata, mit eigenen Wissensbeständen, Regeln, Routinen und Verhaltenserwartungen gemeint. Da die Relevanzen dieser Lebenswelten thematisch beschränkt sind (z. B. Lebenswelt des „gläubigen Katholiken", des „Heimwerkers" des „Heavy Metal Fans" oder des „normalen Menschen"), werden sie als „klein" bezeichnet. Ein Individuum gehört zumeist mehreren Lebenswelten an, deren Wissensbestände und Regeln sich überschneiden und deren Besonderheiten sehr unterschiedliche Umfänge besitzen können. Aktuelle Erfahrungen bekommen ihren Sinn erst im Licht typischer lebensweltlicher Deutungsmuster, welche wiederum Ausschnitte aus dem sozial verfügbaren Wissensvorrat bilden und helfen, die Komplexität der Welt auf für den Alltag handhabbare Formen zu reduzieren (vgl. Hitzler & Honer 1984, 66 f.). Jedes Individuum sieht die Welt immer aus der Perspektive sozialer Kollektive, denen es angehört, ob durch Geburt oder eigene Entscheidung. Dies bedeutet, dass die kleinen Lebenswelten letztlich auch die Deutungsmuster für Risiken und Chancen von Objekten oder Ereignissen bereithalten. Ein Individuum wird nur die Ereignisse „bewerten", für die mindestens eine seiner lebensweltlichen Sinnprovinzen entsprechende Deutungen bereithält.

Kleine Lebenswelten unterziehen die Umwelt einer „Regionalisierung" im Sinne von Giddens (1995, 171 ff.), indem sie sie in Zonen aufteilen, in denen bestimmte soziale Regeln gelten und an die dementsprechend lebensweltliche Regulierungsansprüche gestellt werden. Beispielsweise gelten in öffentlichen Grünanlagen aus der Sicht eines Hundebesitzers andere Regeln als aus der Sicht von Eltern oder eines Mitarbeiters des Grünflächenamts. Aus einer lebensweltlichen Perspektive für legitim gehaltene Ansprüche an einen Raumausschnitt – was man selbst und was andere hier wann tun und sagen dürfen bzw. nicht dürfen und wen man auf welche Weise bei Missachtung der Regeln sanktionieren kann – werden hier als raumbezogene Regulierungsansprüche bezeichnet.

Eine öffentliche Äußerung mit dem Ziel, Einfluss auf den Entscheidungsprozess über die Platzierung „sperriger Infrastruktur" zu nehmen, setzt voraus, dass Individuen ein Objekt als im Widerspruch zu lebensweltlichen raumbezogenen Regulierungsansprüchen, mit anderen Worten als Risiko ihrer Lebenswelt, deuten. Wird das Objekt dagegen als konform zu den Regulierungsansprüchen oder sogar als Chance gedeutet, so werden Äußerungen häufig erst durch abweichende Regulierungsansprüche anderer aktiviert. Das Reden über Risiken impliziert die empfundene Verletzung sozial gültiger Leitvorstellungen:

> „Risikokommunikation [...] operiert bevorzugt auf der Ebene der Wert- und Weltbilder. Es geht um Entwürfe vom richtigen Leben" (Wiedemann 1995, 11).

Der Vergleich der Sulfatprojekte förderte wenige lebensweltliche Perspektiven zu Tage, deren raumbezogene Regulierungsansprüche von dem Ereignis „Ansiedlung einer Sulfatzellstofffabrik" zeit- und ortsunabhängig betroffen waren. Dazu gehörten die kleine Lebenswelt des „Kommunalpolitikers", des „Regional-" oder „Landespolitikers" und des „Lokalzeitungsredakteurs".

„Kommunal-" und „Regionalpolitiker" bezogen ihre Regulierungsansprüche auf ihren territorialen Zuständigkeitsbereich und das Wohlergehen der dort lebenden Bürger. Diese Lebenswelten enthielten einen Imperativ zur Abwägung der Risiken und Chancen für den Zuständigkeitsbereich. In Bezug auf ein Sulfatprojekt wurde der Deutungsrahmen eines „Wirtschaftsfaktors" aktiviert, der eine Investition grundsätzlich begrüßte und als Chance wahrnahm, wenn damit Arbeitsplätze und Steuereinnahmen verbunden waren:

> „Landrat Neukum nannte es als die wichtigste Aufgabe für den Landkreis und den Raum Bamberg, eine vernünftige Industrieansiedlung anzustreben. Deshalb gehöre es auch zu den vornehmsten Pflichten des Landrates, alle Möglichkeiten einer Industrieansiedlung zu prüfen. Andernfalls würde er sich einer groben Pflichtverletzung schuldig machen" (*Fränkischer Tag* 16.02.1979).

Dem gegenüber umfasste die lebensweltliche Perspektive des „Lokalzeitungsredakteurs" die Verpflichtung, über alle Ereignisse im Verbreitungsgebiet der Lokalausgabe ausgewogen zu berichten und möglichst nicht nur die Interessen einer Seite zu bedienen. Dennoch erlaubte die lebensweltlich normierte Solidarität mit der Region des Lokalteils die Favorisierung bestimmter Deutungsmuster von Risiken oder Chancen, sofern plausibel zu vermitteln war, dass es für die Region das Beste sei (siehe Abschnitt 3.2).

Darüber hinaus existierten lebensweltliche Perspektiven, deren raumbezogene Regulierungsansprüche zwar grundsätzlich berührt waren, deren Vertreter jedoch im Umfeld mancher Standorte fehlten. Dazu gehörte die kleine Lebenswelt des „Waldbauern", des „mittelständischen Unternehmers" und des „(organisierten) Naturschützers". Die „Waldbauern" bezogen sich auf ihren Wald als Privatbesitz und Einkommensquelle und leiteten für sich daraus das Recht ab, in ihrem Wald alle Manipulationen durchführen zu dürfen, welche das Einkommen sicherten – in den betrachteten Fällen ging es z. B. um die Chance auf Einkommenszuwachs durch den Verkauf von Durchforstungsholz an die geplante Zellstofffabrik. Die involvierten „mittelständischen Unternehmer" stammten aus anderen Betrieben der Holzbranche und befürchteten mit dem Bau eines neuen Zellstoffwerks das Risiko der Konkurrenz um den Rohstoff Holz. Ihre Regulierungsansprüche erstreckten sich auf einen Rohstoffraum, welcher von unfairer Konkurrenz freizuhalten war. Man sah sich als Hüter des freien Marktes und forderte gleiche Chancen für alle Unternehmer und einen entsprechenden Schutz von Seiten des Staates. Die Regulierungsansprüche der „Naturschützer" schließlich erstreckten sich auf die als wertvoll identifizierte Natur, welche vor dem Risiko der Schädigung bewahrt werden sollte. Dabei ging es vor allem um die mögliche Gefährdung von Tier- und Pflanzenarten durch industrielle Emissionen und Flächenverbrauch.

Nicht übersehen werden darf bei alledem, dass lokale Debatten um die Risiken und Chancen einer Industrieansiedlung auch die Funktion besitzen, unabhängig vom konkreten Gegenstand, raumbezogene Regulierungsansprüche zu artikulieren und zu sichern. Aus der Perspektive des „(organisierten) Naturschützers" ging es beispielsweise darum, die Legitimität und Kompetenz des eigenen Tuns nachzuweisen, dass man etwa in der Lage ist zu erkennen, wo schützenswerte Natur vorliegt und wann sie ernsthaft bedroht ist. Denn der „Naturschützer" wollte sich weder dem Vorwurf der „Schlafmützigkeit" – sofern Risiken übersehen wurden – noch dem des übertriebenen Naturschutzes, beispielsweise zu Lasten von Arbeitsplätzen – sofern Risiken überbewertet wurden – ausgesetzt sehen.

Auch für den „Einwohner" ging es, jenseits der Ängste um das eigene Wohlbefinden, darum, seine raumbezogenen Regulierungsansprüche zu sichern. Konkret bedeutete dies, anderen Akteuren Grenzen bei der Umgestaltung des eigenen Lebensraums aufzuzeigen und klarzustellen, dass man auch gegenüber Kommunalpolitikern oder Wirtschaftsmanagern Rechte im und über den Raum besitzt, welche nicht beliebig angetastet und eingeschränkt werden können.

Alle Lebenswelten enthalten für „ihren" Realitäts- und Raumausschnitt Muster der Deutung von Normalität als richtigem, mittlerem oder akzeptablem Zustand, von dem aus nicht über eine gewisse, noch tolerierbare Schwankungsbreite abgewichen werden sollte (vgl. Link 1999, 313 ff.). Eine kritische Abweichung von der lebensweltlich sinnvollen Normalität dient als Argument, um intervenierende Handlungen zu begründen. Die Kommunikation der Abweichung kann so zu einem Instrument der sozialen Regulierung von Gesellschaften werden. Vorstellungen von kritischen, nicht fraglos hinnehmbaren Abweichungen vom Normalzustand sind als soziale Risikokonstrukte aufzufassen, denn sie enthalten Vorstellungen darüber, welche negativen Konsequenzen drohen, wenn der Normalzustand verlassen wird. So wurde das Zellstoffwerk entweder als Risiko für den freien Markt oder für eine intakte Natur gedeutet. Die implizite Aufforderung zur Intervention begründet und reproduziert die soziale Geltung eines Risikokonstrukts. Auf diese Weise kann das kommunizierte Risiko dazu beitragen, eine bestimmte Ordnung gesellschaftlichen und lebensweltlichen Handelns aufrecht zu erhalten (vgl. Metzner 1997, 485).

Die in den lokalen Diskussionen benannten Räume, die den Risiken oder Chancen der Industrieanlage ausgesetzt sein würden, waren weitgehend identisch mit den Räumen, auf die sich die aus lebensweltlicher Perspektive formulierten raumbezogenen Regulierungsansprüche bezogen. Diese Bezugsräume waren territorial nicht klar abgegrenzt und zeitlich nicht stabil. Dafür hatten sie zweckspezifischen Zuschnitt. Scheinbar klare Außengrenzen in Form von politisch-administrativen Zuständigkeitsbereichen besaßen die Regulierungsansprüche nur aus der Perspektive des „Kommunal-" oder „Landespolitikers". Dabei ist jedoch zu beachten, dass die in der Diskussion schlagwortartig verwendeten Gemeinde-, Regions- oder Bundeslandsbezeichnungen nur ein Komplexität reduzierendes soziales Konstrukt darstellten. Sprach ein Bürgermeister von „vielen neuen Arbeitsplätzen" oder „gravierenden Umweltbelastungen" für „die Stadt oder den Kreis X", so geschah dies ungeachtet der Tatsache, dass sich faktisch die Vor- und Nachteile mit großer Wahrscheinlichkeit ungleich über das Territorium verteilen und dessen Grenzen auch überschreiten würden. Nicht zuletzt deshalb erfreute sich das in seiner konkreten räumlichen Ausdehnung unspezifische Konstrukt der „Region X" oder „unserer Region" nach 1950 zunehmender Beliebtheit.

Der argumentative Vorteil der politisch-administrativen Abgrenzung „betroffener Räume" in der medienöffentlichen Diskussion lag in ihrem eindeutig exkludierenden Charakter. Regulierungsansprüche von „außerhalb", d. h. von Akteuren anderer Territorien, konnten nach dem Prinzip der exklusiven Zuständigkeit von Kommunal- und Landespolitikern abgelehnt werden.

Eine weitere Form raumbezogener Abgrenzung, die sich vorwiegend auf die kommunizierten Risiken bezog, bestand aus kleineren Raumelementen und Raumausschnitten, bedingt durch lebensweltlich begrenzte Regulierungsansprüche. Dazu gehörten z. B. Biotope, Naherholungsgebiete, FFH-Gebiete, Wälder oder Kurklinken. Dies betraf kleine Lebenswelten, wie die des „(organisierten) Naturschützers", des „Waldbauern" oder auch des „Sachverständigen" in der Kommunalverwaltung (z. B. Untere Naturschutzbehörde), die in der öffentlichen Debatte wie auch in der Arena eines behördlichen Genehmigungsverfahrens legitim nur Regulierungsansprüche über ihren genuinen „Zuständigkeits-Gegenstand" erheben durften. „Naturschützer" z. B. mussten erst nachweisen, dass es sich bei dem einem Risiko unterworfenen Areal überhaupt um „wertvolle Natur" handelt. Dies gelang wiederum bei etablierten, symbolisch generalisierten und Komplexität reduzierenden Konstrukten wie „Naturschutzgebiet", „Landschaftsschutzgebiet" etc. schneller und plausibler als bei Flächen, deren Schutzwürdigkeit erst über kompliziertere Argumentationsstränge nachgewiesen werden musste.

3.2 Kontextuelle Steuerung der
Risikodeutungen durch regionale Entwicklungspfad-Debatten

Innerhalb der Lebenswelten sind grundsätzlich Normalitätsvorstellungen und damit verbundene Vorstellungen über die Risiken einer Abweichung vorhanden. Sie stellen eine Art moralische Messlatte dar, anhand derer die Informationen über die „Wirklichkeit" gedeutet und bewertet werden. Mit den Normalitätsvorstellungen verbunden ist ein „Indikatorensystem". Link (1999) unterscheidet hier einen Proto-Normalismus, bei dem um eine fixierte Mitte herum strenge und deutliche Grenzen gesetzt werden, von einem in modernen Gesellschaften dominierenden flexiblen Normalismus, mit dynamischen Normalitäts- und Grenzwerten.

Zu den die Deutung als Risiko oder Chance bestimmenden Indikatoren gehörte aus der Perspektive etlicher kleiner Lebenswelten die „Passung" des zur Ansiedlung geplanten Zellstoffwerks mit einem unterstellten oder beobachteten regionalen Entwicklungspfad. Ein Entwicklungspfad orientiert und steuert soziale Handlungen, da Alternativen der Handlung und Reflexion ausgeblendet werden (vgl. Sydow et al. 2005, 33). Der Pfadbegriff legt nahe, dass nur bestimmte Entwicklungen mit vorangehenden kompatibel und somit „normal" sind, andere jedoch nicht. „Risiko" bedeutet dabei, den eingeschlagenen, als sinnvoll gedeuteten Pfad zu verlassen oder einen als problematisch empfundenen Pfad zu forcieren. Eine Deutung als Chance war in den untersuchten Fällen gegeben, wenn erwartet wurde, dass das Objekt oder Ereignis mit einem positiven Pfad korrespondieren oder einen negativen Pfad abschwächen würde.

Deutungsrahmen über regionale Entwicklungspfade stellten sich in allen untersuchten Fallbeispielen als die entscheidende lokale Determinante heraus, die Ansprüche auf Interventionen zur Regulierung des Kontexts legitimierte. Kompatible positive Pfade zu einer Sulfatzellstofffabrik als Chance waren die des „Industrieraums" oder des „Kompetenzzentrums Holz", abzuschwächende negative Pfade die der wirtschaftsschwachen „Krisenregion". Positive inkompatible Pfade, für die das Sulfatwerk als Risiko gedeutet wurde, waren die des „Tourismusgebiets" und der „Wohn- und Freizeitregion".

Das Sulfatprojekt Rattelsdorf wurde zum einen als Risiko für einen positiven Pfad der „Wohn- und Freizeitregion" gedeutet:

> „Für die angestrebte Schaffung von 250 Arbeitsplätzen dürfte der Wohn- und Freizeitwert eines Gebietes für 2.500 Menschen nicht geopfert werden" (Landtagsabgeordneter der CSU in einer Stellungnahme gegenüber dem *Fränkischen Tag* 06.02.1979).

> „An eine Weiterentwicklung dieses sowohl wirtschaftlich als auch kulturell gut fundierten Gebiets wäre wohl nicht mehr zu denken" (Leserbrief, *Fränkischer Tag* 24.02.1979).

Zum anderen wurde das Projekt verworfen, weil es einen drohenden negativen Pfad der Industrialisierung verstärke:

> „[Die Bürgerinitiative habe] schon längst aufgezeigt, dass die Energie des AKWs Viereth dazu dienen soll, arbeitsextensive und energieintensive Industrieprojekte im Bamberger Raum anzusiedeln, so dass ein ‚Ruhrgebiet' im Main-Regnitz-Raum aus umweltfeindlichen und

hochrationalisierten (daher der hohe Strombedarf) Industriebereichen (Chemie, Aluminium) geschaffen werden wird" (Leserbrief, *Fränkischer Tag* 22.07.1978).

„Es reicht offensichtlich nicht, dass man hier ständig verunsichert wird durch die Ankündigung des Baus eines Atomkraftwerks im Raum Viereth. Man will uns weiterhin beglücken mit einer Maintalautobahn, deren Dreck und Gestankentwicklung von den Experten offensichtlich für nebensächlich gehalten werden. Nun bekommt man noch die Ankündigung vorgesetzt, daß ein Sulfat-Zellstoff-Werk im Raum Rattelsdorf errichtet werden soll. So langsam reicht es" (Leserbrief, *Fränkischer Tag* 27.01.1979).

Regionale Entwicklungspfade als Deutungsrahmen bieten eine Hilfe, um aktuelle Entwicklungen in einer Region bewerten zu können. Sie reduzieren die Vielzahl von regionalen Detailentwicklungen auf ein als vorherrschend angenommenes Merkmal oder Merkmalsbündel und können derart komplexitätsreduzierend Orientierung stiften (vgl. Wiedemann 1995, 3). Die dominanten Vorstellungen über den Entwicklungspfad einer Region entsprangen regional geführten Diskussionen, waren also wiederum kommunikativ vermittelt und mussten ihre Gültigkeit immer wieder an der „materiellen" Realität unter Beweis stellen. Aufgrund von materiellen Restrukturierungen der Umwelt (z. B. Deindustrialisierung, Auf- und Ausbau touristischer Infrastruktur) kam es zu Verschiebungen in den dominierenden Deutungen über Entwicklungspfade und somit auch zu einem Wandel der Risiko- und Chancenwahrnehmung in Bezug auf die Ansiedlung von Großindustrie. Abgesehen davon, dass in einem solchen regionalen Entwicklungspfad als symbolischem Konstrukt von abweichenden Einzelphänomenen abstrahiert wird, ist zu konstatieren, dass solche Etiketten selten aus einer genuin regionalen Diskussion heraus erfunden werden, sondern wiederum überregionalen, in der Regel national geführten Debatten entspringen. Die in den überregionalen Debatten dominant zirkulierenden Deutungsmuster über mögliche Entwicklungspfade engen wiederum die Auswahl der regionalen Akteure für „ihre" Region ein. Dominiert in der Diskussion die Vorstellung, dass für das ganze Land das Heil in einem Ausbau der Industrie besteht, so haben es regionale Überlegungen zu einem reinen Tourismus-Pfad genauso schwer wie ein Beharren auf forcierter Industrialisierung unter dem herrschenden Regime eines Deindustrialisierungs-Paradigmas, welches allein Pfade einer Dienstleistungsgesellschaft erstrebenswert erscheinen lässt.

3.3 Kontextuelle Steuerung der Risikodeutungen durch über-lokale Umweltdebatten

Ein zweites Indikatorensystem für Abweichungen von lebensweltlichen Normalitätsvorstellungen stellten über-lokale, meist auf der nationalen Ebene geführte Diskussionen über aktuelle Probleme, vorwiegend im Umweltbereich, dar. Dies deckt sich mit der Erkenntnis aus Forschungen zur Risikowahrnehmung, dass Risiken eher überschätzt werden, je stärker sie im Gedächtnis präsent sind oder je mehr Assoziationen mit bereits bekannten Ereignissen hergestellt werden können (vgl. Renn 2002, 86; Jungermann & Slovic 1997, 189). Diese Debatten können, gerade bei unbekannten Phänomenen, Impulse vermitteln, wie ein Gegenstand oder Ereignis gedeutet werden kann und welche lebensweltlichen Regulierungsansprüche hier tangiert sind. Die warmen, schneearmen Winter mögen einem bereits längere Zeit aufgefallen sein, aber erst der Deutungsrahmen „Klimawandel durch Kohlendioxid-Emissionen" ermöglicht es, das Phänomen in einen neuen, über-lokal diskutierten Sinnzusammenhang und die hierin zirkulierenden Risikokonstrukte (z. B. „weitere Zunahme von Stürmen, Hochwässern, Dürren") einzubetten. Massenmedien sind ein wichtiger Promotor sowohl bei der Thematisierung als auch bei der Vermittlung von Informationen über Art, Umfang und Bedeutung von Risiken. Da Menschen oft eigene sinnliche Erfahrungen zu einem Risiko fehlen, leiten sie eine Bewertung aus für sie zugänglichen Informationen ab, die zum größten Teil aus Massenmedien stammen (vgl. Peltu 1988, 11; Weichselgartner 2001, 89). Für Journalisten geht es allerdings weniger um die genaue Abbildung wissenschaftlicher Erkenntnis, vielmehr stellen sie Risiken in einen praktischen Entscheidungszusammenhang, d. h., sie interessieren sich für Verantwortlichkeiten und Zuständigkeiten (vgl. Schütz & Peters 2002), also für soziale Regulierung und Regulierungsansprüche.

Gerade aus diesem Grund kann eine medienöffentlich geführte Debatte den Individuen in lebensweltlicher Perspektive signalisieren, dass es opportun ist, eigene Regulierungsansprüche, die als bedroht wahrgenommen werden, öffentlich zu äußern. Eine öffentliche Äußerung in den Medien zu wagen, setzt voraus, dass dem Sprecher vorab die Überzeugung vermittelt wurde, seine Deutung sei sozial opportun und zustimmungsfähig, da eine „objektive" und nicht nur subjektiv relevante Toleranzschwelle überschritten wird. Lässt sich ein allgemeines Risiko nicht plausibel nachweisen, gerät der Sprecher in den Verdacht, lediglich aus egoistischen Motiven interveniert zu haben. Unterstellter Egoismus bedeutet wiederum eine Diskreditierung des Sprechers und seiner Absichten, und damit läuft er Gefahr, innerhalb der Debatte in eine Abseitsposition manövriert zu werden. Über-lokal geführte Debatten, beispielsweise um Risiken einer Technologie, tragen daher auch zu einer besseren Versorgung lokaler Akteure mit Argumenten bei. Eine landesweit geführte Debatte fördert die Genese wissenschaftlicher Expertise zu diesem Thema und damit auch die Entstehung von Experten, welche für Stellungnahmen in lokal geführten Debatten gewonnen werden können.

Am Beispiel der Sulfatprojekte kann gezeigt werden, dass viele Personen sich erst dann an lokalen Diskussionen über Risiken und Chancen der Ansiedlung eines Zellstoffwerks beteiligen, wenn sie an entsprechende über-lokale Diskussionen andocken können. Dazu gehörte vor allem die kleine Lebenswelt des „Einwohners". Dessen Regulierungsansprüche bezogen sich auf einen unversehrten Lebensraum, für den gewisse grundlegende Rechte der Lebensqualität eingefordert wurden. Da es ein grundsätzliches Merkmal der Risikogesellschaft ist, dass Risiken quasi jederzeit und ubiquitär vorhanden sind und auch akzeptiert werden (vgl. Beck 1986, 25 ff.), besteht gerade hier für die lebensweltliche Perspektive das Problem zu erkennen, wann der Toleranzbereich alltäglicher Risiken für Wohlbefinden und Gesundheit („erträglicher" Straßenverkehrslärm, „normale" Aerosole in der Luft, „übliche" Fremdstoffe in Gewässern) verlassen wird und mit hoher Wahrscheinlichkeit Risiken drohen, die der Einzelne auch zum Wohl der Gemeinschaft nicht mehr hinnehmen muss.

Die Emission von Geruchsgasen eines Sulfatzellstoffwerks „passte" z. B. im Fall von Mannheim in die Debatte über eine allgemein steigende Luftverschmutzung in allen industriellen Ballungsräumen Deutschlands und Europas ab Mitte der 1950er Jahre, welche durch eine Reihe von Forschungen und Messungen gefüttert wurde. Ebenso „passten" die Emissionen von Schwefeldioxid im Fall der Zellstofffabrik Blankenstein in die Debatte über sauren Regen und Waldsterben in ganz Deutschland und Europa in den 1980er Jahren. Im Fall Rattelsdorf wurde die Sulfatanlage in den Kontext einer durch verschiedene „Störfälle" genährten Debatte über die generelle Gefährlichkeit von Industrie und eine insgesamt bedrohliche Umweltbelastung gestellt:

> „Schon jahrelang kann man hören, dass die Verschmutzung von Luft und Wasser einen Grad erreicht hat, der zur Katastrophe führen muss. […] Das wird auch augenfällig in Bezug [auf die] immer neu entstehenden Kernkraftwerke, deren große Gefahr sie [die Politiker] einfach nicht gelten lassen, obwohl immer wieder gefährliche Pannen auftreten […]" (Leserbrief, *Fränkischer Tag* 01.07.1978).

> „Wenn es auch heißt, ‚im Prinzip funktioniert alles', so gibt es einfach keine technische Anlage, vom Auto bis zum Atomkraftwerk, bei der keine Pannen auftreten. Und wenn im ‚modernsten Sulfat-Zellstoffwerk' Pannen auftreten, dann spuckt es eben Gift, Gas und Gestank über weite Landesteile" (Leserbrief, *Fränkischer Tag* 27.01.1979).

In den lokalen medienöffentlichen Äußerungen zu geplanten Sulfatfabriken war die durch nationale Debatten „freigesetzte" Kritik an Umweltrisiken tendenziell verbunden mit bestimmten Deutungsmustern anderer Bereiche: So wurde im Deutungsbereich Wirtschaft vor allem großen Unternehmen unterstellt, zu viel auf ihren Gewinn und zu wenig auf das Wohl der Bevölkerung zu achten; sie schafften Vorteile für wenige, aber Nachteile für den Großteil der Bevölkerung. Ebenso wurde die Kritik an Umweltrisiken gerne mit Vorwürfen des Politikversagens verknüpft, wie die erste oben aufgeführte Aussage zeigt. Im Deutungsbereich Technik waren phasenweise Veränderungen im dominierenden Deutungsmuster über Risiken zu verzeichnen (für Beispiele siehe Weiss 2008, 425 f.): In den 1950/60er Jahren wurde, folgt man den Äußerungen der Fälle, Technik als Lösungsmittel aller Probleme gesehen; würden Probleme nicht gelöst, so sei dies ein Zeichen von Nachlässigkeit. Ende der 1970er, Anfang der 1980er Jahre wurden die Fälle von einem technikkritischen Paradigma beherrscht, in dem die (Produktions-) Technik als Verursacher von Problemen gesehen wurde; zudem unterstellte man der Technik, stets fehleranfällig zu sein. Entsprechende Aussagen traten in den Diskussionen zu Umweltproblemen in den Fallbeispielen Rattelsdorf, Wackersdorf und Blankenstein auf. In den 1990er Jahren (Beispiele Arneburg, Wittenberge, Zeitz) kehrten die Deutungen von Technik wieder zum vor-kritischen Stand zurück: (Umwelt-) Probleme seien technisch lösbar; dies sei nur eine Frage der Zeit und vor allem der Bereitschaft, ausreichend Geld zu investieren.

Gerade diese Abhängigkeit lebensweltlicher Betroffenheit „vor Ort" vom gesellschaftlichen Diskussionskontext erklärt auch das beobachtete Nebeneinander

von heftig umstrittenen und dagegen kaum diskutierten Projekten sperriger Infrastruktur in einem Raum. So blieben im Fallbeispiel Arneburg (1996–2004) die
gasförmigen Emissionen des Sulfatwerks aus der Verbrennung von Holzresten,
holzfaserhaltigem Klärschlamm und der Kalkregenerierung in der Öffentlichkeit
weitgehend unbeachtet, während eine in der Nachbarschaft geplante Müllverbrennungsanlage die Wogen des Protests aufgrund der dort entstehenden Abgase hoch
schlagen ließ. Denn der gesetzliche Zwang zur thermischen Vorbehandlung von
Restmüll brachte Ende der 1990er Jahre deutschlandweit eine Diskussion über die
Problematik der zahlreich vorgesehenen neuen Anlagen zur Müllentsorgung (z. B.
Dioxine in der Abluft) und über technologische Alternativen hervor. Die Deutung
der Zellstofffabrik als eine Art thermischer Müllentsorgungsanlage wurde von
einem Akteur aus der lebensweltlichen Perspektive des „(Umwelt-) Technikers"
versucht, erfuhr in der lokalen Debatte aber im Gegensatz zum Protest gegen die
„echte" Müllverbrennungsanlage keine Resonanz, da es offenbar nicht überzeugend gelang, Holzreste unter dem Deutungsmuster „Müll" zu subsumieren (vgl.
Weiss 2008, 358 ff.) – obwohl Holz im Gegensatz zum Hausmüll eine Reihe von
vorab schwer kalkulierbaren chemischen Elementen enthält, die bei der Verbrennung neue Verbindungen eingehen können, darunter Dioxine und Furane.

4 FAZIT I: DIE DEUTUNG INDUSTRIELLER RISIKEN
IST ABHÄNGIG VOM KONTEXT PARALLELER DEBATTEN

Die Wahrnehmung von Risiken und Chancen der Ansiedlung einer Sulfatzell-
stofffabrik war also im Wesentlichen bestimmt vom Kontext parallel verlaufender
Debatten um regionale Entwicklungspfade und nationale Umweltprobleme. Der
Vergleich zeigte, dass zwar auch Experten in ihren Gutachten (z. B. im Rahmen
des Genehmigungsverfahrens) lebensweltlichen Vorurteilen und dem Einfluss von
Kontexteffekten – eher aktuelle Debatten über Umweltprobleme als regionale
Entwicklungspfade – unterworfen sind, dies aber in deutlich geringerem Maße als
die „Alltagsmenschen" vor Ort. Häufig war eine Diskrepanz zwischen Experten-
und Laienurteil festzustellen. Eine pauschale Abwertung der Einwohner-Laien als
uninformiert und bei der Beschaffung von fachlicher Expertise ineffizient oder
von Kommunal- und Landespolitkern als „Volksberuhigern" mit primär regional-
wirtschaftlichen Interessen liegt spontan nahe, greift aber zu kurz. Es ist zu konstatieren, dass die Bewertung von Technikrisiken nicht zu den Wissens- und Rele-
vanzbeständen der meisten lebensweltlichen Perspektiven „vor Ort" gehört. Für
die alltägliche Lebensbewältigung aus der Perspektive des „Einwohners" oder des
„normalen Menschen" ist es in einer arbeitsteiligen, hoch spezialisierten Gesellschaft nicht sinnvoll, sich mit Wissensbeständen und Heuristiken der Wissensbe-
schaffung über technische Spezialfragen zu beschäftigen. Die grundlegenden Regulierungsansprüche auf ein „gesundes" oder „lebenswertes Umfeld" müssen dem
Laien jenseits von alltäglich häufigen und plausiblen Belastungen (z. B. Verkehrslärm) durch (medien-) öffentlich zugängliche Expertise vermittelt werden. Je genauer eine parallel zum lokalen Diskussionsgegenstand geführte überlokale De-

batte zu den Risiken und Chancen genau dieses Gegenstands-Typs passt, desto näher sind die Urteile der Laien denen der fachlichen Debatte. Dies zeigt, dass Laien zwar kaum über spezielles Wissen über technische Zusammenhänge und die Beschaffung entsprechender Informationen verfügen, aber aus einer ihnen im Alltag zugänglichen Debatte durchaus lebensweltlich relevante Aussagen auch höherer Komplexität extrahieren können.

5 FAZIT II: EIGNUNG DES ANSATZES DER „BEOBACHTUNG ZWEITER ORDNUNG"

Die Ausgangsfrage war, wie sich Variationen und Ähnlichkeiten in lokal geführten, medienöffentlichen Diskussionen um Risiken sperriger Infrastruktur erklären lassen. Die Untersuchung der lokalen Diskussionen um Risiken und Chancen von Sulfatzellstofffabriken hat gezeigt, dass die Beobachtungen zweiter Ordnung einen weitaus besseren Zugriff auf die Risikowahrnehmung lokaler Akteure und somit die Merkmale lokal geführter Debatten ermöglichen als die Untersuchung der Frage, welche faktischen Risiken unter welchen technischen Bedingungen wirklich gedroht hätten. In den analysierten medienöffentlichen Debatten vor Ort spielten „objektive" wissenschaftliche Risikokonzepte so gut wie keine Rolle. Lebensweltliche Normalitätsvorstellungen orientieren sich nicht an gesetzlichen Grenzwerten und wissenschaftlichen Forschungsdesigns zum Nachweis für Belastungen, sondern an generalisierten Konzepten über eigene Regulierungsansprüche und deren Verletzung. Sowohl hier als auch bei den als Messlatten für (A-) Normalität genutzten Konstrukten regionaler Entwicklungspfade und nationaler Umweltdebatten handelte es sich stets um kommunikativ generierte, verallgemeinernde Deutungsrahmen. Gerade im Bereich der Antizipation von Risiken einer geplanten technischen Anlage lassen sich eben noch keine Risiken beobachten. Die Konstellation des geplanten Standorts ist in gewisser Weise einmalig und lässt auch den Informations-Transfer von bereits bestehenden Anlagen nur beschränkt zu. Insofern spielen hier für die Beurteilung von möglichen künftigen Problemen sozial konstruierte und dem Laien zugängliche Risikokonstrukte eine entscheidende Rolle. Jenseits ihrer Wirkmächtigkeit im Diskussions- und Entscheidungsprozess lässt sich die sachliche Angemessenheit dieser Risikokonstruktionen empirisch freilich kaum überprüfen, da die lokalen Auseinandersetzungen das Ansiedlungsprojekt oftmals modifizieren oder ganz verhindern.

LITERATUR

Beck, Ulrich (1986): Risikogesellschaft. Auf dem Weg in eine andere Moderne. Frankfurt am Main.

Douglas, Mary and Aaron Wildavsky (1982): Risk and Culture. Berkeley.

Douglas, Mary und Aaron Wildavsky (1993): Risiko und Kultur: Können wir wissen, welchen Risiken wir gegenüberstehen? In: Wolfgang Krohn und Georg Krücken (Hg.): Riskante

Technologien. Reflexion und Regulation. Einführung in die sozialwissenschaftliche Risiko-forschung, 113–137, Frankfurt am Main.

EIPPCB, European IPCC Bureau (2001): Integrated Pollution Prevention and Control (IPPC). Reference Document on Best Available Techniques in the Pulp and Paper Industry. Sevilla.

Giddens, Anthony (1995): Die Konstitution der Gesellschaft. Frankfurt am Main, New York.

Hitzler, Ronald und Anne Honer (1984): Lebenswelt – Milieu – Situation. In: Kölner Zeitschrift für Soziologie und Sozialpsychologie (1): 56–74.

Jungermann, Helmut und Paul Slovic (1997): Die Psychologie der Kognition und Evaluation von Risiko. In: Gottfried Bechmann (Hg.): Risiko und Gesellschaft. Grundlagen und Ergebnisse interdisziplinärer Risikoforschung, 167–207, Opladen.

Kahnemann, Daniel, Paul Slovic und Amos Tversky (1982): Judgement under Uncertainty. Heuristics and Biases. Cambridge.

Link, Jürgen (1999): Diskursive Ereignisse, Diskurse, Interdiskurse: Sieben Thesen zur Operativi-tät der Diskursanalyse am Beispiel des Normalismus. In: Hannelore Bublitz et al. (Hg.): Das Wuchern der Diskurse. Perspektiven der Diskursanalyse Foucaults, 148–161, Frankfurt am Main, New York.

Luckmann, Benita (1970): The Small Life-Worlds of Modern man. In: Social Research (4): 576–580.

Metzner, Andreas (1997): Konstruktion und Realität von Umwelt- und Technikrisiken. Ansätze sozialwissenschaftlicher Risikoforschung. In: Zeitschrift für angewandte Umweltforschung 10 (4): 472–487.

Peltu, Malcolm (1988): Media Reporting of Risk Information. In: Helmut Jungermann et al. (Hg.) Risk Communication, 11–31, Jülich.

Renn, Ortwin (2002): Zur Soziologie von Katastrophen: Bewusstsein, Organisation und soziale Verarbeitung. In: Gerd Tetzlaff et al. (Hg.): Extreme Naturereignisse – Folgen, Vorsorge, Werkzeuge, 383–389, Bonn, Leipzig.

Rohrmann, Bernd (1990): Akteure der Risiko-Kommunikation. In: Helmut Jungermann et al. (Hg.): Risiko-Konzepte, Risiko-Konflikte, Risiko-Kommunikation (= Monographien des For-schungszentrums Jülich 3), 329–343, Jülich.

Schütz, Holger und Hans Peter Peters (2002): Risiken aus der Perspektive von Wissenschaft, Me-dien und Öffentlichkeit. In: Aus Politik und Zeitgeschichte B 10–11: 40–45

Slovic, Paul, Baruch Fischhoff and Sarah Lichtenstein (1980): Facts and Fears. Understanding Perceived Risk. In: Richard C. Schwing and Walter A. Albers (Hg.): Societal Risk Assess-ment: How Safe is Safe Enough? 181–216, New York.

Sydow, Jörg, Georg Schreyögg and Jochen Koch (2005): Organizational Paths. Path Dependency and   Beyond.   http://sites.wiwiss.fu-berlin.de/pfadkolleg/veröffentlichungen   (abgerufen 06.07.2007).

Weichhart, Peter (2007): Risiko – Vorschläge zum Umgang mit einem schillernden Begriff. In: Berichte zur deutschen Landeskunde 81 (3): 201–214.

Weichselgartner, Jürgen (2001): Naturgefahren als soziale Konstruktion. Aachen.

Weiss, Günther (2008): Umweltkonflikte verstehen. Die Ansiedlung von Industriebetrieben im Spannungsfeld regionaler Entwicklungspfade und nationaler Umweltdiskussionen. München.

Werlen, Benno (1997): Sozialgeographie alltäglicher Regionalisierungen. Band 2: Globalisierung, Region und Regionalisierung. Stuttgart.

Wiedemann, Peter M. (1995): Industrieansiedlungen – Risiko, Risikokommunikation und Risiko-management (= Arbeiten zur Risiko-Kommunikation 49), Jülich.

RISIKOTRANSPARENZ DURCH VERORTUNG

Ein Gespräch mit Andreas Siebert, Münchener Rückversicherungs-Gesellschaft AG

Heike Egner und Andreas Pott

Die Münchener Rück, gegründet 1880, ist die größte Rückversicherungsgesellschaft weltweit. Ihre Geschichte ist auch eine Erfolgsgeschichte des räumlichen Blicks. Schon früh hat die Münchener Rück das Potenzial der so genannten Geo-RisikoForschung erkannt. In der ganzen Breite ihre (Rück-)Versicherungspraxis nutzt sie heute Geographische Informationssysteme und andere technische Möglichkeiten zur territorialen Indizierung von Risiken. Im Bereich der geo-referenzierten Abschätzung von Risiken ist die Münchener Rück führend.

Die genaue Verortung von Versicherungsobjekten dient der Einschätzung ihrer Versicherbarkeit und der risikoadäquaten Preisfindung. Sie transformiert die Unvorhersehbarkeit von Ereignissen in berechenbare, bezahlbare und damit ökonomisch-betriebswirtschaftlich handhabbare Risiken. Die Kenntnis der Lage eines Objektes bezüglich seiner Exponiertheit zu bestimmten Gefährdungen (Überschwemmungen, Stürmen, Erdbeben oder auch Terrorismus) erzeugt nicht nur die von der Versicherungsgesellschaft gewünschte Risikotransparenz versicherter Objekte, sondern fördert auch entsprechende Erwartungen der Versicherungsnehmer. Mit der Etablierung der Geo-Referenzierung in der alltäglichen Praxis der Münchener Rück sind die Ansprüche an die Risikotransparenz versicherter und versicherbarer Objekte stark gestiegen.

Über die Verräumlichung von Risiken der Versicherungswirtschaft sprachen wir mit Andreas Siebert, Geograph und Leiter der Abteilung *Geospatial Solutions* der Münchener Rück. Im Zentrum des Gespräches standen die Formen, technischen Möglichkeiten, Funktionen und Folgen der in dieser Rückversicherungsgesellschaft alltäglich praktizierten Geo-Referenzierung.[1]

1 RÄUMLICHES DENKEN UND GEO-CODIERUNG VON RISIKEN IN VERSICHERUNGEN

Bis 2006 hieß Ihre Abteilung noch Geoinformatik/Kommunikation. Nun treffen wir Sie als Leiter der „Geospatial Solutions". Welche Entwicklungen und Veränderungen verbergen sich hinter diesem Namenswechsel?

---

1 Das Gespräch führten wir am 9. Oktober 2008 in München.

Die GeoRisikoForschung der Münchener Rück hat eine recht lange Tradition. Der mittlerweile pensionierte erste Leiter dieser Abteilung, Dr. Gerhard Berz, hat bereits Mitte der 1970er Jahre angefangen, ein Team aufzubauen, damals mit ganz wenigen Leuten, denn Geowissenschaftlicher einzustellen war wirklich Neuland in der Versicherungswirtschaft. Auslöser war eine Wintersturmserie, wie letztlich große Katastrophenereignisse immer die Meilensteine in der Versicherungsgeschichte gebildet haben. Damals gab es einen Vorstand, der sehr vorausschauend war und die GeoRisikoForschung eingerichtet hat. Das war eine *One-Man-Show* damals, heute sind wir eine Einheit von fünfundzwanzig bis dreißig Leuten, die sich schwerpunktmäßig dem Thema Management von Naturgefahren im weitesten Sinne widmen.

2008 wurde diese Einheit aufgesplittet, weil es der Wunsch unseres Vorstands war, dass wir unser Wissen noch näher an die Geschäftsbereiche bringen und uns stärker mit den operativen Einheiten verweben. Bis dahin waren wir eine, ich sag mal, kleine Eliteeinheit, die einen Sonderstatus für sich in Anspruch nehmen konnte. Das war auch ein bisschen ein Politikum. Die neue Struktur ist eine gute Entscheidung, weil wir davor unser *know how* oft nur indirekt zur Umsetzung bringen konnten, weil der *work-flow* nicht durchgängig war. Das heißt, ein Teil der *Underwriter* (= Versicherungsexperten) haben unsere Arbeit genutzt, andere nicht. Das war gar kein böser Wille; die einen waren einfach „geo-affiner", im Sinne von Geo-Risiken im weitesten Sinne, während andere da eher zögerlich waren. Das gehen wir jetzt systematischer an.

Heute sehen wir als Unternehmen die Georisikoforschung als sehr große Chance. Wir treten sozusagen als *Geo Consultants* auf. Und das ist neu. Historisch war es lange so, dass Rückversicherer vor allem ihr Risikokapital und ihre Risikokapazität zur Verfügung gestellt haben; Rückversicherer verkaufen ja eigentlich kein „sexy" Produkt. Bei der Separierung von Märkten stellt sich dann schnell die Frage, wo haben wir unsere USP, die *Unique Selling Proposition*? Bei uns ist das: Service – da war die Münchener Rück immer hervorragend und immer führend. Wir haben vielleicht nicht immer die attraktivsten Preise, aber wir haben, neben einem sehr starken *Rating*, den tollsten Service und so passt das in das Gesamtpaket.

Gerade in den letzten Monaten haben Kollegen konkrete Initiativen entwickelt, die sich mit dem Themenkomplex Klimaänderung, Folgen, Chancen, Herausforderungen für die Versicherungswirtschaft beschäftigen und die den direkten Bezug ins operative Geschäft, z. B. über Anlageformen, prägen sollen.

Daneben gibt es eine Gruppe, die beschäftigt sich schwerpunktmäßig mit Risikomodellierung. Unsere Kernkompetenz liegt ganz klar darin, dass wir bereits über Jahrzehnte eigene raumbezogene Risikomodelle gebaut haben und so über ein eigenes Erdbebenmodell, ein Sturmmodell, Überschwemmungssimulationen etc. verfügen, um besser einschätzen zu können, wie groß die zu erwartenden Schäden sind. Ziel ist dabei, die Kollegen bei der Findung risikoadäquater Preise unterstützen zu können. Da gibt es ja große regionale Unterschiede.

Das klingt wie eine Erfolgsgeschichte des räumlichen Denkens.

Das würde ich tatsächlich als eine solche darstellen. Es wurde sicherlich auch vorher räumlich gedacht, aber es war nicht institutionalisiert, es war nicht transparent und es war nicht greifbar. In jeder Risikomodellierung sind natürlich räumliche Aspekte schon mit enthalten, wenn auch nicht explizit. Außerdem denken Geowissenschaftler, die damit in erster Linie befasst waren, wie Geologen, Meteorologen oder Geophysiker, nicht so bewusst räumlich, wie das ein Geograph an dieser Stelle tut.

Dazu kommt noch die Herausforderung, wie wir unser Wissen an die verschiedenen Stakeholder bringen. Da geht es um Kommunikation, gerichtet an die Medien, an die Öffentlichkeit, gerade im Schadenfall, zudem an die Investoren und Analysten, das ist eigentlich die wichtigste Gruppe heute, und an die Kunden natürlich. Es geht also um eine Übersetzungseinheit zwischen Wissenschaft und Wirtschaft; eigentlich ganz klar um eine Moderatorenrolle. Mit meinem Team und meiner Funktion ist dann das Denken in der Münchener Rück seit Mitte der 1990er Jahre so richtig räumlich geworden, dadurch, dass wir angefangen haben, mit Geoinformationssystemen zu arbeiten. Unsere Gruppe war dann der Nukleus für die gesamte Münchener Rück, die Dinge räumlicher anzugehen. Alle. Die gesamte Wertschöpfungskette.

Eigentlich stellt man sich vor, dass die Geo-Codierung von Versicherungsdaten und bestimmten Risiken kein großes Problem darstellt, da die raumbezogenen Daten prinzipiell vorhanden sind. Man muss sie doch nur zusammenführen, oder?

Im Prinzip ja, aber da gibt es enorme Unterschiede. Bis vor fünf, sechs Jahren wusste kein Mensch hier im Haus, was Geo-Codierung ist. Obwohl wir das schon immer gemacht haben. Heute bekommen wir teilweise schon Daten, die durch Geo-Daten angereichert sind, also nicht nur die Adressinformation, sondern gleich mit einer Koordinate versehen. Bis vor kurzem war das keineswegs so. Da haben wir als Service die Geo-Referenzierung geliefert, wenn uns die Kunden ihren Versicherungsbestand zur Verfügung gestellt haben. Für die Analysen brauchten wir die Daten möglichst gut aufgelöst, also mindestens auf die fünfstellige Postleitzahl. Heute beziehen wir auch Straße und Hausnummer ein.

Das lief anfangs mehr als zaghaft, da das natürlich immer massive Eingriffe in die IT der Unternehmen mit sich gebracht hat. Das ist eine der größten Hürden bei der ganzen Geschichte. Es gibt keine einheitlichen *tools* in der Versicherungwirtschaft, keine Standards, sondern die unterschiedlichsten Datenbanksysteme. Da durften wir auch nicht zu fordernd sein, sonst bekamen wir gar keine Daten. Also haben wir ein paar Mindestanforderungen formuliert und den Rest selbst bearbeitet. Allein in die Datenbereinigung der Datenbestände haben wir in den letzten Jahren enorm viel Energie gesteckt. Damit waren es eigentlich typische GIS-Projekte (GIS = Geographisches Informationssystem), bei denen in der Regel ja ein Großteil des Budgets für die Datengewinnung benötigt wird und die eigentlichen Analysen fast zu kurz kommen.

Mittlerweile sind wir da auch besser. Einerseits sind natürlich die Systeme flexibler geworden. Es gibt zwar immer noch keinen weltweiten Standard, aber die Daten lassen sich besser koordinieren. Zudem waren die ganzen Geo-Lösungen anfangs recht isoliert, eine Art „Insellösung", denn wir waren nicht fest verdrahtet mit den operativen Werkzeugen im Unternehmen. Das war anfangs noch vertretbar, denn wir hatten ja noch nicht viele Kunden. Aber so um 2001/2002 ist es uns dann allmählich gelungen, das Geo-Knowhow und die Funktionalitäten wirklich in das operative System einzubauen. Trotzdem war es noch eine Art Sonderweg, da es noch nicht als Standardlösung implementiert war. Das haben wir mit der neuen Struktur geschafft, denn jetzt sind wir fest mit dem operativen Geschäft verwoben.

Das heißt, Sie arbeiten jetzt vor allem auf adressgenauer Datenbasis und können für jedes Objekt das Risiko individuell ermitteln?

Nein, das rechnet sich nicht wirklich und oftmals brauchen wir das auch gar nicht. Stellen Sie sich vor, ein Kollege analysiert ein Portfolio, in dem einige hunderttausend Policen stecken, das ist allein rechenzeittechnisch nicht effizient. Da gehen wir gerne immer noch zurück auf aggregierte Postleitzahlen.

Allerdings ist Postleitzahl nicht gleich Postleitzahl. In anderen Ländern sind die vielleicht zehnmal so groß oder aber kleiner als unsere. Da braucht es dann die Information über den Lagefehler. Dafür haben wir einen ziemlich pfiffigen Algorithmus ermittelt, so dass man (durch Diagonalberechnungen usw.) im Ergebnis weiß: Der Lagefehler in Bezug zur Postleitzahl kann in diesem Fall bei plusminus 250 m liegen. Das ist entscheidend, wenn man später verschiedene Risikoarten berechnen oder Risikoklassen unterscheiden möchte.

Wenn es aber zum Beispiel um Terrorszenarien, einen Industrieunfall oder Umwelthaftpflicht geht, dann muss ich in die granulare Sicht gehen. Um das tun zu können, brauchen wir Daten auf der Adressebene, sonst müssten wir mit Mittelwerten rechnen und das gibt keine wirklich guten Ergebnisse. Es gibt ja selten ein Postleitzahlgebiet, das gänzlich überschwemmt ist. Wenn ich dann nur die Daten auf dieser Ebene habe, bekomme ich diese Variationsparameter nicht in den Griff. Aus diesem Grund ist uns der *per-site-approach* deutlich lieber an dieser Stelle, denn so lässt sich jeder Standort genau abfragen und bestimmen, in welcher Zone vom Erdbeben, Sturm usw. er sich befindet.

2 VOM EINZELRISIKO ZU
KUMULIERTEN GEO-REFERENZIERTEN RISIKEN

2.1 Risiko, Gefahr, Sicherheit in Versicherungen

Versicherungen haben ja einen eigenen Blick auf Risiken. Was ist für Sie Risiko?

Wenn wir von Risiko reden, können Sie sich immer ein versichertes Haus, ein versichertes Auto, eine versicherte Person oder eine Fabrik vorstellen, das sind bei uns die Risiken. In der Versicherungsbranche ist das Risiko mit dem versicherten

Objekt identisch. Wenn ich ein Lebensversicherer wäre, dann sind Sie sozusagen das Risiko für mich. Ihr Auto, das auf der Straße steht, ist ein Risiko und Ihr Haus vermutlich zweimal, denn es steht vielleicht in der Überschwemmungszone 4.

Wenn die Informationen über zu versichernde Objekte relativ ungenau sind, dann werden die Risiken unkalkulierbar. Dann wird das, was als Versicherung angeboten werden kann, teurer. Das Risiko, dass die Versicherung dann eingeht, wird nun durch Ihren Service der Geo-Referenzierung reduziert, oder? Indem eben punktgenauer kalkuliert werden kann?

Es gibt da diesen Unsicherheitskorridor. Wir arbeiten ja gerne mit Wiederkehrperioden. Wenn man in einer Graphik an der y-Achse den Schaden und auf der x-Achse die Wiederkehrperiode einträgt, dann ergibt das je nach Gefährdungstyp einen charakteristischen Kurvenverlauf. Aber eigentlich ist das keine Linie, sondern eher ein Korridor – wegen der Modellunsicherheiten – und wir versuchen mit unserer Transparenz durch die Geo-Rreferenzierung den Korridor deutlich schmaler zu bekommen. Und ja, somit wird das Geschäft insgesamt kalkulierbarer gemacht. Letztlich geht es ja auch darum, dass der Versicherungsnehmer im Schadenfall auch noch einen leistungsfähigen Partner hat, der dann auch einspringt. Bei Hurrikan Andrew 1992 sind etliche Erstversicherer Pleite gegangen, weil sie zu wenige Rücklagen gebildet hatten und eine zu geringe Rückdeckung hatten, um in diesem Extremfall dann ihren Auftrag erfüllen zu können.

Risiko tragen ist immer eine *Public-Private-Partnership*. Die Privatperson muss sich möglichst gut durch Vorkehrungen schützen, z. B. durch einen Rauchmelder für Feuer. Wenn das System versagt, gibt es dann einen Versicherungspartner, der einen Teil trägt. Und wenn der nicht mehr funktioniert, wie momentan in der Banken- und Finanzkrise, dann muss der Staat eingreifen. Wenn in diesem Zusammenspiel eine Komponente ausfällt, wird keiner so richtig glücklich – das ist wie bei der Rente.

2.2 Risikoabschätzung

Wie wird denn die Risikoabschätzung auf der Grundlage von geo-referenzierten Daten praktisch vorgenommen?

Das hat ziemlich simpel begonnen. Wir haben angefangen, die Informationen, die wir von Kollegen analog bekamen, wie z. B. die globale Naturgefahrenkarte[2] hier, in ein Geoinfosystem einzubauen. Dann haben wir versucht, die Kundendaten, die

2   Die „Weltkarte der Naturgefahren" ist seit der erstmaligen Publikation durch die Münchener Rück im Jahr 1978 zu einem Standardwerk für die Erkennung und Bewertung von Naturgefahren geworden. Mittlerweile hat sich die Karte zu einem „Globus der Naturgefahren" weiterentwickelt und stellt ein gutes Instrument zur Identifizierung komplexer Naturgefahrenrisiken dar. Die DVD kann bei der Münchener Rück bezogen werden.

wir aus Portfolios oder Beständen kennen, also die Summe aller Einzelrisiken, einzubeziehen. Als nächstes mussten diese Portfolioinformationen so aufbereitet werden, dass sie visualisiert werden können. In der Vergangenheit, d. h. bis etwa vor fünfzehn Jahren, war die Versicherungsbranche froh, wenn sie die Daten beispielsweise in Deutschland grob aufsummiert auf Postleitzahlenebene oder auf Bundeslandebene hatte, um etwas einschätzen zu können. Wenn man also wusste, in Norddeutschland habe ich so ungefähr zwei Drittel der Werte und in Süddeutschland ein Drittel der Werte.

Eine konkrete Risikoabschätzung einzelner Objekte war so ja kaum möglich. Wie ging man denn dann z. B. bei der Einschätzung von Gebäuden vor?

In der Versicherungswirtschaft galt und gilt bis heute der mathematische Ansatz, genauer: das Gesetz der großen Zahl. Ganz verkürzt gesagt: Wenn ich eine Million Gebäude irgendwo versichert habe, brauche ich nicht jedes einzelne anschauen, sondern ich nehme einen Mittelwert. Dazu kommen jedoch die so genannten Lateraleinflüsse, die Versicherungsmarkteinflüsse, z. B. große Naturkatastrophen oder aber generelle Marktsituationen, wie beispielsweise in Deutschland, als Ende der 1980er Jahre die Monopolversicherungen aufgegeben wurden und eine Konkurrenzsituation für die Versicherungen entstand. Dann reichte es nicht mehr, einen Einheitspreis zugrunde zu legen. Das wollten auch die Kunden nicht mehr, denn wer auf dem Berg wohnt, wird sagen, ich brauche keine Überschwemmungsversicherung und umgekehrt. Es haben also mehrere Faktoren dazu beigetragen, genauer auf die Risikolandschaft draufzuschauen.

Und damit sind wir bei meinem wichtigsten Stichwort: Risikotransparenz, also der Versuch, mehr Transparenz in das Geschäft zu bringen. Damit verbunden ist die Frage: Wie bringe ich unser erhobenes und für die Versicherungswirtschaft übersetztes Wissen in die einzelnen Gruppen zurück? Das geht von einfachen Imageprodukten wie z. B. der Weltkarte der Naturgefahren der Münchener Rück bis hin zur Geschäftssteuerung. Also zu der Frage: Muss ich, wenn ich hier ein Hotel versichere, dann überhaupt auf Erdbeben, Sturm oder ähnliche Dinge achten? Wenn ja: Wie ermittle ich den adäquaten Preis? Dann stellt sich auch die Frage, ob das Objekt überhaupt noch versicherbar ist. Unter welchen Konditionen ist es versicherbar? Heute wird von der Versicherungswirtschaft auch viel mehr auf Prävention hin gearbeitet. Das gilt für den Erstversicherer, die Rückversicherung und auch für den Kunden.

Letztlich geht es heute bei der Münchener Rück um das zentrale Steuerelement der *Accumulation Control*, also die Kontrolle von kumulierten Risiken. Wir müssen dabei über alle Versicherungsbranchen hinweg, das heißt, von einer normalen Sachversicherung für Gebäude, Gebäudeinhalt, Auto, Leben- und Gesundheitsversicherung einen möglichst guten Überblick über die Verbindung mit Naturgefahren und vielleicht auch noch Terrorismus haben. Was kann bei einem Ereignisfall gleichzeitig kumulieren? Denn bei uns als Rückversicherer kommt dann ja wirklich alles zusammen.

Abbildung 1 *Die US-amerikanische Küstenlinie um New Orleans. Hurrikan Katrina beschädigt Offshore-Ölplattformen (quadratische Signaturen) im Golf von Mexiko. Quelle: Münchener Rück, ESRI ArcWebServices.*

Daneben gibt es noch den zweiten Kumulaspekt. Wir sehen ja nicht nur unser eigenes Portfolio, sondern dieses Portfolio setzt sich aus Hunderten von Kunden weltweit zusammen. Diese Dimension macht die Abschätzung von Zahlen wirklich schwierig. Denn es kann beispielsweise durchaus sein, dass ich mit jemandem auf den Bermudas einen Vertrag abschließe und mir dabei ein Lawinenrisiko in der Schweiz einkaufe. Bei uns geht es also darum, diese Dinge „aufzudröseln", so dass möglichst kein unbekannter Kumul übersehen wird.

3 VERÄNDERUNG DER VERSICHERUNGSPRODUKTE DURCH GEO-CODIERUNG DER OBJEKTE

3.1 Vergleichbarkeit versus Solidaritätsprinzip

Ich habe neulich mal gelesen, dass Platzregen, also lokale Starkregen, in vielen Gegenden größere Schäden anrichten als die eigentlich kalkulierbaren Hochwasser. Ist hier eine Grenze für eine Versicherung von Risiken erreicht?

Das ist auch so eine Thematik, die wir immer mal wieder untersucht haben. In manchen Ländern wird sogar unterschieden zwischen Flussüberschwemmung und

Starkregen. Lokal kann Starkregen viel verheerender sein als ein Hochwasser. Aber der Starkregen ist nur sehr schwer modellierbar. Er kann in Deutschland praktisch an jeder Stelle auftreten, zu jedem Zeitpunkt, während bei einer Flussüberschwemmung heutzutage auf fünf Meter genau vorherzusagen ist, ob der Fluss über die Straße geht oder nicht.

Wie wird dieses Problem gelöst? Sagt man dann, das eine Risiko ist so unkalkulierbar, das lassen wir weg? Oder versucht man, das noch einzufangen?

Nein, das ist am Markt nicht durchsetzbar. Das ist ja auch für den Laien nicht nachvollziehbar, dem, auf deutsch gesagt, der Keller abgesoffen ist. Ihm ist dann im Endeffekt egal, woher das Wasser kommt. Und das verstehe ich. Da darf ein Versicherungsprodukt dann auch nicht zu komplex sein.

Es gibt ein anderes Beispiel, bei dem es regelmäßig Diskussionen gibt: Hurrikane und damit einhergehende Sturmfluten. Versicherungstechnisch ist eigentlich nur der Hurrikan, und damit der Windschaden, gedeckt. Die Sturmflut, der Wasserschaden also, nicht. Meinen Sie, dass man das im Ernstfall noch unterscheiden kann? Das muss dann immer Fallweise untersucht und entschieden werden.

Sie haben eben angedeutet, dass eine Versicherung auch zu der Entscheidung kommen kann, dass bestimmte Risiken nicht versichert werden. Wir dachten eigentlich, man könnte alles versichern, es kommt nur auf den Preis an.

Mittlerweile ist man soweit, ja, das war früher ein absolutes *No-Go*. Das hat immer einen großen Aufschrei gegeben, aber eigentlich muss ich sagen, die Branche hat Recht. Warum soll die Versicherungswirtschaft zum Beispiel die Bausünden lokaler Gemeinden mit abdecken. Nehmen wir das Beispiel Überschwemmungen in Deutschland. Hier gibt es das ZÜRS-System (Zonierungssystem für Überschwemmung, Rückstau und Starkregen), mit dem die Gefährdung einzelner Objekte abgeschätzt werden kann. Und da kann es schon passieren, dass ein Kunde das Ergebnis erhält, dass er keine Deckung für Überschwemmungen bekommt. Wenn ich hier zu den gleichen Konditionen eine Versicherungsdeckung anbieten würde, dann wird der bestraft, der weiter oben am Hang wohnt, an einer Stelle, wo er keinem anderen Risiko ausgesetzt ist und zudem viele Stützmauern hingebaut hat. Er zahlt dann auch seine 150 Euro Überschwemmungsdeckung wie der unten, der wunderschön am Bach wohnt, aber bei jeder Überschwemmung einen nassen Kellerbereich und hohe Sanierungskosten hat.

Es sind gerade Systeme wie ZÜRS, die marktweit eingeführt sind und die jeder nutzen kann, die mittlerweile dazu führen, dass es manchmal keine Deckung mehr im Überschwemmungsbereich gibt. Das Problem haben dann die Kollegen im Außendienst, die die schlechte Botschaft überbringen müssen und das vielleicht bei einem Kunden, der bereits drei Lebensversicherungen hat. In so einem Fall wird sicherlich eine Lösung gefunden. Der richtige Weg wäre, sich das Objekt noch einmal genauer vor Ort anzusehen. Möglicherweise hat das Haus gar keinen Keller oder der untere Meter ist gekachelt, wie oft an der Mosel zum Beispiel. Oder der Kunde sagt, er zahlt 500 Euro Selbstbehalt, wenn etwas passiert.

Kann man da ein Muster erkennen? Gibt es Versicherer, die ganz Regionen tendenziell weniger versichern, weil die Risiken so groß sind? Wenn man z. B. an die Erdbeben in der Türkei und die dort oft so schlechte Bausubstanz denkt.

Nein, nicht dass ich wüsste. Es ist ja nicht das Ziel des Versicherers, nicht zu versichern. Aber im Falle der Überschwemmungen gibt es nun eben ZÜRS, so dass sich das sehr differenziert formulieren ließe. Aber dann habe ich ein großes „Antiselektionsprinzip" auf Seiten der Versicherungsnehmer – wenn es ein optionales Zusatzpaket ist, wer kauft sich das denn? Und das ist es, was jeder Versicherer fürchtet. Nur derjenige kauft es dann, der weiß, dass entweder die Großeltern, die Eltern oder er selbst schon nasse Füße bekommen haben. Das heißt, ein derart differenziertes Produkt kann von Haus aus kein ausgewogenes Geschäft sein, weil damit eines der Kernprinzipien der Versicherungswirtschaft eigentlich nicht erfüllt ist: die Unvorhersehbarkeit von Ereignissen.

Das ist ja eine recht konkrete Auswirkung der Geo-Referenzierung von Risiken. Man könnte ja auch über eine Pflichtversicherung für Naturgefahren in bestimmten Regionen nachdenken. Ist das aus Versicherungssicht denkbar?

Ja, das wird durchaus überlegt, aber noch ohne konkrete Umsetzungen. Da denkt man zum Beispiel auch über die Möglichkeiten von Selbstbehalt nach. Das ist etwas, was es bislang nur bei der Autokasko oder der privaten Krankenversicherung gibt. Da kann jeder sagen, ich möchte gar nichts zahlen oder im Schadenfall trage ich 600 Euro selbst, mich schmerzt der Schaden erst bei einem Totalschaden. Im Sachbereich ging das bislang überhaupt nicht. Das gibt es nirgends. Eigentlich ist das nicht nachvollziehbar, denn auch wenn es um ein Haus geht, das ja existentiell ist, sollte es doch möglich sein, 500 oder 1.000 Euro selbst zu tragen, wenn ich dafür eine volle Deckung für alles andere bekomme. Aber bislang geht das überhaupt nicht.

3.2 Optimierung des Schadenmanagements

In einer Broschüre von Ihnen haben wir gelesen, dass achtzig Prozent Ihres Geschäftes geo-referenzierbar ist. Sie können also Ihre Geo-Referenzierung nicht auf alles anwenden. Wo liegen die Grenzen?

Der Großteil unseres Geschäftsmodells ist geo-referenzierbar. Das sind die Portfolios und die Gefährdungsinformationen. Anders sieht es momentan noch mit den verfügbaren Schadeninformationen aus. Und das liegt an der historischen Struktur der Versicherungshäuser, in denen die Bestandsinformationen von den Schadeninformationen getrennt bearbeitet werden. Rein IT-technisch sind das oft ganz unterschiedliche Plattformen. Nach unserem Verständnis ist das aber kein Problem, denn die beiden Bereiche kann man verlinken. Und dann kann ich Schadenmuster bekommen, so genannte *loss-patterns*.

Starkregen ist hier ein schönes Beispiel. Wenn ich eine Starkregenkarte mit den regionalen Besonderheiten der Bauweise verknüpfen kann, dann kann ich prüfen, ob die Häuser in Süd-Württemberg genauso reagieren wie beispielsweise im Emsland. Dort haben sie in der Regel keinen Keller, da kann bei Starkregen also nichts passieren, während in Süddeutschland jeder seine Heizung, seinen Partykeller oder eine Sauna im Keller unten stehen hat. Und da sieht es mit dem Schaden dann ganz anders aus.

Die Möglichkeiten im Schadenbereich sind noch bei weitem nicht ausgereizt, daran arbeiten wir noch. Wir geben den Kunden entsprechenden Service zur Verbesserung des Schadenmanagements. Auch hier war ein Naturereignis der Treiber, nämlich der Sturm Kyrill. Davor hatten wir drei Kunden für diesen Service, dann über Nacht zwanzig, die uns mit Anfragen überschüttet haben. Dann haben wir tagelang mit aktuellen Windfelddaten modelliert.

Um schneller abschätzen zu können, welche Belastung auf Sie zukommt?

Genau darum geht es. Das ist unser Service für unseren Kunden. Wir analysieren für ihn seine Portfolios und wir beschaffen die meteorologischen Basisdaten. So bestimmen wir im Idealfall für jeden Standort, welche Windgeschwindigkeit vorherrschte, und können so eine Schadenschätzung abgeben, die die Schadenschätzung der Versicherungen selbst dann noch mal bestätigen oder ergänzen sollen. Einer der wichtigsten Punkte ist heutzutage die Kommunikation mit den Medien und den Investoren. Auf die Frage, wie teuer kommt ein Ereignis das Unternehmen, muss heute eine schnelle Antwort folgen. Und genau das unterstützen wir.

Darüber hinaus betrifft diese Arbeit auch das Schadenmanagement. Wir rechnen hier nicht auf die Adresse genau, sondern wir aggregieren das dann wieder auf die Postleitzahlen. Um die Information geben zu können, in welchen Gebieten mit den höchsten Schäden zu rechnen ist. Das ist wichtig, um die Schadenbegutachtung, die die Kollegen vor Ort vornehmen, möglichst effizient gestalten zu können. Jede Gesellschaft hat ja nur eine Hand voll Leute, die im Schadenfall durch die Republik reisen, um sich die Schäden anzuschauen.

Im Großschadenfall kann der Versicherer ja nicht jeden Schaden begutachten. Da kann man dann auch sehen, dass der Durchschnittsschaden stark ansteigt. Je größer das Ereignis, desto größer ist der Durchschnittsschaden. Das kann ja eigentlich nicht sein, passiert aber in solchen Fällen häufig. In diesen Zeiten sind z. B. Handwerker stark nachgefragt und die Kosten schnellen nach oben. In den USA bei den Hurrikan-Schäden ist das auch immer zu sehen. Da kostet dann z. B. ein Meter Bauholz nicht 50 US-$, sondern 200 US-$.

Das heißt, Sie können den Versicherungen hier Differenzierungsmöglichkeiten an die Hand geben zur Schadenminimierung?

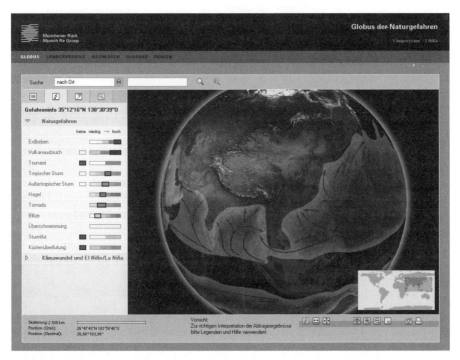

Abbildung 2 Der Hazardpointer ist die wichtigste Funktion auf der DVD „Globus der Natugefahren" (Version 2009). Quelle: Münchener Rück.

Hier tragen wir vor allem zur Schadenmanagementoptimierung bei. Management heißt hier, möglichst effizient die Kräfte einzusetzen. Bei einem Sturmbild gehe ich selbstverständlich nicht bis auf die Hausnummer hinterher. Aber wir können sagen, dass es in einer Gegend extrem hohe Windgeschwindigkeiten gegeben hat und wenn wir dann sehen, dass dort viele Kunden von einem Unternehmen sitzen, die vielleicht ein Drittel des Gesamtwertes ausmachen und die wahrscheinlich den größten Schaden produziert haben, dann gebe ich schon die Empfehlung, dass dort jemand hinfährt und sich das zuerst anschaut. Das ist auch eine wertvolle Kundenmaßnahme, denn selbst wenn einer keinen Schaden hat, fühlt er sich gut betreut. Zum anderen ist es entscheidend, dass schnell reagiert wird, sobald Wasser im Spiel ist – was bei einem Sturm normal ist. Denn wenn das Wasser tagelang eingedrungen ist, stehen die Trockungsmaschinen möglicherweise nicht nur eine Woche, sondern einen Monat im Keller. In diesem Segment ist für uns noch viel Luft drinnen.

4 GRENZEN DER GEO-CODIERTEN DIFFERENZIERUNG

Das klingt alles sehr gut nachvollziehbar. Es ist verständlich, warum Sie damit so erfolgreich sind. Sehen Sie auch Grenzen der Anwendung dieser geo-referenzierten Versicherungslösungen?

Hmh, die Anwendungsfälle sind sehr breit, das reicht von Naturgefahren über Terror, Pandemien, Seuchenausbreitungen und so weiter. Da haben wir noch ganz viel auf dem Radar. Die Grenzen sind dort erreicht, wenn die Daten von den Kunden einfach nicht vorhanden sind. Als Rückversicherer sind wir da ziemlich weit hinten in der Produktionskette, wenn es um die Basisdaten geht.

Ein anderer Punkt ist, dass das Ganze irgendwann zu granular wird. Das ist dann ein Information-*Overkill*. Wenn ich zum Beispiel Leuten aus dem operativen Bereich Teile unserer Arbeit zeige und darauf hinweise, dass wir für sie die Werte für jedes Gebäude auswerten können, dann fragt er zu Recht, was er damit soll. Er muss dem Kunden eine Zahl liefern – wie wir dazu kommen, ist schlussendlich egal. Das verstehe ich, das ist absolut legitim.

Wenn ich aber ein anderes Portfolio nehme, zum Beispiel von allen Standorten eines deutschen Industrieunternehmens, in dem ich sehen kann, dass nur drei Standorte neunzig Prozent des Gesamtwertes ausmachen. Dann ist das für mich eine andere Grenze.

Es gibt natürlich auch ein paar technische Limitierungen. Das Rechnen dauert einfach schlicht und ergreifend zu lange, wenn ich zu granular arbeite. Und aus versicherungs- und gesellschaftspolitischer Sicht gibt es auch klare datenschutz-rechtliche Grenzen bei der Frage, wie stark man eigentlich ins Detail gehen darf. Im Sachbereich, in dem wir arbeiten, haben wir meistens nur indirekt personenbezogene Daten, aber wenn ich das mal auf Lebensversicherungen übertrage, wird die Sache gleich sehr, sehr heikel. Irgendwo hat die Transparenz dann ihr Ende.

Herr Siebert, wir danken Ihnen für das Gespräch.

LITERATUR

Münchener Rück (2005): Megastädte – Megarisiken. Trends und Herausforderungen für Versicherung und Risikomanagement. Münchener Rückversicherungs-Gesellschaft (Nr. 302-04270). München.

Schimetschek, Jürgen und Andreas Siebert (2006): Topics Geo: Jahresrückblick Naturkatastrophen 2005. Münchener Rückversicherungs-Gesellschaft (Nr. 302-04771). München.

Siebert, Andreas (2004): Zwischen Rendite und Risiko. In: GeoBit 1/2: 26–27.

Siebert, Andreas (2004): Versicherungsbetrug. Neue Methoden – effiziente Abwehrtechniken. Münchener Rückversicherungs-Gesellschaft (Nr. 302-04169). München.

Siebert, Andreas (2005): Mehr Durchblick im Risikomanagement. In: GeoBit 10: 30–33.

Siebert, Andreas (2007): Topics: Auf den Punkt gebracht – Geoinformationen in der Versicherungswirtschaft. Münchener Rückversicherungsgesellschaft (Nr. 302-05326). München.

BEOBACHTUNGEN ZUM KLIMADISKURS:
NEUES WELTRISIKO ODER ALTER GEODETERMINISMUS?

Detlef Müller-Mahn

„Die Debatte über den Klimawandel handelt auf ganz grundlegende Weise von Risiken und deren Einschätzung. Wir wissen nämlich nicht und können nicht wissen, wie die Welt in zwanzig, dreißig oder vierzig Jahren aussehen wird, und müssen daher (...) von Wahrscheinlichkeiten und möglichen Szenarien reden" (Giddens 2008: 18).

EINLEITUNG

In der öffentlichen Wahrnehmung ist der Klimawandel in den letzten Jahren immer mehr zu einem Risikofaktor geworden, der unsere zukünftigen Lebensbedingungen ungewiss erscheinen lässt und unseren gewohnten Lebensstil in Frage stellt. Wie ein Damoklesschwert schwebt das „Weltrisiko" (Beck 2007) Klimawandel über der Menschheit und erzeugt ein diffuses Gefühl der Bedrohung. Politisches Handeln gerät in dieser Situation in ein Dilemma: Es müssen jetzt Entscheidungen getroffen werden, deren Konsequenzen in der Zukunft noch nicht genau abzusehen sind. Schwierig sind Entscheidungen unter den Bedingungen einer solchen Gefährdungslage vor allem deshalb, weil nicht nur das Handeln unerwünschte Folgen haben kann, sondern auch das Nicht-Handeln. Damit wird deutlich, dass die aktuellen Debatten zum Klimawandel im Kern einen Risikodiskurs darstellen, also eine Auseinandersetzung darüber, mit welchen schädlichen Auswirkungen und Kosten zu rechnen ist, welches Risiko noch für akzeptabel gehalten wird, welche Gegenmaßnahmen als angemessen betrachtet werden, und welcher Aufwand dafür insgesamt gerechtfertigt erscheint (Giddens 2008). Das zentrale Problem dieses gesellschaftlichen Risikodiskurses besteht darin, dass trotz unvollständigen Wissens über den weiteren Verlauf des Klimawandels eine Wahl zwischen verschiedenen Handlungsoptionen getroffen werden muss. Im Sinne der Risikosoziologie nach Luhmann (1991) geht es darum, wie angesichts eines möglicherweise existenzbedrohlichen Problems die bestehende Ungewissheit in kalkulierbare Risiken transformiert werden kann, um auf dieser Grundlage rationale Entscheidungen zu treffen.

Die in den nachfolgenden Ausführungen eingenommene Beobachtungsperspektive richtet sich auf die Art und Weise der Thematisierung des Klimawandels im gesellschaftlichen Diskurs und die darin erkennbaren Muster; und zwar dort, wo diese Muster konkret sichtbar werden, nämlich in der Berichterstattung und den regelmäßig reproduzierten Bildern und Erzählungen in den Medien. Mit dieser Fokussierung der medialen Präsentation soll diskutiert werden, in welcher Weise der Klimawandel als gesellschaftliches Risiko adressiert bzw. konstruiert wird, wie sich dies in konkreten Narrationen niederschlägt, und welche Argumentations- und Denkmuster diesen zugrunde liegen (Pettenger 2007, Hulme 2009). Dabei wird die von dem Kulturwissenschaftler Nico Stehr und dem Klimaforscher Hans von Storch formulierte These aufgegriffen, der gegenwärtige Klimawandeldiskurs werde maßgeblich durch geodeterministische Denkweisen geprägt (Stehr & von Storch 2000). Die Fragen, die sich im Anschluss an diese These stellen, richten sich auf den Zusammenhang zwischen Klimadeterminismus und Risikodiskurs: Wie manifestieren sich deterministische Argumentations- und Denkmuster im Risikodiskurs? Wie sind sie zu erklären? Welche Folgen haben sie für den gesellschaftlichen Umgang mit dem Risikofaktor Klimawandel?

Das Spektrum der kontrovers diskutierten Meinungen wird durch zwei Titelbilder des Spiegel illustriert (Abbildungen 1 und 2): Auf der einen Seite warnen viele Wissenschaftlerinnen und Wissenschaftler vor den verheerenden Folgen der Erderwärmung. Sie rechnen mit einer Klimakatastrophe, wenn nicht bald wirkungsvolle Maßnahmen zum Klimaschutz ergriffen werden. Die bildliche Darstellung der Titelseite vom 20.3.1995 (Abbildung 1) thematisiert die Warnung vor der Apokalypse. Auf der anderen Seite steht die Kritik an solchen Weltuntergangsszenarien. Sie hält die naive Vorstellung „Hilfe, die Erde schmilzt" für das Ergebnis einer künstlich geschürten Klima-Hysterie.

Auffällig ist auf den ersten Blick, dass sich Quantität und Qualität der medialen Präsentation und der öffentlichen Auseinandersetzungen zum Klimawandel seit 2006/2007 deutlich verändert haben (Egner 2007). Der Umfang der Berichterstattung hat innerhalb dieser kurzen Zeit erheblich zugenommen, während das Thema weiterhin zutiefst umstritten bleibt, nach dem Scheitern der Kopenhagen-Konferenz im Dezember 2009 sogar mehr als zuvor. Warner und Skeptiker stehen sich in scharfer Konfrontation gegenüber und bezichtigen sich gegenseitig entweder einer unverantwortlichen Verharmlosung oder einer unverantwortlichen Übertreibung. Die Enthüllungen über angeblich manipulierte Daten („Climategate", *Die Zeit*, 8.12.2009) und „Schlampereien" (*Berliner Zeitung*, 9.2.2010) bei der Zusammenstellung des IPCC-Berichtes 2007 werden als „Fest für Klimaskeptiker" (*Süddeutsche Zeitung*, 24.11.2009) bezeichnet, denn sie nähren grundsätzliche Zweifel an der Glaubwürdigkeit der Wissenschaft („Schmelzendes Vertrauen", *Der Spiegel*, 25.1.2010).

Schon aus diesen ersten oberflächlichen Beobachtungen wird ersichtlich, dass es im Klimawandeldiskurs nicht allein um „Klima" geht. Vielmehr werden hier auch Fragen verhandelt, die auf die Wahrnehmung von Klima als einem Aspekt von „Natur" abzielen. Dies schließt weitere Fragen ein wie beispielsweise zur Beurteilung von „natürlicher" Variabilität und „Normalität", zur Risikobewertung und schließlich auch zur Akzeptanz und Legitimierung politischer Entscheidungen (Pettenger 2007). Grundlage für das praktizierte Risikomanagement sind wis-

Abbildungen 1 und 2 *Titelseiten des „Spiegel" zum Klimawandel (Heft 12/95 vom 20.3.1995 und Heft 19/07 vom 7.5.2007).*

senschaftliche Prognosen, die zwar mit Wahrscheinlichkeiten argumentieren, aber keine absolute Sicherheit bieten können. Das fundamentale Problem besteht daher nicht primär darin, dass die Genauigkeit naturwissenschaftlicher Messungen und Modelle angesichts der Komplexität der Zusammenhänge an methodische Grenzen stößt. Es liegt vielmehr darin, dass diese Unschärfen trotz aller wissenschaftlichen Fortschritte unvermeidlich sind, und dass die Ungewissheit über den Verlauf des anthropogenen Klimawandels prinzipiell nicht auflösbar ist. Entscheidend ist unter diesen Umständen der gesellschaftliche Umgang mit Ungewissheit bzw. Unsicherheit (Renn et al. 2007), und das heißt letztlich, welches Vertrauen die Gesellschaft, die ja fast ausschließlich aus Laien besteht, für die Verlässlichkeit einer relativ kleinen Gruppe von Experten aufbringt

Um Missverständnissen vorzubeugen sei klargestellt, dass der Autor dieses Artikels nicht zu den „Klimaskeptikern" gehört, also zu jenen, die den zentralen Wahrheitsgehalt der wissenschaftlichen Debatte und die Bedrohlichkeit der Problematik grundsätzlich anzweifeln. Die Faktenlage erscheint in der Tat erdrückend. Der vierte Sachstandsbericht des Weltklimarats (IPCC 2007) zeigt – trotz der inzwischen aufgekommenen Diskussion um die erwähnten „Schlampereien" – sehr eindringlich, dass die anthropogen verursachte globale Erwärmung ein Problem von möglicherweise schicksalhafter Bedeutung für die gesamte Erde darstellt. Die messbaren Phänomene und modellbasierten klimatologischen Prognosen sind jedoch nicht Gegenstand dieses Artikels. Es geht – im Sinne des Leitthemas dieses Sammelbandes – vielmehr um eine „Beobachtung der Beobachtung" des Klimawandels. Die Beobachtung erster Ordnung, also die Messung und Modellberechnung klimatologischer und geoökologischer Prozesse, ist Aufgabe verschiedener naturwissenschaftlicher Disziplinen. Die Beobachtung zweiter Ordnung hingegen richtet sich einerseits auf den gesellschaftlichen Umgang mit den Ergebnissen der naturwissenschaftlichen Forschung; andererseits betrachtet sie den Kontext, in dem diese erzeugt werden. Wichtig ist diese Beobachtung zweiter Ordnung deshalb, weil Klimapolitik nicht einfach als Reaktion auf die Datenproduktion der Wissenschaft erklärt werden kann. Sie ist vielmehr ganz wesentlich das Ergebnis von diskursiven öffentlichen Auseinandersetzungen, die gleichzeitig ihrerseits die Produktion wissenschaftlicher Daten beeinflussen. Denn auch die Wissenschaft produziert ihre Erkenntnisse nicht in einem „luftleeren Raum", vielmehr findet die Arbeit unter spezifischen sozialen, ökonomischen und politischen Strukturen (und Zwängen) statt.

   Der Artikel gliedert sich in fünf Teile. Zuerst werden einige Beobachtungen zur augenblicklichen Konjunktur der Klimadebatte in Deutschland diskutiert. Im zweiten und dritten Teil soll nachgezeichnet werden, in welcher Weise der Klimawandel in den vergangenen Jahren zum Gegenstand von widerstreitenden Erzählungen wurde, die miteinander um die Deutungshoheit für das Phänomen konkurrieren und dadurch einen Diskurs konstituieren. Viertens ist zu diskutieren, inwiefern der Klimawandeldiskurs durch geodeterministische Argumentationsmuster und Denkweisen geprägt ist. Und fünftens schließlich wird nach einer Erklärung für die hier behauptete „Rückkehr des Geodeterminismus" gesucht.

1 BEOBACHTUNGEN ZUR KONJUNKTUR
DES KLIMAS IM GESELLSCHAFTLICHEN DISKURS

Ausgangspunkt für die „Beobachtung der (Klima-)Beobachtung" ist die Feststellung, dass das Problem des Klimawandels und seiner Folgen in jüngster Zeit zu einer beherrschenden Thematik im Ringen um öffentliche Aufmerksamkeit geworden ist. In diesen Auseinandersetzungen geht es darum, welche unter den vielen Herausforderungen, denen sich unsere Gesellschaft gegenübersieht, besondere Aufmerksamkeit verdienen, und wo die Prioritäten für politisches Handeln gesetzt werden sollen. Die Betonung liegt auf dem Attribut „beherrschend". Damit wird die Hypothese verknüpft, dass mit der Thematisierung des Klimawandels ein gesellschaftlicher Diskurs entstanden ist, dessen Dynamik durch bestimmte Akteure und deren Interessen, durch das Ringen um (Be-)Deutungsmacht und letztlich durch hegemoniale Bestrebungen dieser Akteure und ihrer Deutungsangebote bestimmt wird. Der Begriff des Diskurses schließt sprachliche Sinngebungsprozesse ein, aber darüber hinaus bezeichnet er „die Verbindung von symbolischen Praktiken (Sprach- und Zeichengebrauch), materiellen Gegebenheiten und sozialen Institutionen" (Glasze & Mattissek 2009a: 12). Kennzeichnend dafür sind die miteinander widerstreitenden Positionen, Akteure, Bedeutungszuweisungen und Interessen, die durch eine konkrete, den Diskurs fokussierende Thematik verknüpft werden.

   Die Hegemonialität eines Diskurses äußert sich ganz allgemein in den verfolgten Strategien der Aufmerksamkeitssteigerung, in der Durchsetzung der ihm

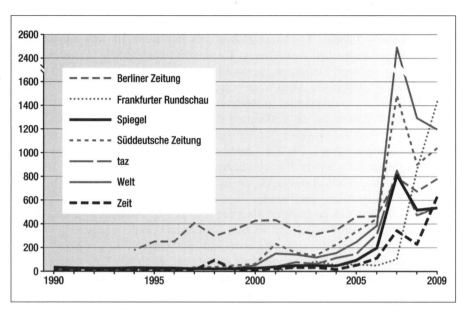

Abbildung 3 Artikel zum Klimawandel in ausgewählten Medien in Deutschland (Anzahl pro Jahr).
Quelle: Eigene Erhebungen.

zugehörigen Themen und der Marginalisierung oder Exklusion von anderen. Hegemonie bezeichnet hier die „Expansion eines Diskurses zu einem dominanten Horizont sozialer Orientierung" (Glasze & Mattissek 2009b: 160). Im Klimawandeldiskurs sind zwei Dimensionen der Hegemonialität zu unterscheiden. Nach innen geht es darum, welche Argumentationslinien und Positionen sich bei der Suche nach wissenschaftlicher „Wahrheit" oder wenigstens nach Deutungsmacht durchsetzen. Nach außen geht es um die Bedeutungssteigerung des Klimaproblems in der öffentlichen Wahrnehmung und damit um den Kampf um einen der ersten Plätze auf der politischen Agenda. Im Hinblick auf die eingangs gestellte Frage nach dem gesellschaftlichen Umgang mit den prinzipiellen Ungewissheiten des Klimawandels ist der Aspekt der Hegemonialität, also des Herbeiführens von Vorherrschaft in der Konkurrenz zwischen verschiedenen öffentlich verhandelten Positionen, von zentraler Bedeutung, weil dadurch in der gesellschaftlichen Wahrnehmung des Problems das Verhältnis von Ungewissheit und kalkulierbarem Risiko beeinflusst wird.

Um die Muster des Risikodiskurses zum Klimawandel herauszuarbeiten, sei zunächst von drei Beobachtungen zur aktuellen Klimadebatte ausgegangen. Die erste bezieht sich auf den quantitativen Umfang der Berichterstattung zu dem Thema in Deutschland. Jede/r regelmäßige Zeitungsleser/in konnte verfolgen, wie der Klimawandel während der vergangenen Jahre einen immer größeren Raum in den Medien einnahm. Diese Feststellung lässt sich durch eine Auswertung der Archive von fünf Tageszeitungen und zwei Wochenzeitschriften (Abbildung 3) für den Zeitraum 1990 – 2009 belegen. Bei der Zusammenstellung wurde die Anzahl der von den Suchmaschinen gefundenen Artikel gezählt, in denen die Worte "Klimawandel", "Globale Erwärmung" oder "Kyoto Protokoll" vorkommen, ungeachtet ihrer inhaltlichen Ausrichtung. Gegenstand der Zählung waren die Archive der angegebenen Zeitungen, die die Suchmaschine anbot, also sowohl Print- als auch Online-Ausgaben. Auch wenn man bei der Bewertung des in der Abbildung dargestellten Sachverhaltes in Rechnung stellt, dass die Zunahme von Nennungen zum Teil auch auf die Einführung von Online-Ausgaben in Ergänzung zu den Printausgaben der erfassten Medien zurückzuführen ist, bleibt die Entwicklung doch bemerkenswert. Die Zahl der themenbezogenen Artikel pro Jahrgang blieb die 1990er Jahre hindurch relativ begrenzt, zeigte dann von 2000 bis 2006 in fast allen Zeitungen einen ausgeprägten Aufwärtstrend und schnellte schließlich im Jahre 2007 signifikant nach oben.

Zweitens lässt sich beobachten, dass das Thema Klimawandel gerade deshalb so prominent werden konnte, weil es zum Gegenstand einer Inszenierung wurde. Ziel und Zweck dieser Inszenierung ist es, auf die Möglichkeit der Katastrophe hinzuweisen, d. h. den Klimawandel als ein neues „Weltrisiko" zu präsentieren (Beck 2007). Dabei ist auffällig, dass die Zunahme der Berichterstattung in einem engen zeitlichen Zusammenhang mit einer Reihe von Ereignissen steht, die zum Teil ausgesprochen medienwirksam präsentiert wurden. Besonders deutlich wurde dieser Aspekt der Inszenierung bei der stufenweisen Veröffentlichung des vierten Berichtes des Intergovernmental Panel on Climate Change im Jahre 2007, die von einem wahren Feuerwerk an Pressekonferenzen, Vorab-Meldungen und Informationskampagnen begleitet wurde (IPCC 2007). Insofern lässt sich der in Abbildung 3 dargestellte Sachverhalt als Indiz für eine „gelungene wissenschaftliche Kommunikation" interpretieren (Egner 2007: 250). Zusätzlich flankiert wurde die Vorstellung des vierten IPCC-Berichtes von einigen anderen viel beachteten Ereignissen. So hatte kurz zuvor der britische Ökonom Nicholas Stern eine Studie vorgelegt, die vorrechnete, dass ein wirksamer Klimaschutz langfristig kostengünstiger wäre als ein Inkaufnehmen des Klimawandels (Stern 2006). Zudem fand im selben Jahr der prominente US-amerikanische Politiker und Klimaaktivist Al Gore mit seinem Film „An Unconvenient Truth" große Beachtung und erhielt für sein Engagement kurz darauf sogar zusammen mit dem IPCC den Friedensnobelpreis. Eine ähnliche Medienpräsenz wie 2007 konnte das Thema erst wieder im Countdown zur Kopenhagen-Konferenz im Dezember 2009 erreichen.

Die dritte Beobachtung bezieht sich auf Form und Visualisierung der Berichterstattung. Denn parallel zu der quantitativen Ausweitung spiegelt sich die Klima-Konjunktur in den letzten Jahren auch in eindringlichen Bildern, die die Bedeutung der Problematik unterstreichen und durch ihre massenmediale Verbreitung für eine unmittelbare Konfrontation der Bevölkerung mit den vielfältigen Phänomenen des Klimawandels sorgen. Vermutlich werden die meisten solche Bilder kennen, wie beispielsweise das von Bundeskanzlerin Angela Merkel im roten Anorak vor der Steilwand eines Gletscherabbruchs in der Arktis, die Fotos von aufgebrachten Demonstranten am Rande einer internationalen Großkonferenz oder das Bild eines Eisbären im Sprung von einer schmelzenden (?) Eisscholle.

Der Wirkmächtigkeit dieser Bilder kann man sich nur schwer entziehen, weil sie nicht einfach nur Illustrationen für nüchterne Nachrichten darstellen, sondern Sachinformationen auf eine sublime Weise emotionalisieren. Die Bundeskanzlerin befindet sich, so soll wohl durch das Foto vermittelt werden, nicht einfach auf einer Informationsreise, sondern sie bemüht sich um das Weltklima. Der Eisbär ist nicht einfach auf der Jagd, sondern er kämpft möglicherweise um sein Überleben. Die assoziative Wirkung von Bildern liegt darin, dass sie sprachlich vermittelte Informationen durch Verstärkung, Zuspitzung und Emotionalisierung unterstreichen. Die hohe Resonanz des Themas Klimawandel in den Medien ist daher einerseits Ausdruck für ein gestiegenes Interesse der Öffentlichkeit an der Problematik des anthropogenen Klimawandels und andererseits zugleich eine treibende Kraft für die Steigerung des öffentlichen Interesses. Man kann sie insofern als einen sich selbst verstärkenden Mechanismus bezeichnen, als „social amplification of risk" im Sinne von Kasperson et al. (1988).

Das bedeutet, dass die veränderte Wahrnehmung und Bewertung des Klimas wohl kaum allein durch den tatsächlich messbaren Anstieg von Temperaturen oder Meeresspiegelständen erklärbar ist. Ebenso wenig kann man die gesteigerte Aufmerksamkeit für dieses Thema mit Bahn brechend neuen wissenschaftlichen Erkenntnissen erklären, denn dass das Klima variabel ist, gehört mittlerweile genauso zum Allgemeinwissen wie die These von der anthropogenen Verursachung des Klimawandels (Weingart et al. 2002). Verantwortlich für den Wandel in der Wahrnehmung und Kommunikation des Klimawandels ist vielmehr, so sei hier behauptet, die Art und Weise, wie dieses Thema von der Wissenschaft präsentiert und über die Medien in die Öffentlichkeit getragen wird, wie die Debatten darüber in der Gesellschaft ausgetragen werden, und wie diese Auseinandersetzungen schließlich Einfluss auf politisches Handeln und konkrete Maßnahmen gewinnen. Es geht, mit anderen Worten, um die Konstitutionsbedingungen des Klimawandeldiskurses und die Inszenierung des Phänomens Klimawandel als Weltrisiko.

2 ZUR FUNKTION VON NARRATIVEN IN DER KONSTITUTION DES KLIMAWANDELDISKURSES

Wissenschaftliche Erkenntnis braucht Vermittler, die sich für deren Umsetzung in politisches Handeln einsetzen. Von entscheidender Bedeutung sind dabei die Medien als eine Art „Lautsprecher" in die Gesellschaft hinein. Erst durch die Resonanz in den Medien erreichen Informationen eine breitere Öffentlichkeit, tragen zu deren Sensibilisierung bei und können dadurch schließlich eine politische Relevanz gewinnen, die Handlungsdruck erzeugt.

Dabei unterliegt die Berichterstattung zum Thema Klimawandel grundsätzlich den gleichen Regeln der medialen Aufbereitung wie alles, was den Weg in die Medien findet. Kennzeichnend für die Kommunikation wissenschaftlicher Aussagen sind die Reduktion komplexer Zusammenhänge und deren Übersetzung in zielgruppengerechte Darstellungsformen. Wesentliche Kriterien dafür sind Informationsgehalt und Neuigkeit, aber auch Verständlichkeit, Unterhaltungswert und

Faszination. So wird die Problematik des Klimawandels in der Tagespresse selten in Form von Tabellen, wissenschaftlichen Messergebnissen oder Wahrscheinlichkeitsberechnungen präsentiert, sondern sie wird in die leichter nachvollziehbare Form von „Geschichten" und Erzählungen übersetzt und so für das breite Publikum verständlich gemacht. Dazu gehört beim Klimawandel alles, was eine spannende (und dadurch Aufmerksamkeit erregende) Erzählung ausmacht: Katastrophen, menschliche Schicksale und Betroffenheit der Zuschauer, aber auch konkrete Personen als Protagonisten der Erzählung, dargestellt als Opfer, Täter, Helden oder Schurken. Darin liegt jedoch stets auch die Gefahr der bewussten oder auch nur fahrlässigen Verfälschung, der Manipulation von Meinungen oder des Verschweigens bestimmter Sachverhalte. Das kann unter anderem auf den besonderen Charakter der „Geschichtenhaftigkeit" zurückgeführt werden, der sich durch die Verknüpfung von Informations- und Unterhaltungswert auszeichnet. Die Aufmerksamkeit für die Geschichten vom Klimawandel hängt eben nicht in erster Linie mit der Validität der zugrunde liegenden Daten zusammen, sondern mit deren „Verpackung".

Um die spezifische Verknüpfung von Inhalt und Verpackung in Klimawandelerzählungen aufzuzeigen, soll im Folgenden auf Überlegungen der narrativ-interpretativen Diskursanalyse zurückgegriffen werden (vgl. Keller et al 2001, 2003). Dieser Ansatz untersucht den Prozess der Narrativisierung und geht dabei der Frage nach, in welcher Weise Ereignisse, Handlungen, Objekte und Personen von individuellen oder kollektiven Akteuren zu einer bedeutungsvollen Narration konfiguriert werden (Viehöver 2001). Er verfolgt das Ziel, rhetorisch-kommunikative Strategien im Verhältnis von (wörtlicher) Textoberfläche und Tiefenstruktur in ausgewählten Texten herauszuarbeiten. Die Zeitspanne der Beobachtung umfasst die Jahre 1990 bis 2009, wobei für den Gesamtzeitraum zunächst lediglich eine Zählung von Artikeln in ausgewählten Printmedien erfolgte und im übrigen auf bereits vorliegende diskursanalytische Arbeiten zurückgegriffen wurde (Viehöver 2003a, b; Pettenger 2007). Differenzierter wurde dann der Zeitraum von Januar 2007 bis Ende Dezember 2009 mittels einer qualitativen Textanalyse in den Blick genommen, die in folgenden Schritten durchgeführt wurde: Der erste Untersuchungsschritt diente der Korpusbildung. Dazu wurden sieben deutsche Printmedien mit unterschiedlichen politischen Positionen ausgewählt, nämlich die Tageszeitungen *Berliner Zeitung*, *Frankfurter Rundschau*, *Süddeutsche Zeitung*, *die tageszeitung* und *Die Welt* sowie die beiden Wochenzeitschriften *Der Spiegel* und *Die Zeit*. Aus den Archiven dieser Zeitungen wurden sämtliche zwischen Anfang Januar 2007 und Ende Dezember 2009 erschienenen Artikel zum Thema Klimawandel zusammengestellt. Dies ergab zunächst eine kaum noch zu überschauende Menge von über 4.000 unterschiedlich langen Texten. Für die Korpusbildung wurde die Zahl der Texte reduziert, indem nur Originalartikel mit einer Länge von mehr als 500 Wörtern Berücksichtigung fanden, während Berichte von Nachrichtenagenturen und kürzere Artikel von der weiteren Auswertung ausgeschlossen wurden. Dadurch ließ sich die Zahl schließlich auf 300 auszuwertende Artikel begrenzen. Im nächsten Schritt wurde dann eine Typisierung von Argumenten in den untersuchten Artikeln vorgenommen, aus der sich bestimmte rhetorische Strategien herausarbeiten ließen. Im Folgenden wird nur zusammenfassend auf die Ergebnisse der Analyse eingegangen, weil eine umfassende Darstellung der Textzitate den Rahmen dieses Beitrages sprengen würde.

Im Klimawandeldiskurs geht es im Kern um eine Neubewertung des Verständnisses von „Natur" bzw. der gesellschaftlichen Naturverhältnisse in der Postmoderne. Aus dieser Perspektive lässt sich der Diskurs als Ensemble miteinander widerstreitender Narrationen mit unterschiedlichen Deutungen von „Natur" verstehen. Er äußert sich in einer Ansammlung von Geschichten, die erzählt werden, um die Bedeutung des Klimas für die Lebensbedingungen auf der Erde zu erklären und dabei zugleich gesellschaftliche Praktiken in eine bestimmte Richtung zu lenken (Viehöver 2003b).

Grundsätzlich lassen sich verschiedene und durchaus auch konträre Funktionen von Narrativen in der Konstitution des Klimawandeldiskurses unterscheiden. Eine wesentliche Funktion besteht darin, dass sie gesellschaftlichen Praktiken und Institutionen eine Legitimierung im Sinne eines „common sense" verleihen, indem sie bestimmte Handlungsoptionen als angemessen und sinnvoll darstellen und andere verwerfen. Wichtig ist dies vor allem dort, wo Entscheidungen und Abwägungen zwischen verschiedenen Alternativen getroffen werden müssen. Nach dem Vorsorgeprinzip werden gegenwärtige Handlungen dadurch gerechtfertigt, dass auf zu vermeidende Gefahren oder negative Konsequenzen in einer mehr oder weniger ungewissen Zukunft verwiesen wird (Renn et al. 2007). Rechtfertigungen sind vor allem für solche Maßnahmen und politischen Entscheidungen erforderlich, die mit Opfern und (zumindest vorübergehenden) Nachteilen für die Betroffenen verbunden sind. Die Maßnahmen zum Klimaschutz sind oftmals mit erheblichen Kosten verbunden und können daher in Teilen der bundesdeutschen Bevölkerung und der internationalen Staatengemeinschaft auf massiven Widerstand stoßen, wie das Scheitern der Kopenhagen-Konferenz im Dezember 2009 in aller Deutlichkeit zeigte. Die Rechtfertigung von Entscheidungen in der Gegenwart durch den Verweis auf abzuwendende Gefahren in der Zukunft wird umso schwieriger, je ungewisser die zukünftigen Bedingungen aus gegenwärtiger Perspektive und nach heutigem Kenntnisstand erscheinen (Weichselgartner 2002).

In diesem Zusammenhang können Narrative auch zu einer Radikalisierung von Argumenten führen, indem sie dazu beitragen, dass in der öffentlichen Wahrnehmung nicht die „normalen" Risiken im Mittelpunkt stehen, sondern Extremereignisse und Katastrophen. Politisches Handeln in der gesellschaftlichen Konfrontation mit einem sozial-räumlich diffusen „Weltrisiko" wie dem Klimawandel wird, so die Kernthese von Beck (2007), zunehmend durch die Antizipation globaler Katastrophen geprägt. Mit anderen Worten: Nicht die realen Ereignisse seien entscheidend, sondern die Erwartung von (und die Angst vor) umwälzenden Ereignissen als Folge globaler Krisen wie beispielsweise dem Klimawandel.

Narrative wirken darüber hinaus stabilisierend auf diskursive Prozesse, indem sie für eine größere Kontinuität von themenzentrierten Interessen und deren Artikulation sorgen. Sie dienen der gegenseitigen Verständigung und Vergewisserung zwischen den am Diskurs Beteiligten, indem sie Gemeinsamkeit erzeugen. Sie erleichtern die Kommunikation über komplexe Problemlagen, indem sie diese auf wenige Kernpunkte reduzieren und dabei letztlich nicht auf eine reine Informationsvermittlung abzielen, sondern auf eine gegenseitige Bestätigung von Meinungen. Insofern bilden sie so etwas wie ordnende Grundlinien für die gesellschaftliche Kommunikation. Verstärkt wird diese Praxis durch eine häufige Wiederholung bestimmter Begriffe, Bilder, Metaphern und Argumentationsmuster, die den Adressaten das Wiedererkennen der damit bezeichneten Sachverhalte erleichtert. Durch die unhinterfragte und implizite Normativität von Aussagen wird zwischen den Beteiligten eines solchen affirmativen Kommunikationsprozesses ein Grundverständnis erzeugt, das in einen breiten gesellschaftlichen Konsens münden und zu einer gemeinsamen Handlungsorientierung werden kann.

Ein weiteres Merkmal in den Narrativen des Klimawandeldiskurses ist die auffällige Bildhaftigkeit der Präsentation des Klimawandels in den Medien, was hier durchaus wörtlich zu verstehen ist. Bilder und Visualisierungen spielen eine wichtige Rolle in der Konstitution des Klimawandeldiskurses, und insofern ist es wichtig, sie in ihrer Ergänzung und Verstärkung sprachförmiger Diskursivität in die Analyse mit einzubeziehen. Bisher ist das in der Diskursforschung erst in Ansätzen geschehen, wie Miggelbrink und Schlottmann monieren (2009). Die Autorinnen verweisen darauf, dass bilddiskursanalytische Perspektiven bisher weder in der Geographie noch in der Diskursanalyse angemessen Berücksichtigung fanden. Die suggestive Logik von Bildern besteht ganz wesentlich darin, dass sie eben gerade dort besonders „realistisch" und „echt" erscheinen, wo man dem geschriebenen oder gesprochenen Wort eher misstrauen mag. Sie vermitteln den Eindruck von Authentizität, von Unmittelbarkeit und Unverfälschtheit und verstärken damit die Glaubwürdigkeit von sprachlichen Aussagen. Dabei blendet die Präsentation von Bildern üblicherweise die Selektivität der Auswahl bzw. des jeweils gezeigten Ausschnitts aus. Bilder tragen somit ganz wesentlich zur Konstitution einer gesellschaftlichen Wirklichkeit bei, die von der Wahrnehmung der Bildbetrachter abhängt. Das bedeutet, dass bildlich-assoziative Darstellungsformen zum Klimawandel bei den Betrachtern aufgrund ihrer unmittelbaren Einsichtigkeit unter Umständen sehr viel wirkmächtiger werden können als differenzierte textliche Ausführungen.

Ein wichtiger Effekt der Bildhaftigkeit der medialen Präsentation der Klimawandeldebatten besteht schließlich noch in deren stabilisierenden Wirkung auf Dispositionen. Gemeint ist damit, dass Bilder stärker als Worte Assoziationen hervorrufen, Emotionen ansprechen und dadurch Grundeinstellungen und Meinungen stützen, die gewissermaßen den Hintergrund dafür abgeben, dass konkrete Sachinformationen und Argumente überhaupt zur Kenntnis genommen und akzeptiert werden. Stabilisierend auf Dispositionen zum Klimawandel wirken Bilder unter anderem durch die häufige Wiederholung und die dadurch erreichte hohe Wiedererkennbarkeit bestimmter Motive. Verstärkt wird dieser Effekt noch durch medienpsychologische Momente wie die Tendenz zur Dramatisierung (Katastrophenfotos zeigen stets die schlimmsten Verwüstungen, nicht den unspektakulären Alltag nebenan), die Konzentration auf „Ikonen" (Eisbär) und die Metaphorik der bildlichen Aussagen (Trockenrisse als Symbol von Wasserknappheit, Tropeninseln als Beispiele für Schäden des Meeresspiegelanstiegs).

3 WIDERSTREITENDE
WISSENSCHAFTLICHE KLIMANARRATIONEN

Die von Heike Egner in der Zeitschrift GAIA gestellte Frage „Wie kam der Klimawandel in die aktuelle Debatte?" (Egner 2007) löste kontroverse Reaktionen aus, die sich vor allem auf die Kommunikation zwischen Wissenschaft und Gesellschaft bezogen. Ein Kernpunkt der Repliken auf den Artikel betraf die Glaubwürdigkeit der Wissenschaft im Klimadiskurs und damit implizit auch die Verantwortung von Wissenschaftlerinnen und Wissenschaftlern für das, was mit ihren Forschungsergebnissen passiert (Lehmkuhl 2008, Reusswig 2008). In dieser Hinsicht relativiert die Autorin in ihrem abschließenden Fazit zu der Debatte in GAIA die Rolle der Wissenschaft (Egner 2008: 337): „Klar ist: Die Art und Weise der Aufbereitung und Kommunikation wissenschaftlicher Ergebnisse durch die Massenmedien ist nicht steuerbar." Ob dies wirklich immer so klar ist, lässt sich mit Blick auf den aktuellen Klimadiskurs durchaus kritisch hinterfragen: Ist es wirklich so, dass Journalisten die Erkenntnisse wissenschaftlicher Arbeiten aufnehmen, filtern, zuspitzen und weitergeben, wie es ihnen gefällt, oder wird die Produktion von Medienberichten gelegentlich auch von Seiten der Wissenschaft provoziert und gezielt beeinflusst?

In der Entwicklung des Klimawandeldiskurses lässt sich recht deutlich erkennen, in welcher Weise die Suche nach Erklärungen für das Phänomen des Klimawandels von Interessengruppen gesteuert wird, die sich beim Versuch, ihre Positionen in der Konkurrenz mit anderen Auffassungen durchzusetzen, gezielt der Medien bedienen. Dies spiegelt sich in den für den Klimadiskurs der vergangenen Jahrzehnte charakteristischen Kontroversen und Brüchen. Verantwortlich dafür waren und sind Auseinandersetzungen um „Wahrheit", die in drei verschiedenen Arenen ausgefochten werden. Die erste Arena liegt im Bereich der Wissenschaft im engeren Sinne, wo Debatten innerhalb und zwischen wissenschaftlichen Expertengemeinschaften ausgetragen werden. Als zweites kommt das Ringen um gesellschaftliche Aufmerksamkeit in der öffentlichen Arena hinzu, das darauf abzielt, Reputation und Forschungsgelder zu gewinnen und damit die Existenz der Einrichtungen abzusichern, zu denen die wissenschaftlichen Expertengemeinschaften gehören. Und erst an dritter Stelle geht es in der öffentlichen Debatte tatsächlich auch um eine Information und Sensibilisierung der Gesellschaft.

Die zunächst langsame Herausbildung des Diskurses in den achtziger und neunziger Jahren bis etwa zur Jahrtausendwende war gekennzeichnet durch das Nebeneinander von zum Teil völlig konträren Vorstellungen über Ursachen, Folgen und Gefahren des Klimawandels (Viehöver 2003a). Die Erkenntnis, dass wir es mit einem von der normalen Variabilität abweichenden Prozess zu tun haben, und dass es sich um ein durch menschliche Eingriffe verursachtes Problem handelt, setzte sich in der Wissenschaft erst im Verlauf der 1990er Jahre durch. Die tabellarische Übersicht der verschiedenen Erklärungsansätze aus dieser Zeit zeigt, welche unterschiedlichen Auffassungen über Ursachen, Verlauf und Folgen diskutiert wurden (Tabelle 1). Die Narrationen „Treibhaus" und „Neue Eiszeit" standen sich über viele Jahre hinweg absolut kontrovers gegenüber, bis sich erst vor

wenigen Jahren die Waagschale der empirischen Belege zugunsten der Treibhaus-
und Erwärmungsthese neigte. Die der Erwärmungsthese entgegenstehende Son-
nenfleckenthese wird zwar heute weniger prominent kommuniziert, aber sie ist
noch keineswegs falsifiziert. Inwieweit zyklische Veränderungen der Sonnenfle-
cken zu den anthropogen induzierten Prozessen beitragen, lässt sich von der Klimaforschung immer noch nicht mit Sicherheit sagen. Eine weitere einflussreiche
wissenschaftliche Erklärung sah das Kernproblem im zunehmenden Aerosolanteil
in der Atmosphäre und fürchtete eine dadurch ausgelöste Abkühlung. Zu ähnlichen Schlussfolgerungen kamen Modelluntersuchungen über plötzliche Veränderungen globaler ozeanischer Zirkulationssysteme, die sogar ein Abreißen des
Golfstroms in Betracht zogen.

Letztlich hat sich im öffentlichen Diskurs über den Klimawandel in den letz-
ten Jahren die Treibhausnarration durchgesetzt. Dafür sind unterschiedliche Er-
folgsgründe zu nennen. Ein wesentlicher Grund liegt sicherlich in der höheren
Plausibilität in Bezug auf die Datenlage. Doch der „Sieg" der Global Warming-
These über die alternativen Erklärungsversuche ist nicht allein auf die „Macht des
Faktischen" zurückzuführen oder auf die Annahme, dass sich die besseren Argumente quasi von selbst durchsetzen. Eine wichtige Rolle spielte auch das gezielte
Glaubwürdigkeitsmanagement der Protagonisten der Treibhausnarration, die sich
in den letzten Jahren gezielt in die öffentliche Debatte einmischten. In Deutschland gehören dazu maßgeblich die großen Klimaforschungsinstitute wie das Pots-
damer Institut für Klimafolgenforschung (PIK) mit seinem Direktor Schellnhuber,
der in dieser Angelegenheit zugleich als Berater der Bundesregierung fungiert. An
diesem Beispiel lässt sich erkennen, dass die Auseinandersetzungen um den Klimawandel und die Generierung neuer Datengrundlagen nicht allein durch eine
wertfreie Suche nach Wahrheit angetrieben werden, sondern dass hier Interessen
eine Rolle spielen, die sich unter anderem in strategischen Allianzen zwischen
Forschungsförderung und Politikberatung niederschlagen.

4 RÜCKKEHR DES
GEODETERMINISMUS IM KLIMAWANDELDISKURS?

Eine populäre Vorstellung, die häufig mit den anthropogenen Ursachen und gesellschaftlichen Folgen des Klimawandels in Verbindung gebracht wird, findet
Ausdruck in der Formulierung: „Die Natur schlägt zurück". Wesentlich ist dabei
die Auffassung von einer aktiv in das Geschehen eingreifenden, selbständig han-
delnden und unberechenbaren Natur.

Der Kinofilm „The Day after Tomorrow" von Roland Emmerich (2004) entwickelt diesen Stoff zu einem beeindruckenden Katastrophenszenario. In der
Handlung des Films spielt sich der Klimawandel innerhalb weniger Tage als
schlagartige Abkühlung in Verbindung mit einer gigantischen Flutwelle ab. Während der Präsident der Vereinigten Staaten auf der Flucht in das Klimaasyl nach
Mexiko ein Opfer der plötzlich über das Land hereinbrechenden neuen Eiszeit
wird, macht sich ein mutiger Geowissenschaftler (!) auf den Weg nach New York,

Kategorie \ Narration	Treib-haus	Neue Eiszeit	Nuk-learer Winter	Klima-paradies	Sonnen-flecken-zyklen	Klima-skepsis
Kernprob-lem des Kli-mawandels	Erwär-mung	Abküh-lung	Abküh-lung	Erwär-mung	zyklische Verände-rung	Kein Problem
Ursachen	CO_2, GHG	Aerosol, Vulkane u. Indust-rie	Kalter Krieg	techni-sche Naturbe-herr-schung	normale zyklische Variabili-tät	KW als „science fiction"
Rhetorisch-kommunika-tive Strate-gien und Ziele	Naturali-sierung und Re-duktion der KW-Proble-matik	pro Atom-energie	pro Ab-rüstung	Optimis-mus	Fatalis-mus	Medien-kritik, Ableh-nung politisier-ter Wis-senschaft
Protago-nisten	„Helden": Wissen-schaft, Institu-tionen, Nationen, Ökobe-wegung	Univ. of Maryland, NASA	Friedens-bewegung	Sozialis-tische Länder (bis 1990)	einzelne Wissen-schaftler, wenig Medien-präsenz	MIT (USA), US-(Bush) Regie-rung

Tabelle 1 *Narrationen des Klimawandeldiskurses seit den 1970er Jahren (tabellarisch zusammen-gestellt nach Viehöver 2003a)*

um nach letzten Überlebenden zu suchen. Diese haben sich in das Innere der Nationalbibliothek zurückgezogen und verheizen dort, um nicht zu erfrieren, den
Buchbestand (sinnbildlich für das gesammelte Wissen der Menschheit). In der
dramatischen Filmgeschichte werden zwei symbolträchtige Motive kontrastierend
eingesetzt. Die Kulisse zeigt die erbarmungslose Übermacht der Natur, die fast
alles menschliche Leben in der Metropole auslöscht. Die Handlung hingegen fokussiert auf einzelne Menschen und ihren Überlebenskampf angesichts der Katastrophe. Der Wissenschaftler triumphiert schließlich über den Politiker, weil er
die Situation richtig beurteilt, adäquat handelt und deshalb in der Lage ist, zwar
nicht die ganze Menschheit, aber immerhin ein paar Überlebende zu retten.

Die Art und Weise, wie der Klimawandel heute in den Medien „erzählt" wird,
zeigt eine gewisse Ähnlichkeit mit den Bildern des Katastrophenfilms. Auch die
massenmedialen Darstellungen thematisieren die Konfrontation des Menschen mit
einer übermächtigen Natur, die als Gefahrenquelle oder als einschränkende Randbedingung begriffen wird. Im Genre des Katastrophenfilms und in den öffentlichen Debatten zum Klimawandel geht es um das gestörte Verhältnis zwischen

Gesellschaft und Natur, das in die gegenwärtige ökologische Krise geführt hat (Becker & Jahn 2006, Görg 2003). Angesichts der unmittelbaren Erfahrung von ökologischer Krise und Klimawandel ist es von zentraler Bedeutung für die gesellschaftlichen Naturverhältnisse, über welche Handlungsspielräume und Gestaltungsmöglichkeiten die Gesellschaft verfügt. Im Katastrophenfilm ist die Antwort einfach: Hier wird das Katastrophenszenario so zugespitzt, dass eine im Grunde ausweglose Situation konstruiert wird, in der die Natur den Gang der Handlung bestimmt und die Menschen nur noch reagieren können.

Im medial vermittelten Klimawandeldiskurs wird das Verhältnis zwischen Gesellschaft und Natur zwar differenzierter dargestellt, aber auch hier lässt sich seit einigen Jahren ein Perspektivenwechsel beobachten. Während früher die anthropogene Verursachung des Klimawandels im Mittelpunkt stand, verlagert sich gegenwärtig das Interesse auf dessen Folgen und die gesellschaftliche Betroffenheit. Die Grundlage dafür ist offensichtlich die von zahlreichen Klimastudien vertretene und im IPCC-Bericht 2007 zusammenfassend dargestellte Aussage, dass die globale Erwärmung mit großer Wahrscheinlichkeit nicht mehr abzuwenden ist, sondern allenfalls bei entsprechenden globalen Anstrengungen zum Klimaschutz auf bestimmte Zielwerte begrenzt werden könnte.

Dieser Perspektivenwechsel hat unmittelbare Auswirkungen auf die gegenwärtig im Rahmen der UN-Klimarahmenkonvention verhandelten klimapolitischen Forderungen. Während im Kyoto-Protokoll von 1997 noch völkerrechtlich verbindliche Zielwerte für den Ausstoß von Treibhausgasen festgelegt wurden, die eine Abpufferung des Klimawandels (Mitigation) erreichen sollten, haben in den Verhandlungen für die Nachfolge des 2012 auslaufenden Abkommens die Bemühungen um eine Anpassung an die nicht mehr zu vermeidenden Auswirkungen des Klimawandels erheblich an Bedeutung gewonnen. Anpassung wird hier jedoch zumeist in einer Weise verstanden, die beispielsweise im IPCC-Bericht 2007 als „response to climatic stimuli" definiert wird. Die hier zum Ausdruck gebrachte Auffassung der Klimaforschung zeigt deutlich geodeterministische Denk- und Argumentationsmuster .

Unter Geodeterminismus lässt sich gemäß der Definition im Lexikon der Geographie eine „blickeinengende fachspezifische Sichtweise" verstehen, hier speziell die Reduktion komplexer sozial-ökologischer Zusammenhänge auf ihren naturwissenschaftlich erfassbaren Teil. Geodeterministische Sichtweisen haben eine lange Tradition, die bis in die Antike zurückreicht. Sie versuchen, kulturelle und gesellschaftliche Sachverhalte mit physisch-geographischen Faktoren zu erklären, insbesondere mit den Gegebenheiten des Klimas. Den größten Einfluss hatte der Geo- bzw. Klimadeterminismus in der Geographie in den ersten zwei Jahrzehnten des 20. Jahrhunderts, als er nicht nur zur Begründung für die Herausbildung unterschiedlicher Lebensformen und unterschiedlicher Möglichkeiten der wirtschaftlichen Entwicklung herangezogen wurde, sondern auch zur Legitimation der bestehenden globalen Herrschaftsverhältnisse, und das hieß damals, zur Rechtfertigung einer „naturgegebenen" europäischen bzw. US-amerikanischen Hegemonie über Menschen in anderen Klimazonen (Peet 1985, Blaut 1999).

Die Argumentation des „klassischen" Geodeterminismus stieß schon seit Beginn des 20. Jahrhunderts zunehmend auf Kritik. Doch in modifizierter Form kommen geodeterministische Sichtweisen immer wieder zum Vorschein. Dies zeigt, dass „das Konzept zwar verdrängt, aber nicht zerstört worden ist, und dass man an einer Rehabilitierung des Klimadeterminismus interessiert ist" (Stehr & von Storch 2000). Gemäßigte Formen geodeterministischen Denkens tauchten auch in der Geographie wiederholt auf. So suchte der Geograph Wolfgang Weischet (1977) nach Erklärungen für die Unterentwicklung und Armut weiter Teile des globalen Südens unter Verweis auf die von ihm so genannte „ökologische Benachteiligung der Tropen". Dafür erntete er heftige Kritik, vor allem von Seiten der sich damals gerade formierenden geographischen Entwicklungsforschung.

Vor diesem Hintergrund mag es erstaunen, dass seit einigen Jahren in den Debatten über den Zusammenhang zwischen gesellschaftlichen Entwicklungen und natürlicher Umwelt neuerlich ein teils sogar offen ausgesprochener Geodeterminismus auftaucht, der bisher auf wenig Kritik in der Fachöffentlichkeit gestoßen ist. Besonders offensiv wird diese Argumentation in zwei einflussreichen Büchern des amerikanischen Bio-Geographen Jared Diamond vertreten. In seinem Buch „Guns, Germs and Steel: The Fates of Human Societies" (1997), für das er den Pulitzer-Preis erhielt, versucht Diamond anhand von Beispielen nachzuweisen, dass Naturfaktoren wesentlich für den Verlauf der Geschichte von Gesellschaften verantwortlich seien („environment molds history"). Zugleich sieht er in diesem Zusammenhang eine Erklärung und sogar eine Rechtfertigung, warum unter den klimatischen Bedingungen der mittleren Breiten, d. h. in Europa und China, die Kulturen entstanden, die sich später im globalen Konkurrenzkampf als überlegen erweisen sollten. Hier wird eine durch und durch geodeterministische Argumentation als Legitimierung für einen krassen Eurozentrismus herangezogen (Blaut 1999). In seinem ebenfalls weit verbreiteten Buch „Collapse: How Societies Choose to Fail or Succeed" (2004) verlagert Diamond die Perspektive auf die Wechselwirkungen zwischen Natur und Kultur und beschreibt, wie gekoppelte sozial-ökologische Systeme durch eine nicht hinreichend an die natürlichen Bedingungen angepasste Nutzung aus dem Gleichgewicht geraten und schließlich zusammenbrechen. Das am Beispiel ausgewählter Fallstudien (z. B. Osterinsel, Maya-Kultur) entwickelte Kernargument von der durch Unangepasstheit ausgelösten ökologischen Katastrophe wird im Argumentationsgang des Buches schließlich auf die gesamte Weltgesellschaft übertragen.

Einen populären Ökologismus im Stil von Jared Diamond vertritt auch das Buch des amerikanischen Wirtschaftshistorikers David Landes (1998) „The Wealth and Poverty of Nations", das die Kolonialgeschichte und die Ursachen für globale Ungleichheit auf den einfachen Faktor „nature's unfairness" reduziert. Und schließlich scheint mit den trivialen Darstellungen des einflussreichen amerikanischen Ökonomen und UN-Sonderberaters Jeffrey Sachs über die vermeintlich „nachteilige Geographie Afrikas" der Geodeterminismus auch in Teilen der Entwicklungsforschung und –politik wieder salonfähig geworden zu sein (Scholvin 2008). Fatal sind diese Darstellungen nicht nur wegen ihrer wissenschaftlichen Fragwürdigkeit, wie McAnany & Yoffee (2010) in einer Sammlung gründlich recherchierter und perspektivenreich argumentierender Fallstudien nachweisen, sondern auch wegen ihrer politischen Konsequenzen, unter anderem in der Entwicklungszusammenarbeit. Hier zeichnet sich bereits ab, dass unter der neuen Zielsetzung „Anpassung an den Klimawandel" ein Paradigmenwechsel stattfindet, durch den die bisherigen sozialpolitisch motivierten Ansätze der Armuts- und Vulnerabilitätsreduktion nun der Stärkung von Resilienz gegenüber klimatischen Veränderungen untergeordnet werden (Cannon & Müller-Mahn 2010).

5 GEODETERMINISMUS UND DER GESELLSCHAFTLICHE UMGANG MIT UNGEWISSHEIT

Zum Schluss sei noch einmal auf die eingangs zitierte These von Stehr & von Storch (2000) zurückgekommen: „Ideengeschichtlich gesehen ist ein großer Teil der heutigen Klimafolgenforschung unverfälschter Klimadeterminismus." Sie wirft die Frage auf, warum deterministische Argumentationsmuster in diesem Kontext überhaupt so einflussreich und erfolgreich werden konnten. Oder anders formuliert: Warum hat deterministisches Denken gerade im Zusammenhang mit dem Klima ein leichtes Spiel, warum wirkt es auf große Teile der Öffentlichkeit so überzeugend? Um eine Antwort auf diese Frage zu finden, sei noch einmal die Beobachtungsperspektive darauf gerichtet, in welcher Weise Wissenschaft, Medien und Öffentlichkeit das Problem des Klimawandels als Risiko adressieren und kommunizieren.

Ein erster Grund für den Erfolg des Geodeterminismus dürfte in der Forschungsorganisation selbst zu suchen sein, speziell in der Klimafolgenforschung. Denkmuster des Klimadeterminismus können sich in dieser außerordentlich dynamischen Forschungsrichtung deshalb so stark entfalten, weil diese eine überwiegend naturwissenschaftliche Orientierung aufweist und nur selten den Blick auf sozial-ökologische Wechselwirkungen richtet. Deterministische Blickeinengun-gen äußern sich dann darin, dass Interaktionen von Klimafaktoren innerhalb von Ökosystemen auf verschiedenen Maßstabsebenen erfasst, in Modelle eingespeist und für Prognosezwecke verwendet werden, dass aber der „Faktor Mensch" hier allenfalls als eine Randbedingung oder als Opfer vorkommt. Diese Tendenz zu deterministischem Denken und Forschen wäre vermeidbar, wenn stärker als bisher sozialwissenschaftliche Expertise in die Forschungen über Klimawandel und Anpassung eingebunden würde, und zwar nicht nur als Datenlieferant für Modellrechnungen, sondern auch bei der Suche nach neuen, nichtdeterministischen Erklärungsansätzen.

Ein zweiter Erfolgsgrund des Geodeterminismus liegt in der Art der Kommunikation wissenschaftlicher Ergebnisse gegenüber Gesellschaft und Politik. Geodeterministische Argumentationsmuster reduzieren komplexe Verursachungszusammenhänge, die dadurch leichter kommunizierbar werden und für Laien plausibel erscheinen. Diese Blickeinengung stellt vor allem solche natürlichen Zusammenhänge in den Mittelpunkt, die mit den Methoden der naturwissenschaftlichen Klimaforschung modellierbar und berechenbar sind. Zugleich werden die unbere chenbaren Zusammenhänge und Prozesse, und das sind in erster Linie solche, die unmittelbar gesellschaftliches Handeln einschließen, systematisch ausgeblendet. Die Fokussierung auf „Natur" und die Naturalisierung sozialer Sachverhalte suggerieren eine Berechenbarkeit von zukünftigen Entwicklungen des Klimas und seiner Auswirkungen auf die Gesellschaft. Verstärkt wird dieser Effekt noch dadurch, dass die großen Einrichtungen der Klimafolgenforschung in den letzten Jahren ein geschicktes Informations- und Aufmerksamkeitsmanagement betrieben haben, das nicht zuletzt auch der Absicherung ihrer eigenen finanziellen Grundlagen diente.

Drittens ermöglichen geodeterministische Szenarien eine Dramatisierung von Sachverhalten und erzeugen daher einen besonderen Handlungsdruck. Damit können sie erfolgreich Aufmerksamkeit und Unterstützung für bestimmte klimapolitische Forderungen mobilisieren. Auffällig ist, dass „worst case" – Szenarien besonders betont werden, ohne dass diese immer hinreichend mit Eintrittswahrscheinlichkeiten verknüpft werden. Dies zeigt sich zum Beispiel bei Prognosen über den erwarteten Meeresspiegelanstieg, die oftmals mit Maximal- statt Wahrscheinlichkeitswerten operieren. Mit einer deterministischen Darstellung wird eine Situation der Auswegelosigkeit bzw. Alternativlosigkeit konstruiert, durch die von vornherein die Beachtung alternativer Gesichtspunkte oder Handlungsmöglichkeiten ausgeblendet werden kann. Die diskursive Konstruktion der Alternativlosigkeit wird besonders deutlich in der Art und Weise, wie bisher die Anpassung an den Klimawandel konzeptualisiert wird.

Geodeterministische Sichtweisen sind, das sollte hier deutlich geworden sein, in mehrfacher Weise problematisch. Sie übersehen die Fähigkeit von Gesellschaften, ihre Umwelt aktiv zu gestalten oder sich an ihre Veränderungen anzupassen. Sie verstehen Anpassung an den Klimawandel mehr oder weniger mechanistisch als „response to climatic stimuli" (IPCC 2007). Damit sind sie blind für andere als umweltwissenschaftliche Faktoren, die eine Rolle für Auswirkungen des Klimawandels und mögliche gesellschaftliche Reaktionen spielen. Sie negieren die Bedeutung von Geschichte, Kultur, Erfahrung, lokalem Wissen und lokalen Kontexten für das Handeln von Menschen. Die Blickeinengung und die geringe Berücksichtigung von gesellschaftlichem Handeln begründen ein völlig unzureichendes Verständnis von Potentialen und Kapazitäten zur Anpassung an den Klimawandel. Das bedeutet zusammenfassend, dass geodeterministische Denk- und Argumentationsmuster im Klimawandeldiskurs nicht nur problematisch sind, sondern auch gefährlich. Sie sind gefährlich, weil sie zu falschen Annahmen über die Risiken des Klimawandels führen.

LITERATUR

Beck, Ulrich (2007): Weltrisikogesellschaft: Auf der Suche nach der verlorenen Sicherheit. Frankfurt am Main.

Becker, Egon und Thomas Jahn (Hg.) (2006): Soziale Ökologie. Grundzüge einer Wissenschaft von den gesellschaftlichen Naturverhältnissen. Frankfurt am Main, New York.

Blaut, James M. (1999): Environmentalism and Eurocentrism. In: Geographical Review, 89 (3): 391–408.

Cannon, Terry und Detlef Müller-Mahn (2010): Vulnerability, resilience and development discourses in context of climate change. In: Natural Hazards (online first: DOI 10.1007/s11069-010-9499-4).

Diamond, Jared (1997): Guns, Germs, and Steel. The Fates of Human Societies. New York.

Diamond, Jared (2004): Collapse. How Societies Choose to Fail or Succeed. New York.

Egner, Heike (2007): Überraschender Zufall oder gelungene wissenschaftliche Kommunikation: Wie kam der Klimawandel in die aktuelle Debatte? In: GAIA 16 (4): 250–254.

Egner, Heike (2008): Sehen, was man nicht sieht. Über „Wahrheit" und die Glaubwürdigkeit der Wissenschaft im Klimadiskurs. Reaktion auf vier Beiträge zum Thema „Deutung des neueren Klimadiskurses". In: GAIA 17 (4): 337–338.

Giddens, Anthony (2008). Klimapolitik. Nationale Antworten auf die Herausforderungen der globalen Erwärmung. In: Transit 36: 7–26.

Glasze, Georg und Annika Mattissek (2009a): Diskursforschung in der Humangeographie: Konzeptionelle Grundlagen und empirische Operationalisierungen. In: Dieselben (Hg.): Handbuch Diskurs und Raum, 11–60, Bielefeld.

Glasze, Georg und Annika Mattissek (2009b): Die Hegemonie- und Diskurstheorie von Laclau und Mouffe. In: Dieselben (Hg.): Handbuch Diskurs und Raum, 153–179, Bielefeld.

Görg, Christoph (2003): Regulation der Naturverhältnisse. Zu einer kritischen Theorie der ökologischen Krise. Münster.

Gregory, Derek (1994): Geographical Imaginations. Oxford.

Hulme, Mike (2009): Why We Disagree About Climate Change. Understanding Controversy, Inaction and Opportunity. Cambridge.

IPCC, Intergovernmental Panel on Climate Change (2007): Climate Change 2007: Impacts, Adaptation and Vulnerability. Contribution of Working Group II to the Fourth Assessment Report of the Intergovernmental Panel on Climate Change, M. L. Parry, O. F. Canziani, J. P. Palutikof, P. J. van der Linden and C. E. Hanson (eds.), Cambridge, UK.

Kasperson, Roger E., Ortwin Renn, Paul Slovic et al. (1988): The social amplification of risk: A conceptual framework. In: Risk Analysis 8: 177–187.

Keller, Reiner, Andreas Hirseland, Werner Schneider und Willy Viehöver (Hg.) (2001): Handbuch Sozialwissenschaftliche Diskursanalyse, Band 1: Theorien und Methoden. Wiesbaden.

Keller, Reiner, Andreas Hirseland, Werner Schneider und Willy Viehöver (Hg.) (2003): Handbuch Sozialwissenschaftliche Diskursanalyse, Band 2: Anwendungsbeispiele. Opladen.

Landes, David S. (1998): The Wealth and Poverty of Nations. Why Some Are So Rich and Some So Poor, New York.

Lehmkuhl, Markus (2008): Weder Zufall noch Erfolg: Vorschläge zur Deutung der aktuellen Klimadebatte. In: GAIA 17 (1): 9–11.

Luhmann, Niklas (1991): Soziologie des Risikos. Heidelberg u. Berlin.

Mattissek, Annika und Paul Reuber (2004): Die Diskursanalyse als Methode in der Geographie – Ansätze und Potentiale. In: Geographische Zeitschrift 92 (4): 227–242.

McAnany, Patricia A. and Norman Yoffee (eds.) (2010): Questioning Collapse. Human Resilience, Ecological Vulnerability, and the Aftermath of Empire. Cambridge, New York.

Miggelbrink, Judith und Antje Schlottmann (2009): Diskurstheoretisch orientierte Analyse von Bildern. In: Georg Glasze und Annika Mattissek (Hg.): Handbuch Diskurs und Raum, 181–189, Bielefeld.

Peet, Richard (1985): The Social Origins of Environmental Determinism. In: Annals of the Association of American Geographers, 75 (3): 309–333.

Pettenger, Mary E. (ed.) (2007): The Social Construction of Climate Change. Power Knowledge, Norms, Discourses. Aldershot.

Renn, Ortwin, Pia-Johanna Schweizer, Marion Dreyer und Andreas Klinke (2007): Risiko. Über den gesellschaftlichen Umgang mit Unsicherheit. München.

Reusswig, Fritz (2008): Strukturwandel des Klimadiskurses: Ein soziologischer Deutungsvorschlag. In: GAIA 17 (3): 274–279.

Scholvin, Sören (2008): Traurige Tropen. Geodeterministische Ansätze zur „Erklärung" von Unterentwicklung erleben ein Revival. In: iz3w 308: 16–19.

Stehr, Nico und Hans von Storch (2000): Von der Macht des Klimas. Ist der Klimadeterminismus nur noch Ideengeschichte oder relevanter Faktor gegenwärtiger Klimapolitik? In: GAIA 9 (3): 187–195.

Stern, Nicholas (2006): The economics of climate change. The Stern review. Cambridge

Viehöver, Willy (2001): Diskurse als Narrationen. In: Reiner Keller, Andreas Hirseland, Werner Schneider und Willy Viehöver (Hg.): Handbuch Sozialwissenschaftliche Diskursanalyse, Band 1: Theorien und Methoden, 177–206, Wiesbaden.

Viehöver, Willy (2003a): Die Klimakatastrophe als ein Mythos der reflexiven Moderne. In: Lars Clausen, Elke M. Geenen und Elisio Macamo (Hg.): Entsetzliche soziale Prozesse. Theorie und Empirie der Katastrophen, 247–286, Münster.

Viehöver, Willy (2003b): Die Wissenschaft und die Wiederverzauberung des sublunaren Raumes. Der Klimadiskurs im Licht der narrativen Diskursanalyse. In: Reiner Keller, Andreas Hirseland, Werner Schneider und Willy Viehöver(Hg.): Handbuch Sozialwissenschaftliche Diskursanalyse, Band 2: Anwendungsbeispiele, 233–269, Opladen.

Weichselgartner, Jürgen (2002): Naturgefahren als soziale Konstruktion. Eine geographische Beobachtung der gesellschaftlichen Auseinandersetzung mit Naturrisiken, Aachen.

Weingart, Peter, Anita Engels und Petra Pansegrau (2002): Von der Hypothese zur Katastrophe. Der anthropogene Klimawandel im Diskurs zwischen Wissenschaft, Politik und Massenmedien. Opladen.

Weischet, Wolfgang (1977): Die ökologische Benachteiligung der Tropen. Stuttgart.

FOKUSSIERUNG II

GRENZEN UND GRENZZIEHUNGEN

BLINDE FLECKEN

Grenzen wissenschaftlicher Gefährdungsabschätzungen
am Beispiel Hangrutschung

Rainer Bell, Kirsten von Elverfeldt und Thomas Glade

1 HANGRUTSCHUNG, GEFAHR UND BEOBACHTUNG

Hangrutschungen können zu Todesfällen und großen Schäden in Form von zerstörten Gebäuden und Infrastruktur, zu blockierten Flüssen und Seebildung mit drohenden Flutwellen führen (für Details jeweils aktueller Hangrutschungsereignisse siehe den Blog von Petley 2008). Hangrutschung wird in diesem Beitrag vereinfachend als Synonym für gravitative Massenbewegungen verstanden, dem eigentlichen Fachbegriff für derartige Phänomene. Bei gravitativen Massenbewegungen handelt es sich um eine hangabwärts gerichtete Bewegung von Fest- und/oder Lockergestein unter Wirkung der Schwerkraft. Diese werden in die Prozesstypen Fallen, Kippen, Gleiten, Driften und Fließen sowie einer Kombination aus diesen unterschieden (vgl. Glade & Dikau 2001, 42; Dikau et al. 1996).

Aus wissenschaftlicher Sicht beschäftigen sich traditionell vor allem die Geomorphologie, Ingenieurgeologie, Geotechnik sowie Boden- und Felsmechanik mit Hangrutschungsprozessen. Daneben gibt es zahlreiche andere Disziplinen, die sich mit den aus Hangrutschungen resultierenden Gefahren und Risiken beschäftigen (Soziologie, Ökonomie, Raumplanung, Psychologie, Rechtswissenschaft, Politik, Forstwissenschaft usw.). Was dabei als eine Hangrutschungsgefährdung oder -gefahr gilt, hängt stark von den Ausgangssetzungen innerhalb der unterschiedlichen Disziplinen ab. Wir legen unserer geomorphologischen Betrachtung ein naturwissenschaftliches Verständnis von Gefährdung, Gefahr und Risiko zu Grunde: Die Gefährdung ist die Anfälligkeit eines Gebietes gegenüber potenziell Schaden verursachenden Prozessen in einer definierten Zeitperiode und einem bestimmten Raum. Unter Gefahr wird die Eintretenswahrscheinlichkeit dieser potenziell Schaden verursachenden Prozesse verstanden und unter Risiko die Eintretenswahrscheinlichkeit der Konsequenzen (z. B. Verletzungen, Tod oder ökonomische Schäden), die durch diese Prozesse verursacht werden können.

Selbst innerhalb einer Disziplin mit weitgehend identischen generellen Ansätzen kommen in verschiedenen Forschungsprojekten unterschiedliche Fragestellungen und Perspektiven auf den Untersuchungsgegenstand vor. Da sich sowohl die Datenerhebung als auch die Auswertung an den verfolgten Fragestellungen orientiert, haben die jeweiligen Daten und Ergebnisse oftmals nur eingeschränkten Nutzen für andere Forschungsprojekte. Das ist nicht wünschenswert, aber offensichtlich unausweichlich, folgt man der diesen Band leitenden beobachtungstheoretischen Perspektive in Anlehnung an Heinz von Foerster (1981). In unserem Fall beginnt jede Beobachtung demnach mit einer Unterscheidung und der gleichzeitigen Bezeichnung des Beobachteten, z. B. „Hangrutschung/keine Hangrutschung" oder „Gefährdung/keine Gefährdung". Jede Beobachtung ermöglicht es, ein Netzwerk weiterer Unterscheidungen aufzubauen und damit Informationen hinsichtlich des Beobachteten zu gewinnen. Somit ist die Anfangsunterscheidung zum einen Bedingung dafür, überhaupt beobachten zu können, zum anderen beschränkt sie zugleich alle weiteren möglichen Beobachtungen. Die Konsequenzen aus dieser recht unspektakulär anmutenden Schlussfolgerung sind weit reichend: Da jede Beobachtung mit einer charakteristischen Unterscheidung operiert, wird bei jeder Beobachtung zwangsläufig etwas anderes nicht beobachtet – so verstanden ist jede Beobachtung, gerade weil sie auf einer die Beobachtung leitenden Unterscheidung basiert, eine (oft nur implizite) Entscheidung für die Betrachtung von etwas und gegen die Betrachtung von etwas Anderem: Wir werden blind für das Andere. Wichtig ist vor allem, dass gerade diese Entscheidung für oder gegen etwas nur rückblickend oder von einem anderen Beobachter gesehen werden kann – sie bilden den blinden Fleck einer jeden Beobachtung. Dieser Gedanke rüttelt an den Grundfesten des (natur-) wissenschaftlichen Verständnisses. Er verweist darauf, dass es keine letztgültige Beobachtung der „Welt an sich" – der Realität – geben kann, denn aus dieser Perspektive ist alles beobachtungs-, d. h. unterscheidungs- und bezeichnungsabhängig, auch diejenigen Elemente, die „so offensichtlich in der Landschaft liegen" wie das Produkt von Hangrutschungsprozessen. In diesem Sinne gibt es keine „richtige" oder „falsche" Beobachtung, kein „objektives wahr" oder „unwahr" der Ergebnisse. Diese Überlegungen zeigen zweierlei: (1) Es gibt keine unterscheidungslose Beobachtung und damit auch keine Beobachtung ohne begrifflichen, konzeptionellen oder theoretischen Hintergrund, an dem sich die verwendete Unterscheidung orientiert oder aus dem sie hervorgeht. (2) In vergleichbarem Sinne gibt es auch keine unterscheidungs- und theorielose Empirie. Auch jene Beobachter, die vermeintlich ohne Theorie auskommen, haben bereits durch ihre spezifische Ausbildung spezifische Vorannahmen getroffen und ein gewisses Gedankengerüst aufgebaut. Dies ist in der Wissenschaft durchaus problematisch, da sie sich ihrer Vorannahmen nicht (mehr) bewusst sind und diese somit auch nicht hinterfragen (können); sie operieren mit so genannten impliziten Theorien (vgl. Egner & v. Elverfeldt 2009).

Angewendet auf unser Beispiel bedeutet dies, dass bei der Kartierung von Hangrutschungen mit dem Ziehen einer Grenze im Kartenblatt entschieden wird, was zur Hangrutschung gehört und was nicht (Beobachtung erster Ordnung auf der „was"-Ebene). Alles andere wird nicht weiter beobachtet[1]. Um verstehen zu

---

1   Die disziplinäre oder innerdisziplinäre Ausbildung ist ein einprägsames Beispiel dafür, wie ein bestimmter Blickwinkel antrainiert wird, der die Beobachtungsvarianz zwangsläufig einschränkt, um spezifische Sachverhalte überhaupt wahrnehmen zu können. Eine Geologin bei-

können, welche Überlegungen zur Abgrenzung der Hangrutschung geführt haben, benötigt man die Beobachtung zweiter Ordnung. Analog verhält es sich bei der Grenzziehung hinsichtlich der Hangrutschungsgefährdung und ihrer Reflexion.

Der Beitrag untersucht anhand der Grenzziehung bei Hangrutschungen das Potenzial der Beobachtungstheorie für die geomorphologische Gefährdungsanalyse. Im Anschluss zeigen wir einen pragmatischen Weg auf, wie trotz des Vorhandenseins von blinden Flecken und der prinzipiellen Unmöglichkeit, allgemeingültige Aussagen über die Realität zu treffen, im Kontext des Anwendungsbezugs eine wissenschaftliche Gefährdungsabschätzung durchgeführt werden kann. Die dargestellten Beispiele stammen überwiegend aus dem intradisziplinären DFG-Forschungsprojekt InterRISK (Integrative Risikoanalyse und -bewertung rezenter Hangrutschungsgebiete der Schwäbischen Alb), in dem ein Team aus Wissenschaftlerinnen und Wissenschaftlern der Geomorphologie, Sozialgeographie, Historischen Geographie und Wirtschaftsgeographie das Ziel verfolgt hat, einen ganzheitlichen Ansatz für die Risikoanalyse und -bewertung von Hangrutschungen in der Schwäbischen Alb zu entwickeln.[2] Wesentliche Grundannahmen vor allem des geomorphologischen Teilprojektes waren, dass a) Hangrutschungen in der Schwäbischen Alb häufig auftreten, und sie jüngeren Alters sind, als bisher gemeinhin angenommen. Daraus resultiert die Annahme, dass b) die Hangrutschungsgefahr höher ist als bislang vermutet. Explizites Ziel war somit, sämtliche Informationen (v. a. historische und geomorphologische) über vergangene Hangrutschungen zu erfassen. Durch die Nutzung historischer Daten wurden beispielsweise auch Ereignisse „kartierbar", die so nicht in der Landschaft oder auf dem Digitalen Geländemodell „erkennbar" waren, aber durch die historischen Informationen lokalisierbar, abgrenzbar und somit kartierbar wurden. Wesentliche Unterscheidungen dieses Projektes waren somit „Hangrutschungen sichtbar ja/nein", „Hangrutschungen historisch erfasst ja/nein", „Hangrutschung datierbar ja/nein", „Gefährdung ja/nein", „Gefahr ja/nein" und „Risiko ja/nein".

spielsweise betrachtet ein spezifisches Gebiet unter anderen Unterscheidungen als ein Hydrologe oder eine Historikerin. Das heißt, die Beobachtung eines Aspektes wird auf Kosten von „Blindheit" gegenüber anderen erkauft (vgl. Wardenga 2008). Liegt z. B. der Fokus in der geomorphologischen Ausbildung auf den gravitativen Prozessen, wird der Blick im Gelände auf Hangrutschungen gelenkt und diese werden auch gefunden; liegt der Fokus auf Bodenerosion, sieht man zunächst überall erodierte Böden und Kolluvien. Wardenga (2001, 19) prägte den Begriff der „Wahrnehmungsdressur", der dieses Phänomen gut beschreibt und das sich nicht nur in der Wissenschaft, sondern auch im alltäglichen Leben beobachten lässt.

2   Aufgrund des intradisziplinären Ansatzes wurden im Forschungsprojekt InterRISK sowohl naturwissenschaftliche als auch sozialwissenschaftliche Definitionen von Gefahr und Risiko nebeneinander verwendet (siehe auch Bell 2007). Für diesen Beitrag sind die eingangs angegebenen naturwissenschaftlichen Definitionen ausreichend.

2 DIE FRAGE DER OBJEKTIVITÄT
BEI HANGRUTSCHUNGSKARTIERUNGEN

Die Anfertigung von Hangrutschungsinventaren, d. h. die Zusammenstellung räumlich und, wenn möglich, zeitlich verorteter Hangrutschungsereignisse durch die Kartierung einzelner Ereignisse, ist eine essenzielle Vorarbeit für die Gefährdungsabschätzung von Hangrutschungen. Welche Parameter letztlich zur Erstellung von Hangrutschungsinventaren herangezogen werden und wie die Hangrutschungen im Rahmen von Kartierungen schließlich abgegrenzt werden, hängt jedoch von vielfältigen Faktoren ab, z. B. der Zielsetzung eines Forschungsprojektes (d. h. der Ausgangsentscheidung für sämtliche folgende Untersuchungen), den zur Verfügung stehenden personellen und finanziellen Ressourcen sowie den vorhandenen Geobasisdaten. Aus den jeweiligen Rahmenbedingungen resultieren dann die gewählte Untersuchungsmethode, der Kartiermaßstab und die eingesetzte Kartierlegende.

2.1 Drei Beobachter, drei Beobachtungen

Doch selbst bei ähnlichen Ausgangsunterscheidungen ist die Kartierung von Hangrutschungen variabel, da beobachterabhängig. Hinzu kommt, dass junge Hangrutschungen vom geomorphologisch geschulten Beobachter relativ einfach erkannt und abgegrenzt werden können (Stichwort: „Wahrnehmungsdressur", vgl. Wardenga 2001, 19), dies jedoch bei älteren Hangrutschungen schwieriger ist, da die einst deutlichen Strukturen wie Stauchwülste, Anrisse und Klüfte auf Grund von Erosion, Ansiedlung von Vegetation und anthropogener Überprägung immer stärker verblassen (vgl. auch McCalpin 1984, zitiert nach Keaton & DeGraff 1996). Im Allgemeinen gilt, dass die geomorphologischen Strukturen bei kleinen Hangrutschungen für gewöhnlich schnell wieder aus dem Gelände verschwunden sind, wohingegen dies mit zunehmender Größe der Hangrutschung länger dauert. Dies ist jedoch kein zwingender Zusammenhang, da die Überdauerung von Strukturen beispielsweise auch von der Erosivität des Klimas (z. B. Stärke und Häufigkeit von Niederschlägen) und Erodibilität (hohe oder niedrige Widerstandsfähigkeit des Untergrundes gegenüber Erosion) abhängt. Brunsden (1993) spricht in diesem Zusammenhang von der Persistenz (Lebensdauer) der Reliefformen.

Wie stark das Erkennen von Hangrutschungen, insbesondere älterer Formen, von der kartierenden Person, ihren generellen Kartierungserfahrungen sowie ihren speziellen Kenntnissen im ausgewählten Untersuchungsgebiet abhängig ist, wird in Abbildung 1 deutlich. Die dargestellten Hangrutschungsinventare sind mit dem Ziel, die Hangrutschungsgefährdung zu erfassen, unabhängig voneinander von drei unterschiedlichen Geomorphologenteams im Rahmen von zwei Forschungsprojekten erstellt worden. Trotz der sehr ähnlichen Ausgangsbedingungen machen die Unterschiede zwischen allen drei Datensätzen bis zu achtzig Prozent aus (Ardizzone et al. 2002). Aus beobachtungstheoretischer Sicht lässt sich keine Aussage darüber treffen, welcher Datensatz der bessere (im Sinne von: „realistischere")

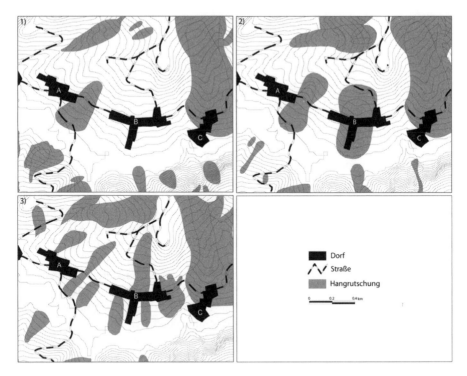

Abbildung 1 *Varianz der Hangrutschungsinventare, die von drei Gruppen unabhängig voneinander erstellt wurden (nach Ardizzone et al. 2002). Am deutlichsten werden die Unterschiede an Ortschaft B sichtbar. Während in (1) die Siedlung gar nicht von Hangrutschungen betroffen ist, kommen die Geomorphologinnen und Geomorphologen in (2) zur Erkenntnis, dass fast die ganze Siedlung auf einer großen Hangrutschung gegründet wurde. In (3) kam das dritte Team zu dem Schluss, dass zwar auch große Teile der Ortschaft betroffen sind, dies aber durch drei unterschiedliche Hangrutschungen.*

ist, wohl aber darüber, welcher zum gegenwärtigen Zeitpunkt als viabel[3] und pragmatisch nutzbar erscheint.

2.2 Die Bedeutung der Ausgangsunterscheidung
für die Beobachtung von Hangrutschungen

Anhand von ausgewählten Studien und Datensätzen verschiedener Hangsrutschungsinventare aus der Schwäbischen Alb, die im Rahmen des InterRISK-Projekts zusammengetragen und in eine Datenbank eines Geographischen Informationssystems übertragen wurden, lässt sich verdeutlichen, welche Relevanz der

---

3   Mit dem Begriff der Viabilität bezeichnet Ernst von Glasersfeld (1996, 43) jene Handlungen, Begriffe und begriffliche Operationen, die „zu den Zwecken oder Beschreibungen passen, für die wir sie benutzen".

grundlegenden Perspektive einer Studie (Ausgangsunterscheidung) für die in der Studie gefundenen Ergebnisse zukommt. Die nachfolgenden Analysen wurden vor dem Hintergrund der eingangs dargelegten Grundannahmen von InterRISK durchgeführt, um die Eignung der jeweiligen Datensätze für das Projekt beobachtungstheoretisch zu überprüfen.[4]

a) Ausgangsunterscheidung: Dominanz von Prozessen

Dongus' (1977) geomorphologische Kartierung der Schwäbischen Alb hatte zum Ziel, die generellen Prozessbereiche in einem gröberen Maßstab komplett zu erfassen. In seinen geomorphologischen Karten 1:100.000 weist er pleistozäne bis holozäne Bergrutsch- und Bergsturzformen und Sturzschutthalden aus. Dem Ziel (und dem inhärenten Maßstab seiner Arbeit) entsprechend hat Dongus dabei nicht einzelne Rutsch- oder Sturzkörper kartiert, sondern vielmehr Hangrutschungsprozessbereiche, die in den Oberhangbereichen häufig von denudativen Prozessbereichen begrenzt sind und zudem von fluvialen Prozessbereichen durchschnitten sein können. Ein Hangrutschungsprozessbereich stellt den Bereich eines Hanges dar, in dem Hangrutschungsprozesse gegenüber anderen Prozessen dominieren. Aus der Perspektive der Beobachtung zweiter Ordnung zeigt sich insofern, dass in der geomorphologischen Kartierung von Dongus (1977) die Ausgangsunterscheidung „dominanter Prozess/nicht-dominanter Prozess" die Grundlage aller weiteren Beobachtungen bildet. Die mit dem gewählten Maßstab einhergehende notwendige Generalisierung führte Dongus im Bereich der Hänge über die Folgeunterscheidungen „Hangrutschungsprozessbereich ja/nein", „denudative Prozesse ja/nein", „fluviale Erosion ja/nein" zur Ausweisung größerer zusammenhängender Bereiche. Da die Grundlage dieser Arbeiten also nicht die Unterscheidung „Hangrutschung/keine Hangrutschung" ist, können in den Hangrutschungsprozessbereichen mehrere Hangrutschungen zusammen ausgewiesen sein. Darüber hinaus wurden entsprechend der Zielsetzung der Studie die einzelnen Hangrutschungen nicht anhand wahrgenommener Parameter begrenzt.

Eine weitere, vermutlich eher implizite Unterscheidung scheint Dongus mit der Differenzierung „Hangrutschungen vermutet/Hangrutschungen nicht vermutet" getroffen zu haben. Dies hat zur Folge, dass sich die kartierten Hangrutschungsprozessbereiche vorwiegend im Albtraufbereich befinden. In den engen Flusstälern hingegen sowie im Bereich der Donau hat Dongus keine Dominanz der Hangrutschungsprozesse festgestellt.

---

4   Diese Überprüfung war nicht Bestandteil des Projekts, sondern erfolgte später zur Untersuchung des Potenzials der Beobachtungstheorie für die entsprechende Fragestellung.

b) Ausgangsunterscheidung: Relevanz der Hangrutschung für die Forstwirtschaft

Die forstliche Standortkartierung (1:10.000), die dem Forschungsprojekt Inter-RISK von der Forstlichen Versuchs- und Forschungsanstalt Baden-Württemberg (FVA) mit Stand von 2006 digital zur Verfügung gestellt wurde, teilt rutschgefährdete Flächen in drei Klassen: akute Rutschgefährdung, Rutschhang in Ruhe und latente Rutschgefährdung. Kriterien für die Zuweisung der Rutschgefährdung zu einer der drei Klassen stellen geomorphologische Aspekte, Veränderungen im Pflanzenwuchs sowie Informationen über das Ausgangsmaterial dar.

Hauptziel der forstlichen Standortkartierung ist die Aufnahme sämtlicher Informationen, vor allem bodenkundlicher Art, die die Basis für eine optimal angepasste und nachhaltige forstliche Bewirtschaftung darstellen. Die Ausgangsunterscheidung ist somit „für eine nachhaltige forstliche Bewirtschaftung relevant/für eine nachhaltige forstliche Bewirtschaftung nicht relevant". Demzufolge ist die Kartierung von Hangrutschungen nur ein Aspekt von vielen, die miterfasst werden: Es spielen verschiedene bodenkundliche und forstwissenschaftliche Folgeunterscheidungen eine Rolle (z. B. „Bodentyp 1/nicht Bodentyp 1", „Bodentyp 2/ nicht Bodentyp 2"), bis schließlich – untergeordnet – auch Hangrutschungsunterscheidungen aufgenommen werden. Dies führt teilweise dazu, dass die kartierten Flächen beispielsweise nur Teile von Hangrutschungen oder mehrere Anrissgebiete auf einmal erfassen. Da eine der für die forstliche Standortkartierung wesentliche Folgeunterscheidung die Unterscheidung „Forst/Nicht-Forst" ist, wird zudem fast nur Staatsforst kartiert, nicht aber Privatwald oder nicht bewaldete Flächen. Daher werden die Hangrutschungsgebiete unter Umständen plötzlich „abgeschnitten", etwa dann, wenn die Hangrutschung in einen Privatwaldbereich oder in einen waldfreien Bereich hineinreicht (siehe Abbildung 2 A). Dies ist auch der Grund, warum die Ablagerungsgebiete meist unberücksichtigt bleiben, da diese sich oft außerhalb bewaldeter Bereiche befinden.

Auch in diesem Beispiel wird deutlich, wie Kartierungen von der Ausgangsunterscheidung, aber auch von daran anknüpfenden Folgeunterscheidungen geprägt werden. Andere als die oben genannten naturräumlichen Bedingungen oder auch mögliche weitere geomorphologische Prozesse kommen in dieser Kartierung nicht vor. Dadurch kommt es zu den bereits oben beschriebenen Abgrenzungen von Hangrutschungen, die für die Geomorphologie oft uneindeutig und daher von nur begrenztem Nutzen sind. In der zitierten Studie spielt die Hangrutschungsgefährdung lediglich dann eine Rolle, wenn sie die forstwissenschaftliche Perspektive betrifft (siehe Unterscheidung „forstwirtschaftlich relevant/forstwirtschaftlich nicht relevant").

c) Ausgangsunterscheidung: Größe der Hangrutschung

In den Geologischen Karten 1:25.000 (GK 25) wurden lange Zeit lediglich quartäre Schuttablagerungen ausgewiesen, die unter anderem periglaziale Schuttdecken, Schutthalden, aber auch Hangrutschungen darstellen konnten. Hangrutschungen wurden nicht eigens erfasst, abgegrenzt oder ausgewiesen. Im Vordergrund stand die Rekonstruktion der geologischen und lithologischen Einheiten im Untergrund. In der Konsequenz wurde quartärer Schutt in den Hangbereichen häufig sehr großzügig kartiert. Lediglich sehr große Rutschschollen wurden gelegentlich erfasst. An die Ausgangsunterscheidung „quartäre Schuttablagerung/keine quartäre Schuttablagerung" schloss also in früheren Arbeiten nur im Falle von sehr großen Rutschschollen die Zusatzunterscheidung „relevante (große) Hangrutschung/irrelevante (kleine) Hangrutschung" an. Erst in jüngerer Zeit hat die Unterscheidung „Hangrutschung/keine Hangrutschung" stark an Bedeutung gewonnen, so stark, dass in neueren Geologischen Karten (z. B. GK 25 Blatt 7324) Hangrutschungen explizit ausgewiesen werden, wobei der Fokus auch hier nach wie vor auf größeren Ereignissen liegt.

d) Ausgangsunterscheidung: Hangrutschung ja/nein

An der Universität Tübingen wurden in der Arbeitsgruppe von Erhard Bibus und Birgit Terhorst im Wesentlichen zwei größere Hangrutschungsinventare erhoben (vor allem von Kraut 1995, 1999; Kallinich 1999). Kallinich (1999) erfasste im Rahmen seiner Übersichtskartierungen von Massenverlagerungen (1:50.000) für ausgewählte Untersuchungsregionen am Albtrauf vor allem die Verebnungsbereiche alter großer Rotationsrutschungen, die durch einige aktuelle, vorwiegend kleinere Rutschungen in ihrem Umfeld sowie durch 14 größere rezente Rutschungen ergänzt wurden. Darauf basierend ermittelte Kallinich Verbreitungsmuster und Häufigkeiten von Hangrutschungen in Abhängigkeit von verschiedenen Geofaktoren. Er berechnete einen Aktivitätsindex, der sich aus dem Quotienten der Gesamtbreite aller rezenten Rutschungen und der Länge des Albtraufs im ausgewählten Bereich ergibt. Bei dieser Kartierung steht die Unterscheidung „Hangrutschung/keine Hangrutschung" im Vordergrund. Allerdings hatte Kallinich (1999) vermutlich das Ziel, die Hangrutschungen auf regionaler Skale möglichst umfassend und komplett zu kartieren, nicht aber, diese Rutschungen in ihren Ausmaßen auch möglichst genau zu erfassen. Somit war wahrscheinlich letztlich die Unterscheidung „im Gelände schnell und effizient kartierbar/nicht schnell und effizient kartierbar" maßgeblich. Da Verebnungsbereiche in bestimmten Hangpositionen der Schwäbischen Alb relativ zuverlässig auf Rotationsrutschungen hinweisen, war eine der verwendeten Folgeunterscheidungen „Verebnungsbereich/kein Verebnungsbereich" – nicht aber „Hangrutschungsgrenze/keine Hangrutschungsgrenze". Die variierende Abgrenzung der von Kallinich kartierten Hangrutschungen steht somit in Abhängigkeit von ihrem Kartierungsaufwand. Eventuell spielte auch die wahrgenommene Bedeutung der jeweiligen Hangrutschung eine Rolle. So wurden die kleinen rezenten Rutschungen lediglich mit einer Pfeilsignatur kartiert, die großen rezenten Rutschungen dagegen mit dem genauen Rutschkörper erfasst. Ein Ausschnitt des Datensatzes ist in Abbildung 2 B dargestellt.

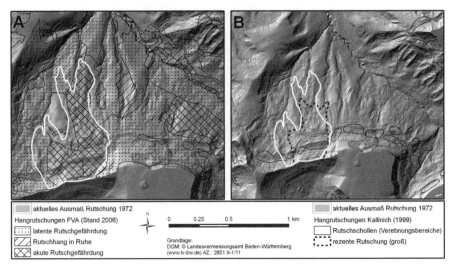

Abbildung 2 Unterschiede in den Hangrutschungsinventaren auf Basis der forstlichen Standort-
karte (A), nach Kallinich (1999), und auf Basis einer eigenen Kartierung (in weiß; siehe B) mittels
hochaufgelöstem DGM, Geländebegehung und der Kartierung von Fundinger (1985). In A wird
die fehlende Kartierung in Bereichen des Privatwalds deutlich. Abbildung B gibt die Unterschiede
in der Kartierung der Verebnungsbereiche der Rutschschollen im Vergleich zur Kartierung der
gesamten Rutschungskörper wieder. Zudem sind bei der Kartierung der großen rezenten Rutschung einige Abweichungen zu erkennen, die nur zum Teil auf Probleme der Georeferenzierung
zurückführbar sind.

2.3 Die Bedeutung blinder Flecke für Folgeuntersuchungen

Auch beim Aufbau der Hangrutschungsdatenbank von Kraut (1995, 1999) steht
die Leitunterscheidung „Hangrutschung/keine Hangrutschung" klar im Vordergrund. Kraut wertete wissenschaftliche Literatur, neuere geologische Diplom- und
Doktorarbeiten sowie forstliche Standortkarten aus. In der daraus resultierenden
Hangrutschungsdatenbank sind die einzelnen Rutschkörper punktförmig verortet
und mit Informationen zur Geologie, Geomorphometrie, Geomorphologie und
Hydrologie versehen. Letztere wurden aus der Topographischen Karte 1:25.000
abgeleitet.

Kraut hat bei der Erstellung ihrer Datenbank auf bestehende Arbeiten und deren Abgrenzungen zurückgegriffen und selbst keine neuen Hangrutschungskartierungen vorgenommen. Zwar würden auch diese neuen Beobachtungen wiederum
blinde Flecken aufweisen, zugleich wäre aber weitestgehend gewährleistet, dass
die Unterscheidungen der Fragestellung und die Unterscheidungen der Kartierung
eine gewisse Passung aufweisen. Da von Foerster's Beobachtungstheorie bisher
noch keine Anwendung in der Geomorphologie gefunden hat, konnte auch Kraut
die genutzten Daten nicht in Hinblick auf ihre Aussagefähigkeit für ihre Aus-

gangsunterscheidungen überprüfen. In der Konsequenz übernimmt Kraut nicht nur die Originalbeobachtungen, sondern auch ihre blinden Flecken – beispielsweise beschränkt sie sich bei den forstlichen Standortkarten auf die Übernahme der als „aktive Rutschgefährdung" gekennzeichneten Ereignisse. Die Eigenschaften dieser Quelle sind weiter oben bereits beschrieben worden. Die meisten Hangrutschungen aus der geologischen Literatur stammen aus der Doktorarbeit von Borngraeber (1993), dessen Daten auch Eingang in die geologischen Karte GK 25, Blatt 7324, gefunden haben und in diesem Rahmen ebenfalls zuvor beschrieben wurden. In der von Kraut (1995 und 1999) ausgewerteten wissenschaftlichen Literatur liegt der Fokus ebenfalls überwiegend auf den größeren Ereignissen. Abbildung 3 zeigt zusammenfassend und vergleichend wie groß die Unterschiede zwischen den einzelnen Hangrutschungsinventaren sein können.

2.4 Gefährdungsabschätzung ohne Objektivität?

Eines der Ziele von Hangrutschungskartierungen ist es, eine Abschätzung des Gefährdungspotenzials eines bestimmten Gebietes für eine bestimmte Zeitperiode vorzunehmen, d. h. die Anfälligkeit dieses Gebietes gegenüber Hangrutschungen zu ermitteln. Das wird beispielsweise mittels statistischer Verfahren auf der Grundlage verschiedener Informationen versucht. Die resultierende Gefährdungskarte ist stark von den Eingangsparametern (z. B. Geologie, Hangneigung, Landnutzung) abhängig, insbesondere jedoch von den genutzten Hangrutschungsinformationen, die, wie in den vorherigen Kapiteln gezeigt, sehr unterschiedlich sein und einander zum Teil eklatant widersprechen können. Das schafft bei der Gefährdungsabschätzung eine widersprüchliche Situation: Unter einer beobachtungstheoretisch fundierten Perspektive kann keine endgültige Aussage darüber getroffen werden, welche der Beobachtungen, Wahrnehmungen und Messungen richtig oder falsch sind; dennoch muss oder soll eine Aussage über das Gefährdungspotenzial getroffen werden. Um zu Ergebnissen zu gelangen, die einerseits den wissenschaftlichen Ansprüchen einer logischen Kohärenz sowie der Transparenz und Nachvollziehbarkeit genügen und die andererseits der Erkenntnis gerecht werden, dass jede Beobachtung unterscheidungsabhängig ist und blinde Flecken aufweist, ist die systematische Beobachtung der in Frage stehenden Beobachtungen hilfreich und unabdingbar. Denn mit Hilfe einer Beobachtung zweiter Ordnung kann begründet und vergleichend nachvollzogen werden, welche Inventare in welchem Maße zu einer Antwort auf die Frage nach der Gefährdung durch Hangrutschungen beitragen können. Die nachfolgenden Bewertungen der Eignung der verschiedenen Datensätze für eine Gefährdungsanalyse wurden ebenfalls vor dem Hintergrund der in InterRISK getroffenen Grundannahmen durchgeführt und sind demnach vor allem im Rahmen dieses Forschungsprojektes gültig. So führt beispielsweise die Annahme, dass die Hangrutschungsgefahr in bisherigen Studien unterschätzt wurde, in der Analyse vorhandener Inventare zwangsläufig zu dem Fokus „Vollständigkeit" der Kartierungen. Für InterRISK stellt dies bedingt durch die Fragestellung ein wesentliches Gütemaß für die Daten dar, ist aber für

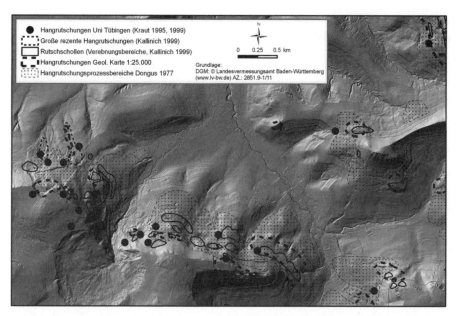

Legende:
- ● Hangrutschungen Uni Tübingen (Kraut 1995, 1999)
- Große rezente Hangrutschungen (Kallinich 1999)
- Rutschschollen (Verebnungsbereiche, Kallinich 1999)
- Hangrutschungen Geol. Karte 1:25.000
- Hangrutschungsprozessbereiche Dongus 1977

N
0   0.25   0.5 km

Grundlage:
DGM: © Landesvermessungsamt Baden-Württemberg
(www.lv-bw.de) AZ.: 2851.9-1/11

Abbildung 3 Unterschiede in den Hangrutschungsinventaren der Universität Tübingen (Kallinich 1999 sowie Kraut 1995 und 1999), der Geologischen Karte (GK 25) und von Dongus (1977).

andere Arbeiten unter Umständen völlig irrelevant. Jede vorgenommene Bewertung in der Eignungsprüfung der verschiedenen Datensätze als „gut", „besser" oder „schlechter" bezieht sich also allein auf diese Fragestellung.

Das Hangrutschungsinventar nach Dongus (1977) weist zwar infolge der oben beschriebenen unterschiedlichen Ausgangs- und Folgeunterscheidungen einige, für die Gefährdungsanalyse durchaus gravierende Nichtbeobachtungen auf. In eingeschränkter Weise eignet es sich aber dennoch zur Erstellung von Hangrutschungsgefährdungskarten. So erfasst das Inventar die Verbreitung der Hangrutschungsprozessbereiche im Albtraufbereich bzw. die Anfälligkeit dieses Bereiches generell sehr gut. In den engen Flusstälern, die sich in die Schwäbische Alb hineinziehen, im Bereich der Donau sowie im Albvorland – die wesentlichen blinden Flecken der Untersuchungen von Dongus – wird die Analyse in Abhängigkeit von der Parameterwahl dagegen etwas schwieriger: Da dort bei Dongus (1977) keinerlei Hangrutschungsprozessbereiche kartiert worden sind, müssten diese eigentlich als stabil angenommen werden.

Aus dem Hangrutschungsinventar auf der Basis der Forstlichen Standortkartierung sind nur die Bereiche für eine Gefährdungsanalyse nutzbar, die als „aktive Rutschgefährdung" oder als „Rutschhang in Ruhe" ausgewiesen sind. Der große Vorteil dieses Datensatzes ist, dass er für das komplette Untersuchungsgebiet verfügbar ist und somit auch die engen Flusstäler, die Donaubereiche sowie das Albvorland mit erfasst. Allerdings liegen die Daten nur im bewaldeten Bereich und auch dort nur für den Staatsforst vor; nicht bewaldete Flächen wurden aufgrund der Ausgangsunterscheidung nicht betrachtet. Das schränkt die Eignung dieses Inventars für die Gefährdungsabschätzung ein.

Das Hangrutschungsinventar auf Basis der GK 25 ist selbst für die begrenzte Region, für die diese Daten vorliegen, zu lückenhaft, als dass damit verlässliche Gefahrenkarten produziert werden könnten. Aus Sicht einer statistischen Gefährdungsmodellierung sind die kartierten Rutschungen in der geologischen Karte sogar eher störend, da sie die eigentliche geologische Information verdecken, die in die Analyse mit eingehen soll, so dass für solche Analysen zuerst hangrutschungsfreie geologische Karten konstruiert werden müssten.

Die Hangrutschungsdatenbank auf Basis von Kraut (1995, 999) weist nur Punktinformationen auf, die zudem zu ungenau lokalisiert sind, um eine verlässliche Gefährdungsmodellierung zu ermöglichen. In dem Datensatz von Kallinich (1999) bieten sich generell nur die kartierten Rutschschollen an, alle anderen weisen eine zu geringe Anzahl oder ebenfalls nur Punktinformationen auf. Für die kartierten Rutschschollen würde sich im Zuge einer statistischen Gefährdungsmodellierung ein geomorphologisch unsinniges Ergebnis einstellen, da auf Grund der Fokussierung auf die Verebnungsbereiche genau diese ebenen Bereiche als hochgefährdet ausgewiesen werden würden und nicht die steileren Hangbereiche.

3 TROTZDEM:
LÖSUNGSANSÄTZE FÜR DIE GEFÄHRDUNGSABSCHÄTZUNG

Für die anwendungsorientierte Forschung besteht das skizzierte beobachtungstheoretische Dilemma darin, dass keine Aussagen über die „wahre Gefährdung" getroffen werden können. Dies erschwert zunächst die Kommunikation mit den (politischen) Entscheidungsträgern, deren Aufgabe genau darin besteht, möglichst gültige Entscheidungen zu treffen und Sicherheit zu gewährleisten. Die Hoffnung oder gar Forderung, durch Gegenmaßnahmen im Rahmen eines vorsorgenden Risikomanagements endgültige Sicherheit zu erlangen, kann aus beobachtungstheoretischer Perspektive nicht erfüllt werden. Ein Beispiel für diesen Sachverhalt ist in Abbildung 1 dargestellt. Gäbe es jeweils nur eine gültige Kartierung von den Hangrutschungen, so wäre die Entscheidung relativ einfach zu treffen, ob und welche Gegenmaßnahmen z. B. für Ort B durchzuführen sind. In dem Moment, wo zwei oder mehrere Kartierungen vorliegen, die zu unterschiedlichen Ergebnissen kommen, kann aus einer erkenntnistheoretischen Sicht nicht entschieden werden, welche der Kartierungen nun „richtig" oder „falsch" oder auch nur „besser" oder „schlechter" sein sollte. Auf dieser Grundlage ist es schwierig, eindeutige Vorschläge zu machen oder Entscheidungen zu treffen.

Dennoch muss man sich nach wie vor um geeignete Ansätze und „Lösungswege" bemühen. Diese jedoch müssen das Wissen um die Kontingenz aller Gefährdungsabschätzungen und um die blinden Flecken auch wissenschaftlicher Beobachtungen in Rechnung stellen. Für das Beispiel der Schwäbischen Alb lassen sich dann zwei Lösungsansätze ableiten, die über die Limitationen der diskutierten Hangrutschungskartierungen deutlich hinausgehen: (1) Die Kombination verschiedener vorhandener Datensätze und/oder (2) die Erstellung eines neuen eigenen, an die konkrete Fragestellung angepassten Datensatzes.

3.1 Kombination verschiedener Datensätze

Durch Kombination der Datensätze von Dongus (1977) und der Forstlichen Standortkartierung, die jeweils unterschiedliche, für die neue Fragestellung relevante blinde Flecken aufweisen, können die aus den jeweiligen Ausgangsunterscheidungen resultierenden Nichtbeobachtungen zumindest an die geänderte Fragestellung angepasst werden (vgl. Bell 2007). Während die Daten der Forstlichen Standortkartierung das Nichtbeobachtete von Dongus im Bereich der engen Flusstäler, der Donau sowie im Albvorland verringern, ergänzt der Dongus-Datensatz jene Bereiche in den unbewaldeten oder mit Privatwald bestandenen Gebieten im Bereich des Albtraufes, die in der Forstlichen Standortkartierung nicht betrachtet wurden. Die Gefährdungskarten, die aus dem Dongus-Datensatz und aus dem kombinierten Datensatz hervorgehen, sind in Abbildung 4 dargestellt. Sie zeigt (A), wie es unter Verwendung des Dongus-Datensatzes und einer bestimmten Parameterkonstellation zu einer – aus unserer Perspektive – „Überbetonung" der Gefährdung des Albtraufbereichs kommen kann. Trotz sehr guter statistischer Gütemaße zeigt die Abbildung deutlich die geringe geomorphologische Güte, da neben den steileren Hangbereichen selbst die flachen Flussauen mit einer hohen Hangrutschungsgefährdung ausgewiesen werden. Demgegenüber beschränken sich in Abbildung 4 (B) die Bereiche mit hoher Gefährdung auf die Hanglagen; die Flussaue ist in diesem Bereich noch als gering gefährdet ausgewiesen, da sich einzelne Rutschungen bis in die Flussaue hinein erstrecken. Diese Karte zeigt trotz der etwas geringeren statistischen Gütemaße eine sehr hohe geomorphologische Güte auf und kann somit – im Rahmen der Fragestellung – als „beste" Karte für das Gesamtgebiet der Schwäbischen Alb dienen (für Details siehe Bell 2007).

Die Ergebnisse von Bell (2007) zeigen das Potenzial, das in der Kombination verschiedener Datensätze liegen kann. Allerdings sind die Datensätze oftmals so unterschiedlich, dass sie sich nur schwer kombinieren lassen. So konnten bei der Verschneidung der Daten auch nicht sämtliche der oben vorgestellten Inventare integriert werden. Darüber hinaus können kombinierte Datensätze zwar ursprünglich Nichtbeobachtetes in die Beobachtung einschließen, dies jedoch stets auf Kosten der Nichtbeobachtung anderer Aspekte. Anders formuliert: Durch schlichte Anhäufung von Wissen kommt man der Realität nicht automatisch näher. Wenn also vorgeschlagene Lösungsansätze funktionieren und sich somit als viabel erweisen, sagt dies nichts über ihre „Wahrheit" der Lösung aus: „Das Funktionieren ist ein Beleg für das Funktionieren" (von Foerster & Pörksen 2006, 31), nicht ein Beleg für die Wahrheit.

3.2 Die Erstellung eigener, fragestellungsbezogener Datensätze

Aufgrund der großen Variationen in den verschiedenen Hangrutschungsinventaren für die Schwäbische Alb wurden von Brennecke (2006) im Rahmen des Forschungsprojektes InterRISK für einen 80 km² großen Ausschnitt der Schwäbischen Alb Hangrutschungen auf Basis eines hochaufgelösten Digitalen Geländemodells (DGM) kartiert. Gestützt durch Luftbildinterpretationen wurden insgesamt 525 Hangrutschungen abgegrenzt, zusätzlich unterschieden nach Prozesstyp und relativem Alter. Dieser Datensatz ist bezüglich der Ausgangsunterscheidung „Hangrutschung/keine Hangrutschung" der umfassendste der bisherigen Studien, er ist jedoch nur für den oben genannten räumlichen Teilbereich verfügbar.

In einem ersten Schritt stand bei dieser Kartierung die Ausgangsunterscheidung „Hangrutschung/keine Hangrutschung" im Vordergrund. Dabei stellte insbesondere das hochaufgelöste DGM eine hervorragende Kartiergrundlage dar (Brennecke 2006). In den folgenden Arbeitsschritten wurde die ursprüngliche Ausgangsunterscheidung spezifiziert durch die unterschiedlichen Prozesstypen (z. B. „Sturzprozesss/kein Sturzprozess", „Rutschung/keine Rutschung", „Fließen/kein Fließen") und ihr relatives Alter (z. B. „jung/nicht jung", „mittelalt/nicht mittelalt", „alt/nicht alt"). Die Arbeit von Brennecke (2006) zeigt sehr klar, dass die Strukturen der Hangrutschungen im hochaufgelösten DGM in vielen Bereichen deutlich besser zu sehen sind als in den verwendeten Luftbildern, so dass die Grenzziehungen im DGM wesentlich leichter vorzunehmen waren. Allerdings zeigt die Arbeit von Brennecke auch, dass insbesondere in älteren Luftbildern noch Ereignisse sichtbar waren, die in dem DGM von 2003 schon nicht mehr vorhanden waren, so dass die Auswertung multitemporaler Luftbilder vorteilhaft ist (vgl. Brennecke 2006). Denn es sind nur diejenigen Hangrutschungen kartierbar, die in der Kartierungsgrundlage auch sichtbar sind und als solche identifiziert werden können. Sind die Spuren des Ereignisses, also die hinterlassenen Formen, in der Zwischenzeit erodiert oder anthropogen verändert, können diese Hangrutschungen nicht mehr kartiert werden. Unter Umständen führt dies nachfolgend zu einer veränderten Gefährdungseinschätzung, da „eigentlich" gefährdete Bereiche auf Grund der Unkenntnis von früheren Hangrutschungen als nicht gefährdet ausgewiesen werden. Ein banaler Zusammenhang, der jedoch oft übersehen wird.

Die Erstellung des Hangrutschungsinventars von Brennecke (2006) war an die Fragestellung des Forschungsprojekts und somit auch an das Vorhaben der statistischen Gefährdungsmodellierung angepasst und stellte somit den für diese Fragestellung vergleichsweise nützlichsten Datensatz dar. Der Datensatz liegt jedoch nur für eine kleine Teilregion vor und die statistischen Zusammenhänge der Parameter können auf Grund der Datenlage nicht auf die komplette Schwäbische Alb übertragen werden (die Gefährdungskarten für die Teilregion befinden sich in Bell 2007). Wie bereits mehrfach angedeutet, führt auch die Kartierung von Brennecke (2006) eine Unterscheidung mit, die zwar die Unterscheidung von Hangrutschungsbereichen ermöglicht, andere – gegebenenfalls ebenfalls bedeutsame – Aspekte jedoch zwangsläufig außen vor lässt. Da die Beobachtungen des Datensatzes aufgrund des Zuschnitts auf die Fragestellung mit den Ausgangsan-

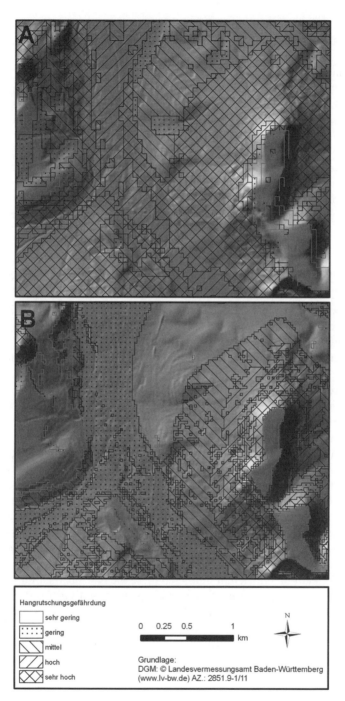

Abbildung 4 *Hangrutschungsgefährdungskarten auf Basis des Hangrutschungsinventars nach Dongus (1977) (A) und kombiniert mit den Daten aus der forstlichen Standortkartierung (B).*

nahmen der gesamten Studie weitgehend übereinstimmen, erscheint dieser Datensatz zwangsläufig als der für die Gefährdungsabschätzung am besten geeignete.

Daraus folgt: Obschon einerseits Nichtbeobachtetes entweder über den Weg der Kombination verschiedener Datensätze oder durch die Erstellung eines eigenen Datensatzes an die Fragestellung angepassten werden kann, so ist jedoch die Nutzbarkeit der Studienergebnisse für andere, ähnlich gelagerte Untersuchungen limitiert. Die für das hier beschriebene Projekt scheinbar „beste" Gefährdungsabschätzung löst somit keineswegs das Dilemma der Unmöglickeit einer allumfassenden Beobachtung. Dieses Dilemma trägt wesentlich zu den so genannten „Restgefährdungen" bei, d. h. zu Gefährdungen, die aufgrund des Nicht-Sehens und der generellen Grenzen der Vorhersagbarkeit in komplexen Prozessen nicht erkennbar sind. Es sind diese „Restgefährdungen", die dazu führen, dass unerwartete Ereignisse eintreten, die Schäden oder Katastrophen verursachen können.

4 FAZIT:
DIE GRENZEN VON GEFÄHRDUNGSABSCHÄTZUNGEN

Die in diesem Beitrag aus beobachtungstheoretischem Blickwinkel beleuchteten Aspekte, die bei der Grenzziehung von Hangrutschungsgefährdungen eine Rolle spielen, zeigen das große Potenzial der Beobachtungstheorie auch für anwendungsbezogene Fragen. Sie eignet sich hervorragend dazu, um die Gründe zu erkunden, warum bestimmte Arbeiten genauso durchgeführt wurden, wie sie durchgeführt wurden, und um selbstkritisch die eigene Vorgehensweise zu prüfen. Dies ist ausführlich anhand der Analyse der für die Schwäbische Alb zur Verfügung stehenden Hangrutschungsinventare und ihrer Eignung für die Gefährdungsabschätzung diskutiert worden.

Die in diesem Beitrag vorgestellten Beobachtungen zeigen deutlich, dass eine „Eignungsprüfung" von Daten unabdingbar ist. Diese muss über die reine Betrachtung hinausgehen, ob und inwiefern die räumlichen und zeitlichen Skalen anderer Datensätze sowie Gebiet und Beobachtungsgegenstand übereinstimmen. Vielmehr ist – nicht nur für die Geomorphologie! – zu fordern, dass fremde Daten auf ihre „Passung" zu der eigenen Fragestellung untersucht werden müssen: Welche Ausgangsunterscheidungen liegen meiner Fragestellung zugrunde und welche den potenziell zu nutzenden Studien? Welche erkennbaren blinden Flecken weisen die Studien auf und inwiefern limitieren diese die Nutzbarkeit für meine Fragestellung? Damit wird allerdings auch die eigene Arbeit nur insofern „besser" oder „richtiger", als sowohl die begrenzte Reichweite der eigenen Aussagen als auch die Grenzen der Erkenntnis deutlicher aufgezeigt werden. Eine intensive Anwendung der Beobachtungstheorie ermöglicht somit nicht nur die kritische Analyse von Arbeiten, die von anderen Beobachtern (ForscherInnen etc.) durchgeführt wurden, sondern sie provoziert zugleich die kritische Reflexion der eigenen Forschungstätigkeit. Dadurch schafft sie die Möglichkeit, implizite Theorien, die die eigenen Arbeiten unbewusst steuern, aufzudecken, zu überprüfen und gegebenenfalls zu modifizieren. Sie erinnert Beobachter daran, dass auch die eigenen Beobachtungen stets blinde Flecken aufweisen und jede Aussage nur hier und jetzt als gültig vertreten werden kann. Die Fokussierung auf Hangrutschungen beispielsweise blendet andere, eventuell ebenso gravierende Gefährdungen aus. Außerdem wird der Fokus gleichsam automatisch auf bestimmte Regionen und Lokalitäten gerichtet, andere werden nicht betrachtet, was sich später als „falsch" erweisen kann. Der schweizerische Geologe Albert Heim hat dies bereits 1883 in die Worte gefasst:

> „Jede Erkenntnis weckt ja stets neue Fragen, und jede Untersuchung ist unvollständig und begrenzt, die Wahrheit ist aber unendlich, weil Alles in Zusammenhang steht." (Heim 1883, zitiert in von Poschinger 1997, 45).

In der Konsequenz heißt das, dass wir einen pragmatischen Umgang damit finden müssen, dass die Wissenschaft keine abschließenden Antworten geben kann, auch wenn dies noch so notwendig erscheint. Die Einbeziehung und Fokussierung auf die (eigenen) blinden Flecken führt letztlich zu einem anderen Verständnis von wissenschaftlichem Fortschritt: Ein Fortschritt, der nicht auf der Frage nach „richtig" und „falsch" basiert, sondern auf der Viabiliät von Erkenntnissen für unsere Lebenswelt, die das Sichtbarmachen blinder Flecken mit einschließt. Dies lässt sich in endlosen Beobachtungsschleifen weiterdenken – ein wissenschaftlicher Fortschritt, der sich in beständig wandelnden Lösungsstrategien ausdrückt.

DANKSAGUNG

Die Autorin und die Autoren danken dem Umweltministerium Baden-Württemberg, dem Landesamt für Umwelt, Messung und Naturschutz (LUBW), der Forstlichen Versuchs- und Forschungsanstalt Baden-Württemberg (FVA), dem Landesamt für Geologie, Rohstoffe und Bergbau Baden-Württemberg (LGRB), sowie Erhard Bibus (Universität Tübingen) und Birgit Terhorst (Universität Würzburg) für die Bereitstellung von Daten. Weiterhin sei der Deutschen Forschungsgemeinschaft (DFG) für die Förderung des InterRISK Projekts, sowie allen Kollegen aus dem Forschungsprojekt ganz herzlich gedankt.

LITERATUR

Ardizzone, Francesca, Mauro Cardinali, Alberto Carrara, Fausto Guzzetti und Paola Reichenbach (2002): Impact of mapping errors on the reliability of landslide hazard maps. In: Natural Hazards and Earth System Sciences 2: 3–14.
Bell, Rainer (2007): Lokale und regionale Gefahren- und Risikoanalyse gravitativer Massenbewegungen an der Schwäbischen Alb. Dissertation, Universität Bonn. Bonn.
Borngraeber, Otto (1993): Die Geologie des Blattes 1:25000, 7324 Geislingen an der Steige – West. Dissertation, Fakultät Geo- und Biowissenschaften, Universität Stuttgart. Stuttgart.
Brennecke, Maria (2006): Erstellung einer Inventarkarte gravitativer Massenbewegungen an der Schwäbischen Alb. Kartierung aus Luftbildern und einem digitalen Höhenmodell. Diplomarbeit (unveröffentlicht), Geographisches Institut, Universität Bonn. Bonn.

Brunsden, Denys (1993): The persistence of landforms. Zeitschrift für Geomorphologie Supplement 93: 13–28.

Dikau, Richard, Denys Brunsden, Lothar Schrott, and Maria Ibsen (Hg.) (1996): Landslide Recognition. Identification, movement and causes. Chichester.

Dongus, Hansjörg (1977): Die Oberflächenformen der Schwäbischen Alb und ihres Vorlandes (=Marburger Geographische Schriften 72). Marburg.

Egner, Heike und Kirsten von Elverfeldt (2009): A brigde over troubled waters? Systems theory and dialogue in Geography. In: Area 41 (3): 319–328

Foerster, Heinz von (1981): Observing systems. Seaside.

Foerster, Heinz von und Bernhard Pörksen (2006): Wahrheit ist die Erfindung eines Lügners. Gespräche für Skeptiker. Heidelberg.

Fundinger, Andreas (1985): Ingenieurgeologische Untersuchung und geologische Kartierung (Dogger/Malm) der näheren Umgebung der Rutschungen am Hirschkopf bei Mössingen und am Irrenberg bei Thanheim (Baden-Württemberg). Diplomarbeit (unveröffentlicht), Geowissenschaftliche Fakultät, Universität Tübingen. Tübingen.

Glade, Thomas und Richard Dikau (2001): Gravitative Massenbewegungen – vom Naturereignis zur Naturkatastrophe. In: Petermanns Geographische Mitteilungen 145 (6): 42–55.

Glasersfeld, Ernst von (1996): Radikaler Konstruktivismus. Ideen, Ergebnisse, Probleme. Frankfurt am Main.

Kallinich, Jörg (1999): Verbreitung, Alter und geomorphologische Ursachen von Massenverlagerungen an der Schwäbischen Alb auf der Grundlage von Detail- und Übersichtskartierungen (=Tübinger Geowissenschaftliche Arbeiten D 4). Tübingen.

Keaton, Jeffrey R. and Jerome V. DeGraaf (1996): Surface observation and geologic mapping. In: A. Keith Turner and Robert L. Schuster (Hg.): Landslides: investigation and mitigation, Special Report, 178-220, Washington D.C.

Kraut, Claudia (1995): Der Einfluß verschiedener Geofaktoren auf die Rutschempfindlichkeit an der Schichtstufe der Schwäbischen Alb. Zul. Arb., Universität Tübingen. Tübingen.

Kraut, Claudia (1999): Der Einfluß verschiedener Geofaktoren auf die Rutschempfindlichkeit an der Schichtstufe der Schwäbischen Alb. In: Erhard Bibus und Birgit Terhorst (Hg.): Angewandte Studien zu Massenbewegungen (=Tübinger Geowissenschaftliche Arbeiten D 5), 129–148, Tübingen.

McCalpin, James (1984): Preliminary Age Classification of Landslides for Inventory Mapping. In: Proc., 21st Engineering Geology and Soils Engineering Symposium, University of Idaho, Moscow, 99–120, Moscow.

Petley, Dave (2008): Dave's landslide blog, http://daveslandslideblog.blogspot.com/ (abgerufen 10.06.2008).

Poschinger, Andreas von und Ulrich Haas (1997): Der Flimser Bergsturz, doch ein warmzeitliches Ereignis? In: Bulletin für angewandte Geologie 2 (1): 35–46.

Wardenga, Ute (2008): Von Davis zur klimatischen Geomorphologie – Wandel der Beobachtungspraktiken in der Geomorphologie. Vortrag im Rahmen des 2. Forum Geomorphologie am 04.04.08 am Geographischen Institut der Universität Bonn.

Wardenga, Ute (2001): Zur Konstruktion von Raum und Politik in der Geographie des 20. Jahrhunderts. In: Paul Reuber und Günter Wolkersdorfer (Hg.): Politische Geographie: Handlungsorientierte Ansätze und Critical Geopolitics (=Heidelberger Geographische Arbeiten 112), 17–31, Heidelberg.

„JA, IRGENDWO MUSS MAN DIE GRENZE ZIEHEN" – ÜBER RISIKOMANGEMENT VON NATURGEFAHREN IN DER SCHWEIZ

Ein Gespräch mit Dr. Michael Bründl (SLF, Davos)

Heike Egner und Andreas Pott

Das Risikomanagement in der Schweiz gilt als Vorreiter für den Umgang mit Naturgefahren in hochalpinen Regionen. Es bezieht sich auf Gebiete, die in starkem Maße Ereignissen wie Lawinen, Muren, Bergstürzen usw. ausgesetzt sind, woraus sich Risiken für die Gesellschaft ergeben können. Diese Gefahren, werden von vielen Beobachtern als „natürlich" und „gegeben" angenommen. Zweifel daran, dass sie ein Risiko für die dort lebenden Menschen darstellen, scheinen sich zu verbieten. Damit bietet das professionelle Risikomanagement einen interessanten Testfall für die Reichweite und die Implikationen des beobachtungstheoretischen Ansatzes. In Frage steht insbesondere die Evidenz der „natürlichen Risiken" der Schweiz. So lautet eine der Hypothesen, die diesem Band zu Grunde liegen, dass jedes Risiko sozial konstruiert und gesellschaftlich produziert wird. Lässt sich diese Annahme sinnvoll auch auf naturgefahreninduzierte Risiken beziehen (vgl. beispielsweise Weichselgartner 2001)? Inwiefern resultiert auch das, was konkret unter „natürlichem" Risiko verstanden wird, aus sozialen Aushandlungsprozessen? Welche Reflexionsmöglichkeiten eröffnet dieser Ansatz für das Verständnis des Umgangs mit naturgefahreninduzierten Risiken?

Mit dem Ziel, diese Fragen mit einem ausgewiesenen Risikomanagement-Experten aus der Praxis zu diskutieren, führten wir ein längeres Forschungsgespräch mit Dr. Michael Bründl, dem Leiter der Forschungsgruppe „Risikomanagement" am WSL-Institut für Schnee- und Lawinenforschung (SLF) in Davos (Schweiz).[1] Dabei wurde unter anderem deutlich, dass die beobachtungstheoretische Reflexion keineswegs der Wissenschaft vorbehalten, sondern längst Bestandteil der alltäglichen Selbstreflexion der Schweizer Risikomanager ist. Das Gespräch gibt daher auch Auskunft darüber, wie ein praktischer Umgang mit naturgefahreninduzierten Risiken aussehen kann, der auf der Annahme der unhintergehbaren Beobachtungsabhängigkeit aller Risiken beruht.

---

1   Das Gespräch führten wir am 2. Oktober 2008 in München.

1 DAS INSTITUT FÜR SCHNEE- UND LAWINENFORSCHUNG (SLF) UND DAS RISIKOMANGEMENT IN DER SCHWEIZ

Die Forschung zu Naturgefahren und Risikoprävention hat in der Schweiz eine lange Tradition. Das heutige „WSL-Institut für Schnee- und Lawinenforschung SLF" gehört zur Eidgenössischen Anstalt für Wald, Schnee und Landschaft (WSL) und ist damit eine Forschungsinstitution des ETH-Bereichs. Die WSL, und damit auch das SLF, soll die Brücke zwischen Forschung und Praxis herstellen. Ihr Auftrag ist es, praxisrelevante Themen aufzugreifen und durch die Kombination von Grundlagen- und anwendungsorientierter Forschung konkrete Lösungen für die Praxis zu erarbeiten.

Hervorgegangen ist die heutige WSL, zu der das SLF gehört, einerseits aus der „Eidgenössischen Anstalt für das forstliche Versuchswesen" (EAFV), die bereits 1885 mit dem Auftrag gegründet wurde, wissenschaftliche Grundlagen für die Forstpraxis der Schweiz zu erarbeiten. An der ETH Zürich gab es andererseits bereits früh einige wenige Wissenschaftler, die sich mit Eis und Schnee beschäftigten und 1936 mit systematischen Untersuchungen zu diesem Thema in einer kleinen Baracke auf dem Weissfluhjoch oberhalb von Davos begannen. Daraus entwickelte sich das Institut für Schnee- und Lawinenforschung (SLF). Im Zweiten Weltkrieg, 1942, wurde dann das SLF zunächst als Einrichtung für die militärische Lawinenwarnung eingerichtet, danach in eine zivile Institution umgewandelt und 1989 mit der EAFV zur „Eidgenössischen Forschungsanstalt für Wald, Schnee und Landschaft" (WSL) zusammengelegt. Nach der letzten Reform 2008 heißt das Institut nun „WSL-Institut für Schnee- und Lawinenforschung SLF".

2 RISIKODEFINITION(EN)

Was als Risiko gilt und was ist nicht, ist aus wissenschaftlicher Perspektive keineswegs einfach oder gar eindeutig zu entscheiden. Weder gibt es eine allgemein akzeptierte Definition von Risiko oder Sicherheit noch sind die Kriterien einheitlich, auf deren Grundlagen eine Entscheidung getroffen werden könnte, was ein Risiko ist und was nicht (siehe hierzu auch die Einleitung dieses Buches). Daher ist die Frage nach den Risikodefinitionen eine wichtige Basis für jede Risikoabschätzung. Wie kommen Sie in Ihrem Forschungsinstitut zu den Entscheidungen, was als Risiko zu werten ist und was nicht? Gibt es bei Ihnen einen Konsens, was ein Risiko eigentlich ist?

Puh! Ich würde sagen, das Risikomanagement für Naturgefahren hat sich erst entwickelt. Es gab Anfang der 1990er Jahre ein Projekt „Risiko und Sicherheit" der ETH Zürich, das sich auf den technischen Bereich konzentriert hat; Mitte der 1990er Jahre hat man dann begonnen, dieses Konzept in den Bereich Naturgefahren zu übertragen (Dissertation von Christian Wilhelm 1997 und der Leitfaden zur Risikoanalyse bei gravitativen Naturgefahren 1999). Der Ausgangspunkt im technischen Bereich in der Schweiz war die zivile Lagerung von Munition, die grundsätzlich ein gewisses Risiko darstellt. Man hat also ein komplexes System, man weiß, es können durch dieses komplexe System gefährliche Prozesse ausgelöst werden und die können in Wechselwirkungen mit Objekten treten, wie Personen, Sachwerten usw., die mit einer bestimmten Wahrscheinlichkeit zu Schaden kommen können. Diese Objekte und Personen haben eine bestimmte Schadensempfindlichkeit und wir können mit einer bestimmten Wahrscheinlichkeit mit einem gewissen Schadenausmaß rechnen. Bei dieser Verknüpfung sprechen wir dann von Risiko, ausgedrückt als so genannter „Jährlicher Schadenerwartungswert". Da der gesamte Schaden, der durch ein Ereignis auftritt, in der Regel nicht vollständig abgebildet werden kann, bedient man sich verschiedener Schadenindikatoren, wie z. B. der Anzahl an Todesfällen und Verletzten und/oder der Sachschäden. Die Einheit des Risikos ist dann nach unserem Verständnis z. B. die Anzahl von Todesfällen pro Jahr und/oder Sachschäden in Franken pro Jahr.

Klingt da eine gewisse Skepsis bei der Übertragbarkeit von Risiken bei technischen Systemen auf natürliche Systeme durch?

Die technische Risikoabschätzung ist eigentlich schon ganz gut für Naturgefahren übertragbar. Ortwin Renn hat das ja mal schön mit verschiedenen Risikotypen dargestellt. Bei den Naturgefahren hat man es natürlich mit unzähligen anderen Faktoren zu tun. Nehmen wir einen Murgang als Beispiel. Da muss es erst einmal an einem bestimmten Ort mit einer bestimmten Intensität regnen; wo das genau sein kann, ist sehr schwierig abzuschätzen, da Murgänge häufig durch heftige Gewitter ausgelöst werden, die sich sehr lokal ereignen, vielleicht nur innerhalb weniger Quadratkilometer. Gleichzeitig muss aber auch genau spezifisch an diesem Ort eine bestimmte Menge Lockermaterial zur Verfügung stehen, die bereits eine gewisse Wassersättigung aufweist. Und schließlich muss das Gelände eine bestimmte Mindestneigung haben. Das sind also x Faktoren, die erfüllt sein müssen, bevor ich sagen kann, unter diesen Bedingungen könnte ein Murgang ausgelöst werden. Da ist man sehr stark auf Annahmen angewiesen, vor allem auch, weil man den Prozess noch nicht völlig verstanden hat. Diese Probleme können jedoch auch in anderen Bereichen, z. B. bei industriellen Prozessen auftreten. Die große Schwierigkeit bei Naturgefahren ist, dass wir uns in einem offenen System befinden, das sich selber in einem gewissen Wandel befindet. Stichwort Klimaänderung: Wie diese sich auf die verschiedenen Auslösefaktoren auswirken könnte, kann man heute bestenfalls annehmen. Genaue Kenntnisse fehlen uns hier.

2.1 Prozess, Gefahr, Risiko

Ist denn eine Mure per se eine Gefahr? Denn eigentlich könnte es ja egal sein, ob sie runter kommt, wenn es keiner mitbekommt oder keiner davon betroffen ist.

Von Gefahr sprechen wir, wenn aus einem Prozess potenziell ein Schaden für Personen, Umwelt und/oder Sachwerte entstehen kann. Von Risiko rede ich dann, wenn ich die Überlagerung vom Prozess und Objekt quantifiziere, wenn es also um genutzte Gebiete geht. Wenn z. B. an der Everest Nordflanke im Hochwinter eine Lawine runter geht, dann ist das in der Regel keine Gefahr, da sich dort zu dieser Zeit meist niemand befindet. Wenn sich jedoch unterhalb ein Bergsteigerzelt mit zwei Personen befindet, dann bedeutet das eine Gefahr für diese beiden Bergsteiger. Das ist natürlich eine sehr anthropozentrische Definition.

Ich könnte das Ganze jedoch auch anders betrachten. Wenn es in einem Gebiet ein sehr seltenes Biotop gibt, dann kann ich das auch aus der Richtung dieses Biotops ansehen. Wenn es dann beispielsweise immer wieder zu einer Überschwemmung kommt, dann bedeutet die Überschwemmung für diesen Zustand des Biotops auch eine Gefahr, weil das Biotop dann eine bestimmte Zeit braucht, bis es sich wieder in den ursprünglichen Zustand zurückversetzt. Aber vom Gesamtsystem Natur aus betrachtet, ist das überhaupt keine Gefahr. Oder nehmen wir einen Waldbrand, das ist auch ein schönes Beispiel: Wenn der Wald niederbrennt, ist das für die Natur überhaupt keine Gefahr, weil die Wälder sich über Jahrtausende so entwickelt haben; im Gegenteil: es ist eigentlich wunderbar, wenn er ab und zu abbrennt, weil das die Chance für die Natur ist, sich neu zu definieren und vielleicht neue Formen hervorzubringen.

2.2 Von der Gefahrenabwehr zur Risikokultur

Sie sagten eben, dass der Begriff Risiko im Bereich der Naturgefahren der Schweiz erst so um das Jahr 2000 herum richtig populär wurde. Was war denn der Grund dafür? Gab es da einen Anstieg von Naturgefahren?

Ich würde sagen, das hat 1987 angefangen. Damals hat ein großes Hochwasserereignis in der Zentralschweiz, im Tessin und in Graubünden große Flächen überflutet und sehr große Schäden verursacht. Man hatte im 20. Jahrhundert bis dahin eigentlich keine sehr großen Hochwasserereignisse zu verzeichnen. Es gab Mitte des 19. Jahrhunderts mal eine Phase mit sehr vielen Hochwasserereignissen, dann gab es eine Phase, in der sehr viel verbaut wurde. Es wurden viele Millionen Franken in Hochwasserschutz investiert und dann kam das 1987er Ereignis, wo man gesehen hat, jetzt haben wir Millionen investiert und doch steht das ganze Reusstal unter Wasser, die Gotthard-Achse ist unterbrochen, und, und. Da hat man gemerkt, wir können die Gefahr nicht ausschalten, sondern wir müssen realisieren, dass trotz großer Schutzmaßnahmen, trotz großer Investitionen etwas passieren kann. Es besteht eben immer eine Art Restrisiko und das hat dann diesen in der Schweiz viel zitierten Paradigmenwechsel eingeläutet, der so schön heißt: Von der Gefahrenabwehr zur Risikokultur. Das ist der Leitspruch der PLANAT (Nationale Plattform Naturgefahren Schweiz, die 1997 vom Bundesrat ins Leben gerufen wurde). Gefahren kann man nicht abwehren, sondern man muss versuchen, damit zu leben. Nicht jeder Schutz ist technisch und/oder ökonomisch machbar oder vielleicht aus ökologischen Gründen nicht einmal wünschenswert.

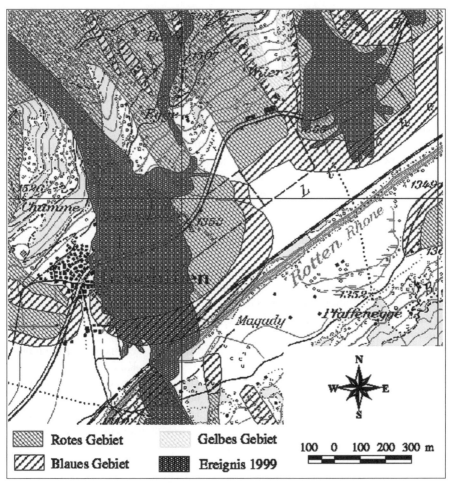

Rotes Gebiet   Gelbes Gebiet   100 0 100 200 300 m

Blaues Gebiet   Ereignis 1999

Abbildng 1 *Vergleich einer Lawinengefahrenkarte mit der Umhüllenden aller Lawinenereignisse in einem Winter. Gefahrenkarten sind eine bedeutende Grundlage im Risikomanagement von Naturgefahren. Quelle: Dienststelle für Wald und Landschaft, Kanton Wallis.*

2.3 RISIKO ALS SOZIALES KONSTRUKT

Also, diesen Ausdruck „Konstrukt" finde ich nach wie vor sehr passend. Risiko ist ein Konstrukt. Das muss man sich einfach immer wieder vor Augen führen. Risiko ist nur ein Gedankengebäude, das wir verwenden, um mögliche negative oder positive Zustände eines komplexen Systems innerhalb eines definierten Wertesystems zu ordnen, zu quantifizieren und daraus Maßnahmen abzuleiten. Dabei besteht über die Frage, was ein Schaden ist und was nicht, nicht immer gesellschaftlicher Konsens.

Wenn Risiko ein Konstrukt ist, wie kann man dann erklären, dass seit den 1980er, 1990er Jahren das Reden über Risiko stark zugenommen hat? Hat dies eine vordiskursive Ursache? Haben die Risiken durch Bebauung oder andere Verhaltensweisen tatsächlich zugenommen, wie oft unterstellt wird? Treten beispielsweise Hochwasser häufiger auf? – Beißt sich das nicht mit der Annahme der Konstruiertheit aller Risiken?

Ja, vielleicht. Es ist aber auch in einigen Fällen ganz klar so. Das eine ist ja die Ereignisseite, wo man in vielen Fällen noch im Ungewissen steckt, weil der Record zu kurz ist, um zum Beispiel mit Sicherheit zu sagen, ob die Anzahl der starken Hurrikane wirklich zugenommen hat. Was man ganz sicher weiß, ist, dass an der Küste von Florida viel mehr Häuser stehen und viel mehr Leute leben als noch vor fünfzig Jahren. Und aus diesem Produkt ergibt sich dann ein höheres Risiko. Ich meine, eine gesicherte Aussage, ob sich die Risiken erhöht haben, lässt sich am ehesten über die Erhöhung des Schadenpotenzials machen. Das sind ja immer die zwei Komponenten. (...)

Es kann natürlich sein, dass auf der anderen Seite vielleicht sogar die Häufigkeit des Prozesses abnimmt, was wir ja noch gar nicht wissen. Wir kennen eigentlich nur die eine Komponente sehr genau, die können wir anschauen, die können wir messen, aber auf der anderen, der natürlichen Seite, sind wir sehr viel mehr im Ungewissen. Und damit kommen wir jetzt auf ein weiteres Feld, nämlich die Frage, ob dieses Konstrukt aus Wahrscheinlichkeit und Schadenausmaß wirklich das Risiko vollständig beschreibt. Und da sind wir in dem Komplex, den wir als Wahrnehmung von Risiken umschreiben. Ereignisse mit kleiner Eintretenswahrscheinlichkeit und großem Schadenausmaß können sehr große gesellschaftliche Auswirkungen implizieren. Rein mathematisch kann ein häufiges Ereignis mit kleinem Schadenausmaß und ein seltenes Ereignis mit großem Schadenausmaß rechnerisch das Gleiche sein. Dann ist die Frage: Ist es wirklich das Gleiche? Das wird sehr kontrovers diskutiert, denn seltene Ereignisse mit sehr großen Auswirkungen werden ganz anders wahrgenommen und gewichtet als die häufigen mit kleinem Schadenausmaß. Wie bilden wir das im Risikomanagement ab? Es gibt verschiedene Ansätze, Wissenschaft und Praxis sind sich da nicht einig, wie das geschehen soll. Was der Wahrnehmung der Gesellschaft am ehesten entspricht, ist oftmals sehr situativ und kann schwer mit pauschalen Ansätzen beantwortet werden. Auch hier sind pragmatische Lösungen und Vereinfachungen gefragt.

3 INITIATIVE UND ENTSTEHUNG
VON PROJEKTEN ZUM RISIKOMANAGEMENT

Ihre Forschungsgruppe heißt „Risikomanagement". Was genau machen Sie dort? Was sind die Aufgaben? Welche „Produkte" stellen Sie her? Wo kommen die Aufgabenstellungen her?

Abbildung 2 Temporärer Hochwasserschutz stellt eine sehr effiziente und effektive Möglichkeit dar, im Ereignisfall grössere Schäden zu verhindern. Eine rechtzeitige Warnung an die Führungs- und Einsatzkräfte ist eine grundlegende Voraussetzung für eine erfolgreiche Planung und Durchführung von Interventionsmassnahmen. Quelle: Beaver Schutzsysteme AG.

Unsere *general mission* im Moment lautet: Wir entwickeln Methoden für das Risikomanagement von Naturgefahren. Das ist sehr allgemein. Das Zielpublikum sind Praktiker in den Ingenieurbüros, in den Fachstellen von Gemeinden und Kantonen, aber auch in verschiedenen Bundesstellen. Die zentralen Themen, um die sich unsere Arbeiten gegenwärtig drehen, umfassen Warn- und Informationssysteme für Naturgefahren, Leitfäden für die risikobasierte Planung von Schutzmaßnahmen sowie Grundlagen zur gesellschaftlichen Bewertung von Naturgefahren.

Die Projekte, die wir bearbeiten, werden zum einen durch uns selbst initiiert, wobei wir für die Realisierung auf Drittmittel angewiesen sind. Zum anderen werden wir auch direkt für die Durchführung von Projekten angefragt. Zum Beispiel bei der zwischen 2000 und 2004 entwickelten Strategie „Sicherheit Naturgefahren Schweiz" der Nationalen Plattform Naturgefahren (PLANAT) haben wir einen wesentlichen Beitrag geleistet. Diese Strategie wurde nach den Naturereignissen von 1999 – das waren der Lawinenwinter, Hochwasser und dann noch Sturm Lothar, der große Schäden verursacht hat – durch eine Motion im Parlament ausgelöst. Einer der Parlamentarier hat sich nach den Ereignissen gefragt „Wie steht es denn eigentlich um den Schutz von Naturgefahren in der Schweiz? Jetzt wurden doch jahrelang so viele Gelder investiert und trotzdem haben wir so viele Schäden! Werden die Mittel überhaupt am richtigen Ort investiert?" Die PLANAT, das beratende Organ des Bundesrates zum Thema Naturgefahren, hat dann den Auftrag bekommen, eine Strategie auszuarbeiten. In dieser Situation hat unser Institutsleiter Walter Ammann, der uns auch in der PLANAT vertreten hat, die Initiative ergriffen. Er hatte einen wesentlichen Anteil daran, dass unser Institut so einen wichtigen Beitrag hat leisten können.

Bei diesen Arbeiten ist uns auch zu Gute gekommen, dass wir bei den Analysen der Ereignisse von 1999 (Lawinenwinter, Hochwasser und Lothar) bereits wichtige Erfahrungen zum Stand des Umgangs mit Naturgefahren sammeln konnten. Diese Ereignisanalysen sind ein zentraler Bestandteil des Risikomanagements und die Initiative zu diesen Studien kam im Wesentlichen aus unserem Haus. Sie wurde von den zuständigen Bundesämtern begrüßt und finanziell großzügig unterstützt. Einzelne Personen, die in einer Situation die Initiative übernehmen, können also wesentliche Initialzündungen für unsere Arbeit auslösen.

Das heißt, wenn man das zuspitzt, ist das ja eigentlich entstanden aus der Wahrnehmung von solchen Ereignissen durch die Medien. Man bekommt das mit, dass so was passiert und nicht als Ergebnis – sagen wir mal – einer groß angelegten Studie, dass man feststellt, es ändern sich die Windereignisse oder die Niederschlagsereignisse und da müssten wir jetzt mal genaueres drüber wissen, was über die Lawinen hinaus geht.

Ja, bei diesen spezifischen Ereignissen war das schon so; aber in erster Linie waren es schwerwiegende Schadenereignisse, die meist Aktivitäten in verschiedenen Bereichen auslösen. Das ist ein wichtiger Gesichtspunkt, für den wir uns als Institut auch besser vorbereiten möchten. Denn wenn ein Ereignis passiert ist, hat man die besten Chancen irgendetwas zu realisieren, was man vorher schon angedacht hatte. Der Idealfall ist also, nach einem Ereignis ein Konzept aus der Schublade zu ziehen, mit dem man gezielt zeigt, wie man Verbesserungen realisieren könnte. Dann hat man am ehesten Chancen, ein Vorhaben zu verwirklichen, da die Öffentlichkeit und die Politiker wach gerüttelt sind.

4 RISIKO, ENTSCHEIDUNG ÜBER DEN EINSATZ DER MITTEL UND FRAGEN DER GERECHTIGKEIT

Sie haben einen Leitfaden zur risikobasierten Maßnahmenplanung für die Praxis entwickelt. Das ist eine Anleitung für Praktiker auf verschiedenen Ebenen, um verschiedene Risiken im Naturgefahrenbereich abschätzen zu können. Was ist denn der Hintergrund dieses Leitfadens?

Der Leitfaden baut auf Publikationen auf, die bereits 1999 erschienen sind. Im Prinzip geht es darum, vor dem Hintergrund limitierter finanzieller Mittel zu entscheiden, wie wir den Einsatz optimieren können, das heißt auch: „Wie können wir uns für einen Franken oder Euro möglichst viel Sicherheit kaufen?". Das Kri-

Abbildung 3 Technische Maßnahmen wie der Verbau von Anrissgebieten von Lawinen sind sehr effektiv, aber meist kostspielig. Für die Zukunft gilt es, die Werke fachgerecht zu unterhalten und wo nötig Ergänzungen vorzunehmen. Dabei spielen Kosten-Nutzen-Überlegungen eine zunehmende Rolle. Quelle: M. Bründl (WSL-SLF, Davos).

terium für diese Optimierung ist das Risiko, auf dessen Grundlage die Mittel gezielter eingesetzt werden können. Der Leitfaden ist das Instrument, das zeigt, wie das gemacht werden kann.

Als klar wurde, dass Schutzprojekte in Zukunft nach Kriterien der Kosten-Wirksamkeit priorisiert werden müssen, hat das BAFU (Bundesamt für Umwelt) etwa 2003 begonnen, ein Berechnungs*tool* für die Berechnung der Kosten-Wirksamkeit zu erarbeiten. Dieses Instrument wurde von verschiedenen Ingenieurbüros auf seine Praxistauglichkeit getestet. Dabei kam heraus, dass verschiedene Benutzer mit den gleichen Grundlagen zu ganz unterschiedlichen Ergebnissen kommen. Das war der Auslöser für die Entwicklung des Berechnungsinstruments *EconoMe*. Da wir zeitgleich mit der Entwicklung unseres Leitfadens zur risikobasierten Maßnahmenplanung beschäftigt waren, bot sich eine enge Zusammenarbeit an. Das Ergebnis ist ein passwortgeschütztes *Online-Tool*, das den Benutzer schrittweise durch eine Risikoanalyse mit vordefinierten Werten führt. Das ist eine Vereinfachung, aber zumindest rechnen nun alle mit den gleichen Werten und Berechnungsformeln, womit die Ergebnisse nun besser miteinander vergleichbar sind. Salopp formuliert könnte man auch sagen: jetzt rechnen alle gleich falsch, denn das objektive, das „richtige" Risiko gibt es nicht, womit wir wieder beim Konstrukt wären.

Dumme Frage, warum soll das denn vergleichbar sein? Hat das einen Gerechtig-keitsaspekt?

Ja. Es geht um einen Gerechtigkeitsaspekt. Das heißt, wenn das Bundesamt für Umwelt fünf Projektanträge bekommt – zum Beispiel für ein Lawinenprojekt im Kanton Wallis, ein Murgangprojekt im Kanton Obwalden und so weiter – und das eine hat ein Kosten-Wirksamkeits-Verhältnis von 5,1 und das andere nur von 1,3 und das Dritte von 0,7, dann ist klar, dass das mit dem Wert 0,7 erstmal hinten angestellt wird. Das ist die rein ökonomische Bewertung. Allerdings ist das Öko-nomische nur ein Kriterium. Für eine endgültige Entscheidung kommen natürlich noch andere Faktoren dazu, die im Moment aber noch nicht so klar geregelt sind.

Welche denn?

Na ja, ich sag es jetzt mal bewusst überspitzt: Der zuständige kantonale Verant-wortliche vom Kanton xy ist eine starke Persönlichkeit und tritt sehr vehement auf, kann sehr gut argumentieren, kann begründen, dass die hinteren drei Täler entvölkert werden, wenn man nichts tut, und dass die Verfügbarkeit der Ver-kehrsachse ganz wichtig ist. Es kommt also da auch eine politische Komponente dazu, die aber, zunehmend weniger Gewicht hat, weil jetzt der Entscheidungspro-zess auf ökonomischen Grundlagen und auf sachlich-technischen Grundlagen basierend, klar nachvollziehbar ist. Dann müsste man wirklich sehr, sehr gut be-gründen, warum wir jetzt ein Projekt mit einem wesentlich schlechteren Kosten-Wirksamkeits-Verhältnis zuerst realisieren sollten. Neben der politischen Kompo-nente werden auch Überlegungen zur ökologischen Verträglichkeit oder zur Land-schaftsästhetik einbezogen. Nicht nachvollziehbare Entscheide werden dadurch klar erschwert.

Man könnte auch andersherum argumentieren. Sie hatten gesagt, das ist eine Fra-ge der Gerechtigkeit, dieses Berechnungs-Tool anzuwenden. Nun könnte man auch sagen, das ist massiv ungerecht, weil es von den gleichen Annahmen sehr generalisierend ausgeht und den Einzelfall nicht berücksichtigt und die Kantone oder die Gemeinden in der Schweiz ja sehr verschieden sind und es auf den Ein-zelfall doch letztlich ankommt. Es wäre also auch eine Frage der Gerechtigkeit, wenn man die Eigenheiten eines Einzelfalls auch berücksichtigen könnte.

Richtig. Es kann natürlich sein, dass die Durchschnittswerte für diesen ganz ein-zelnen Fall nicht so gut zutreffen. Ganz konkret: Eine Wohneinheit zum Beispiel haben wir jetzt mit 650.000 Franken quantifiziert. Wenn ich die Risikoanalyse am Genfer See oder in St. Moritz mache, dann stimmt dieser Wert meist nicht. In die-sem Fall hat der oder die Bearbeitende die Möglichkeit, den effektiven Wert ein-zusetzen, sofern diese zur Verfügung stellt und die Herkunft belegt werden kann. Man kann also lokale Eigenheiten sehr wohl berücksichtigen. Wichtig ist, dass geänderte Werte in der Auswertung klar hervorgehoben sind. Da das Berech-nungs*tool* mit den Standard- und den geänderten Werten parallel rechnet, kann nachvollzogen werden, dass man zum Beispiel mit den Standardwerten auf eine Kosten-Wirksamkeit von zum Beispiel 0,9 kommt, mit den geänderten Werten jedoch vielleicht auf 2,3.

5 PRODUKTION VON SICHERHEIT UND RISIKO

Sie sagten eben, es werden Räume entsprechend ihrer Gefährdung unterschiedlich dargestellt. Aber in ihrer Arbeit produzieren Sie natürlich auch Räume, indem Sie eben Grenzen markieren und unterscheiden zwischen sicheren und unsicheren, gefährdeten und nicht gefährdeten Bereichen. Wir sprachen eben über die Funktion Ihres Instituts und des Risikomanagements; eine Funktion kann ja auch darin liegen, dass man Sicherheit produziert. Sicherheit wird produziert durch Kartierung, durch Verräumlichung. Ich bin mir nicht ganz sicher, ob ich dadurch in die richtige Richtung gehe, aber es ist ja ganz stark in den letzten Jahren zu beobachten, dass sehr viele Karten produziert werden, überall tauchen Karten auf, z. B. in „Spiegel online", jede Woche wird etwas Neues kartiert, in der „Zeit" und so weiter. Das scheint eine Objektivität, eine Sicherheit oder Orientierung zu vermitteln, die auch stark nachgefragt wird.

Also ich würde vielleicht nicht sagen: Sicherheit, denn eine absolute Sicherheit gibt es nicht. Aber mit Gefahrenkarten können wir hervorheben, wo es eher sicherer und eher weniger sicher ist. Bewusst jetzt nicht mit einer scharfen Grenze. Obwohl es natürlich eine klare Grenze ist, wenn beispielsweise die rote Zone durch den Eingangsbereich eines Gebäudes geht und die Toilette sich im blauen Bereich befindet. Aber irgendwo muss man sich festlegen.

Ja, genau. Trennen. Das ist ja ein binäres Schema. Letztlich soll ja durch die Kriterien eine Entscheidung möglich sein, so oder so.

Ja. Irgendwo muss man die Grenze ziehen. ... Wobei das natürlich sehr schwierig ist. Ich habe, sagen wir mal, einen Ereigniskataster und komme aufgrund der Verknüpfung mit all den anderen Informationen zu einer bestimmten Gefahrenkarte. Hätte ich aber noch das Ereignis, das vielleicht in zwanzig Jahren passiert und das die bisherigen Ereignisse überschreitet, jetzt schon in die Überlegungen einbeziehen können, dann wäre ich zu einer anderen Gefahrenkarte gekommen. Man nimmt einfach das, was man weiß und zieht nach bestem Wissen und Gewissen eine Grenze.

Große Ereignisse führen oft dazu, dass bestehende Karten überarbeitet werden. Man sieht ja nach jedem Ereignis, wo die Gefahrenkarten gestimmt haben und wo nicht, z. B. nach dem Lawinenwinter 1999 oder nach dem Hochwasser 2005. Gefahrenkarten haben eine Gültigkeit für etwa zehn bis fünfzehn Jahre. Aber innerhalb dieser Zeit läuft natürlich ein Prozess ab. Das heißt, in einem Fall kommen neue Objekte wie Gebäude oder Nutzungen dazu, in anderen Gebieten nimmt die Nutzung vielleicht ab, weil die Leute das Gebiet verlassen. Aber die

Gefahrenbeurteilung findet eben zum Zeitpunkt x statt, während die Prozesse in der räumliche Entwicklung dazwischen nicht abgebildet werden. Das Problem ist gar nicht lösbar. Es ist einfach so, dass diese Ungewissheit, Unsicherheit, Ungenauigkeit ein Teil des Risikos ist, weil man ja immer in die Zukunft guckt. Es ist ja immer eine Prognose, die zwar auf Erfahrung beruht, aber immer in die Zukunft schaut. Ob's so kommt oder nicht, das weiß kein Mensch.

6 STAAT UND RISIKO

6.1 Politischer Wille versus Risiko

Für mich bleibt die Frage offen, was denn eine Alternative wäre im Risikomanagement, wenn man da jetzt mal frei drüber nachdenken könnte. Dieser Open-End-Prozess, der sich jetzt in der Diskussion gezeigt hat, dass also bei jedem größeren Schadenereignis die Gefahrenzonenpläne geändert werden müssen, ist ja wahrscheinlich keine wirkliche Alternative, die Sie vor Augen haben.

Ich glaube, das Ganze muss man als Entwicklung ansehen. Die nächsten Schritte werden sein, all diese Faktoren des Risikos, die man in die Betrachtung noch nicht einbezogen hat, irgendwie einzubeziehen. Dann steht man am Scheideweg und muss entscheiden, macht man das qualitativ und wenn ja, wie gewichtet man diese qualitativen Kriterien. Oder versuchen wir das zu quantifizieren und da stoßen wir schnell an Grenzen, da man nicht alle Faktoren quantifizieren kann oder vielleicht sogar Fehler begeht, wenn man sie quantifiziert. Unser Umfeld ist doch sehr zahlengläubig und wir sind gegenwärtig sehr auf die ökonomische Seite konzentriert. Zum Beispiel möchten wir, dass eine Verkehrsachse verfügbar ist, so dass die Leute von Ort A zum Ort B kommen. Unser Leben hat sich eben in diese Richtung entwickelt, dass die Leute nicht mehr am Ort B leben und arbeiten und zu Fuß zur Arbeit gehen können. In der Schweiz haben wir noch einen politischen Willen, der besagt, dass auch entlegenere Gebiete weiter besiedelt bleiben sollen. Man will, dass beispielsweise das Bedrettotal nicht menschenleer ist und auch im Calancatal noch Leute leben. Wenn es dann in einer Maßnahmenplanung darum geht, ob man in diesem Tal, in das x Millionen an Landwirtschaftsubventionen fließen, nun eine Lawinenschutzgalerie (Überdachung eines Verkehrsweges, um vor den Einwirkungen durch Lawinen oder Steinschlag) gebaut werden soll, um auch bei erhöhter Gefahr die Straße offen halten zu können, dann stößt man mit einer rein risikobasierten Beurteilung oft an die Grenzen. Auf einer Talzufahrt fahren täglich vielleicht nur einhundert Autos, der Besetzungsgrad der Fahrzeuge ist klein, die Lawine ist auch vielleicht relativ selten, also ergibt sich auch geringes Risiko. Eine Lawinenschutzgalerie ist hingegen sehr teuer, vielleicht ist das Nutzen-Kosten-Verhältnis nach der Berechnung mit *EconoMe* 0,6 – dann wäre klar, das machen wir nicht! Dann muss ich sagen: Halt! Das Risiko mag zwar gering sein, aber eigentlich steckt ja dahinter noch der Wunsch, dass dieses Tal besiedelt ist. Diese Aspekte gehen gegenwärtig oft nicht in nachvollziehbarer Art und Weise und damit auch nicht als quantifizierbar Wert ein. Und damit ist der Entscheid, die Maßnahme nicht zu machen, eigentlich nicht ganz richtig.

6.2 Wahlfreiheit des Wohnstandortes und Ansprüche an die Gesellschaft

Man könnte sich natürlich auch vorstellen, dass sich der Staat oder der Kanton überhaupt nicht darum kümmert, wo die Leute siedeln. Dass der Staat sagt, zieht doch hin, wo ihr wollt. Es ist eure Verantwortung, eure Entscheidung. Mit dem Risikomanagement sind wir ja eigentlich an einem schon sehr wohlfahrtsstaatlich überprägten Punkt.

Ja. Doch. Also, ich persönlich finde, dass einem da schon das Recht auf Selbstbestimmung ein Stück weit genommen wird. Für mich geht das Problem aber da los, wo die Leute wider besseren Wissens und Gewissens Ansprüche an die Gesellschaft stellen. Wenn ich mir zum Beispiel eine Hütte in der Wildnis von Alaska baue, da lebe und dann eine Lungenentzündung kriege; ich hab kein Telefon und sterbe innerhalb von drei Tagen, dann ist das mein bewusst eingegangenes Risiko und ich kann auch niemand dafür verantwortlich machen. Wenn es aber um ein Haus in der roten Zone in der Schweiz geht, ist das unmöglich. Angenommen, ich möchte ein einfaches Haus in der roten Zone bauen, vor allem wegen der Hanglage und der schönen Aussicht. Alle dreißig Jahre ist mit einer Lawine zu rechnen, die das Haus dann zerstört. Ich habe aber genügend Geld, um das Haus nach einem Schaden wieder aufzubauen. Wenn es wirklich intensiv schneit, dann sehe ich das und verlasse eigenverantwortlich das Gebäude bis die Gefahr vorüber ist. Ich manage also mein Risiko selber. Das ist aber nicht möglich, auch wenn ich zusichere, dass ich weder von der Gemeinde oder der Rettungskolonne noch von irgendjemand anderem eine Evakuierung im Falle hoher Gefahr erwarte. Das ist gemäß der geltenden gesetzlichen Grundlagen gegenwärtig bei uns nicht möglich.

Der Staat hat eine Fürsorgepflicht und ist für die Sicherheit seiner Bürger verantwortlich. Aber das führt dazu, dass ich gewisse Entscheide nicht mehr selbst treffen kann. In diesem Spannungsfeld zwischen der Freiheit und der Eigenverantwortung des Einzelnen und den Ansprüchen an die öffentlich garantierte Sicherheit gilt es, einen gesellschaftliche Konsens entsprechend unserem Wertesystem zu finden. Dieses Wertessystem ist nicht statisch, sondern unterliegt ebenfalls einem Wandel.

7 FOLGEN DER RISIKOFORSCHUNG

Wir wollen zum Schluss noch einen Blick auf mögliche Folgeprobleme Ihrer Arbeit werfen. Welche Probleme sind unter Umständen mit Ihrer Arbeit oder mit den Ergebnissen ihrer Arbeit verbunden? Also Folgeprobleme, die dadurch entstehen? Wir haben das jetzt so diskutiert, dass die Risikoabschätzung Lösungsange-

bote bietet, aber führt Ihre Arbeit dann zu Folgeproblemen wie Preissteigerung oder Aufregungen und so weiter, die gar nicht intendiert sind?

Ich würde sagen die Hauptgefahr ist, dass man versucht, ein mehrdimensionales System mit wenigen Dimensionen abzubilden und damit genau genommen eigentlich der Sachlage nicht gerecht wird. Als Entscheide zu Schutzmaßnahmen noch weniger ökonomisch begründet wurden als heute – obwohl diese Überlegungen auch in früheren Jahrzehnten eine Rolle gespielt haben –, bestand diese Gefahr weniger. Ich meine, wenn man immer nur nach dem schaut, was sich rentiert, dann geht meistens auch ein Stück weit Qualität verloren, weil sich gewisse Leistungen einfach gar nicht rechnen lassen. Nehmen wir den öffentlichen Verkehr mit den Busverbindungen in die Seitentäler. Die können sich nicht rentieren, das ist wegen der geringen Auslastung meist gar nicht möglich. Aber die Frage ist, wollen wir, dass auch die Leute, die kein Auto haben, mobil sind und wollen wir dafür finanzielle Mittel einsetzen. Das ist *„service publique"*.

Um an dem Beispiel mal entlang zu lenken – das, was man macht, hat letztlich immer Folgen. Wenn wir jetzt über Gefahren- oder Risikokarten sprechen, dann reproduzieren wir natürlich auch ein Risikodenken. Sie sagten, das war vor 30 Jahren anders. Jetzt wird stärker darüber nachgedacht, wie geht man mit Risiken um, gibt es Risiken, nehmen die vielleicht sogar zu? Aber das sind zwei verschiedene Sachen, ob Risiken objektiv, vermeintlich objektiv, zunehmen oder ob wir uns stärker darum kümmern. Und was das denn letztlich für die Wahrnehmung von Risiken bedeutet.

Wenn man dieses ökonomische Denken voranstellt und zum Beispiel einen bestimmten Raum mit einer Schutzmaßnahme geschützt hat, dann will man ihn natürlich auch nutzen. Man hat ja eine Maßnahme ergriffen, um ein bestehendes Risiko zu reduzieren. Und wenn die Maßnahme sehr viel gekostet hat, dann kommt schnell der Wunsch, das muss doch auch was gebracht haben und man vergisst schnell, dass es ja um Risiken ging. Man möchte also wieder etwas neu bauen. Unterm Strich kann das dazu führen, dass sich das Risiko wieder vergrößert, weil man diesen vermeidlich geschützten Bereich dann intensiver nutzt. Die Niederlande sind das allerbeste Beispiel. Sie haben zwar ein hohes Schutzziel, aber die Nutzung und damit das Schadenpotenzial sind dadurch extrem angestiegen. Wenn da wirklich mal etwas passiert, dann ist das ein Mega-Gau.

Herr Bründl, vielen Dank für das Gespräch.

LITERATUR

Borter, Patricio (1999): Risikoanalysen bei gravitativen Naturgefahren. Methode. Umwelt-Materialien 107/I, Bundesamt für Umwelt, Wald und Landschaft, Bern.

Borter, Patricio und Rolf Bart (1999): Risikoanalysen bei gravitativen Naturgefahren. Fallbeispiele und Daten. Umwelt-Materialien 107/II, Bundesamt für Umwelt, Wald und Landschaft, Bern.

Hollenstein, Kurt (1997): Analyse, Bewertung und Management von Naturrisiken. Zürich.

Klinke, Andreas and Ortwin Renn (1999): Prometheus Unbound. Challenges of Risk Evaluation, Risk Classification and Risk Management, Working paper Nr. 153, Akademie für Technikfolgenabschätzung in Baden-Württemberg, Stuttgart (http://elib.uni-stuttgart.de/opus/volltexte/2004/1712/ pdf/ab153.pdf, abgerufen 20.10.2008).

PLANAT (2005): Strategie Naturgefahren Schweiz. Syntheseabericht in Erfüllung des Auftrages des Bundesrats vom 20. August 2003, Bern (www.planat.ch/ressources/planat_product_de_543.pdf, abgerufen 15.10.2008).

Weichselgartner, Jürgen (2001): Naturgefahren als soziale Konstruktion. Eine geographische Beobachtung der gesellschaftlichen Auseinandersetzung mit Naturrisiken, Aachen.

Wilhelm, Christian (1997): Wirtschaftlichkeit im Lawinenschutz – Methodik und Erhebungen zur Beurteilung von Schutzmassnahmen mittels quantitativer Risikoanalyse und ökonomischer Bewertung, Mitt. Nr. 54., Eidg. Institut für Schnee- und Lawinenforschung SLF, Davos.

Wilhelm, Christian (1999): Kosten-Wirksamkeit von Lawinenschutz-Massnahmen an Verkehrsachsen. Vorgehen, Beispiele und Grundlagen der Projektevaluation. Bundesamt für Umwelt, Wald und Landschaft, Bern.

NO-GO-AREAS IN OSTDEUTSCHLAND

Zur Konstruktion unsicherer Räume durch die Massenmedien

Katharina Mohring, Andreas Pott und Manfred Rolfes

1 EINLEITUNG

Fußballweltmeisterschaft 2010: Wie ihre Vorgänger rückte auch die WM in Südafrika das ausrichtende Land für eine gewisse Zeit in den Fokus der Medienöffentlichkeit. Zur Vorbereitung auf Land und Leute wurden die internationalen Besucher nicht zuletzt auch gewarnt – vor den Gefahren, denen sie sich aussetzen, wenn sie bestimmte Orte besuchen. So warnte der für die Sicherheit bei der WM verantwortliche Polizeichef Bheki Cele Anfang Mai 2010 die anreisenden Fans in einem Interview mit der Zeitung *Die Welt* vor unbedachtem und riskantem Verhalten: „Südafrika ist kein Gefängnis, bei uns kann man sich frei bewegen. Aber es gibt Gegenden, die gemieden werden sollten, zum Beispiel die Townships und die Rotlichtbezirke der großen Städte."

Ebenso, wie die enge Verknüpfung des sportlichen Mega-Events mit Fragen der (Un-)Sicherheit nicht neu ist, ist auch die Verräumlichung der (Un-)-Sicherheitsthematik ein bekanntes, wenngleich bisher kaum genauer untersuchtes Phänomen. Im Falle Südafrikas scheinen sogenannte No-Go-Areas bereits zum selbstverständlichen Erwartungshorizont zu gehören (vgl. Korth & Rolfes 2010, 97 ff.). Zumindest in den deutschsprachigen Massenmedien verhallt die ausgesprochene Warnung schnell, sie bestätigt und reproduziert lediglich das schon länger etablierte Bild eines Landes, das auch in der Post-Apartheid durch Rassismus, sozialräumliche Segregation, Gewalt und Kriminalität geprägt zu sein scheint. Demgegenüber hat die Thematisierung von No-Go-Areas im Vorfeld der Fußballweltmeisterschaft 2006 in Deutschland viele Beobachter überrascht. Zumindest hat sie sie wochen-, teilweise monatelang beschäftigt und eine lebhafte Debatte hervorgerufen, eine Debatte, die unter anderem zum Glauben an die Existenz der mit dem Begriff bezeichneten Dinge beiträgt.

Wir nehmen diese Debatte um No-Go-Areas im Kontext der WM 2006 in Deutschland zum Anlass, um am Beispiel der massenmedialen Kommunikation die hier sehr deutlich erkennbaren Formen und Folgen der Verräumlichung von Risiken und Unsicherheiten zu rekonstruieren. Interessanterweise erregte die Identifikation von No-Go-Areas auch unüberhörbaren Widerspruch. Dies führte zu einer vergleichsweise selbstreflexiven Debatte, in der ausgiebig die Frage, ob es in Deutschland und insbesondere in Ostdeutschland tatsächlich No-Go-Areas gebe, diskutiert wurde. Dabei wurde unter anderem das Dilemma sichtbar, dass jede verräumlichende Warnung vor möglichen gewalttätigen (hier: rechtsextremistischen) Übergriffen und jede Kritik an den ausgrenzenden Folgen von No-Go-Areas mit dem Ziel ihrer Überwindung selbst zur Konstruktion gefährlicher Räume beiträgt. Neben diesem essentialisierenden und naturalisierenden Effekt der verräumlichenden Beobachtung werden auch einige andere Funktionen und Probleme der räumlichen Bezugnahme erkannt. Das Ziel unseres Beitrags ist, diese Funktionen anhand der in den Massenmedien im Jahr 2006 geführten Debatte nachzuvollziehen und um analytische Perspektiven zu ergänzen, die eine raumtheoretisch sensible Beobachtung zweiter Ordnung darüber hinaus eröffnen kann.

Nach einer kurzen inhaltlichen Einbettung des medialen No-Go-Area-Diskurses wird zunächst die herkömmliche wissenschaftliche Beschäftigung mit dem Rechtextremismusphänomen skizziert. Vor diesem Hintergrund ist klarer erkennbar, dass die massenmediale Verräumlichung des Problems in Form der *ostdeutschen No-Go-Area* eine kontingente, nicht unumstrittene Beobachtungsform darstellt, die sich durch Wiederholung und Anreicherung zu einer besonderen raumbezogenen Semantik verfestigt. Die Formen und Folgen dieser nicht nur für die Massenmedien funktionalen Semantik werden unter Bezug auf den diskursiven Fokus Ostdeutschland illustriert.

2 NO-GO-AREAS IN DER DEUTSCHEN PRESSE IM WM-JAHR 2006

Für die deutschsprachige Konstruktion der No-Go-Area als einer folgenreichen raumbezogenen Semantik ist das WM-Jahr 2006 von entscheidender Bedeutung. Die vielschichtige und intensiv geführte öffentliche Debatte um No-Go-Areas begann nach dem Überfall auf den deutsch-äthiopischen Ingenieur Ermyas M. am 16. April 2006 in Potsdam. Nach der Gewalttat, die in den Medien trotz anfänglicher Unkenntnis über die Täter und den Tathergang direkt als fremdenfeindliche oder rassistische Tat interpretiert wurde, forderten der Afrika-Rat und die Internationale Liga für Menschenrechte die Politik öffentlich auf, gegen den von rechter Seite betriebenen Rassismus endlich entschiedener vorzugehen. Beide Organisatoren warnten wiederholt vor weiteren rassistischen Taten im Kontext der WM. In einer Pressemitteilung war explizit von No-Go-Areas die Rede. Anders als in den Massenmedien kolportiert, hatten diese Organisationen allerdings nie erklärt, auch eine Karte mit solchen gefährlichen Gebieten vorzulegen. Kurze Zeit nach dem Überfall äußerte sich auch Uwe-Karsten Heye, der ehemalige Pressesprecher der rot-grünen Bundesregierung und der Vorsitzende des Vereins „Gesicht zeigen!". In einem Interview im Deutschlandradio am 17. Mai 2006 sagte er: „Ich glaube, es gibt kleinere und mittlere Städte in Brandenburg und auch anderswo, wo ich keinem raten würde, der eine andere Hautfarbe hat, hinzugehen. Er würde sie möglicherweise lebend nicht wieder verlassen."[1] Für seine Warnung vor Brandenburg als potenzieller Gefahrenzone für dunkelhäutige Menschen erntete Heye teilweise heftige Kritik, vor allem von ostdeutschen Politikern. Später zog er seine Aussage mit der Bemerkung zurück, dass er kein Bundesland stigmatisieren wollte. Gleichzeitig warnte er jedoch davor, rassistische Übergriffe in Deutschland zu bagatellisieren.

Zu dieser Zeit war die öffentliche Debatte längst ins Rollen gekommen. Im Vorfeld der Fußball-Weltmeisterschaft entfaltete sie ihre größte Dynamik. Wenig überraschend spielten hierbei die Massenmedien und hier insbesondere die Printmedien eine zentrale Rolle. Sie fungierten als Vervielfältiger bestimmter Sichtweisen und Deutungen, als Katalysator der öffentlichen Debatte, als Diskursmaschine. Bekanntlich kommt den Massenmedien in der modernen Gesellschaft die Aufgabe zu, Informationen über das gesellschaftliche, also politische, wissenschaftliche usw. Geschehen zu verbreiten. Sie beobachten dazu permanent ihre gesellschaftliche Umwelt und selektieren Informationen, die sie als Mitteilung an die Gesellschaft weitergeben (vgl. hier und im Folgenden Luhmann 2004). Dadurch sind sie nicht nur wie kein anderes Funktionssystem in der Lage, Informationen zu verbreiten, sie können mit diesen Informationen auch in ganz spezifischer Weise Bedeutung transportieren und etablieren.

Die massenmediale Selektion vollzieht sich in zweifacher Weise: Erstens werden gesellschaftliche Ereignisse für Organisationen wie etwa eine Tageszeitung nur dann zu relevanten Informationen, wenn sie in den spezifischen Kontext der beobachtenden Organisation integrierbar sind, der üblicherweise durch bestimmte Programme gekennzeichnet ist. Zweitens werden Informationen innerhalb des jeweiligen organisationsspezifischen Kontextes in einer Art und Weise zu Mitteilungen geformt, die sich an angestrebten Zielen, Auflagensteigerungen, der Erfüllung eines von außen wahrnehmbaren Profils (z. B. politische Unabhängigkeit) sowie an der marktförmigen Konkurrenzsituation, die durch viele verschiedene massenmediale Unternehmen geprägt ist, orientiert. Für Tageszeitungen sind z. B. Auflagensteigerungen, ein hoher (oder besser steigender) Medienkonsum und wachsende Verkaufserlöse wichtige Kriterien und Anreize ihrer Selektions- und Verbreitungsentscheidungen. Durch die derart strukturierte Selektion und Verarbeitung der beobachteten gesellschaftlichen Ereignisse produziert das massenmediale System ein einflussreiches Bild einer gesellschaftlichen Realität, an dem sich andere gesellschaftliche Beobachter und Teilbereiche orientieren. Mit Hilfe der Massenmedien informiert sich die moderne Gesellschaft über sich selbst, und zwar ohne permanent den Konstruktionscharakter des medial vermittelten Bildes zu hinterfragen. Aufgrund ihrer diskursiven Macht ist die kritische Analyse der medial vermittelten Wirklichkeitskonstruktionen geboten.

Die voran stehenden Ausführungen gelten auch für die raumbezogenen Informationen und Mitteilungen der Massenmedien. Denn auch raumbezogene Beobachtungs- und Deutungsformen wie die Rede von No-Go-Areas werden als

---

1 Interview abrufbar unter www.dradio.de/dkultur/sendungen/interview/501431 (letzter Zugriff: 8. März 2009).

Realitätsbeschreibungen gehandelt, ohne ihre spezifische (verräumlichende) Konstruktionsweise und ihre Konsequenzen zu reflektieren. Um sie zu verstehen, sind nicht nur die Selektions- und Verbreitungsprinzipien der massenmedialen Organisationen zu beachten (s. o.). Zu berücksichtigen sind auch die erwarteten Rezeptionskontexte und die dort schon etablieren Raumbilder, an die die Massenmedien in dem Bestreben, ein möglichst großes „Interesse" an ihren Mitteilungen zu erreichen, anschließen. Die Massenmedien schaffen nicht nur neue raumbezogene Diskurse, sondern sie sind stets in bestehende gesellschaftliche Diskurse eingebettet, schreiben diese fort und modifizieren sie. Im Falle der No-Go-Area-Debatte ist dies deutlich an ihrer Anknüpfung an den Ost-West-Diskurs bzw. an ihrer Reproduktion des Ost-West-Schemas zu erkennen.

Dass sich der Beobachtungsmodus der Massenmedien von demjenigen anderer Funktionssysteme unterscheidet, sieht man an unserem Beispiel. So spielten die (wenigen) wissenschaftlichen Auseinandersetzungen mit dem Begriff oder Phänomen der No-Go-Area in der in der Presse geführten Debatte keine Rolle. Weder die Genealogie des Begriffs, der ursprünglich eine militärische Bedeutung hatte, war von Interesse noch wissenschaftliche Untersuchungen, die mit No-Go-Areas ein massives Gewaltverhalten und eine fehlende Durchsetzungsfähigkeit staatlich legitimierter Macht in bestimmten Gebieten verbinden (vgl. z. B. Thome 2005, 211). Stattdessen ,erfand' und prägte die Presse im Selbstbezug ihr eigenes Begriffsverständnis: So werden in den deutschsprachigen Printmedien spätestens seit 2006 unter „No-Go-Areas" Gebiete verstanden, in denen eine Gefahr für sichtbare Minderheiten durch rechtsextreme Gewalt besteht, die daher von den als gefährdet erkannten Personen nicht betreten werden sollten. Es handelt sich also um *eine Form der (diskursiven) Verräumlichung von rechtsextremer Gewalt*. Diese spezifische Bestimmung ist zugleich Ergebnis und Motor einer Debatte, in der das Begriffsverständnis schnell fixiert war. Zur Erläuterung des Begriffs griff die Presse rekursiv auf Inhalte zurück, die sie selbst früher schon verbreitet hatte:

> 'No-go-Areas': Seit 1997 wird über Gebiete berichtet, die Dunkelhäutige, Menschen jüdischen Glaubens, Ausländer und Homosexuelle, aber auch Linke und Menschen mit Behinderung meiden sollten. Die Rede ist auch von „Angsträumen" und „gesetzlosen Bereichen". Bereits 1991 war der von Neo-Nazis geprägte Kampfbegriff von „national befreiten Zonen" aufgekommen, der im Jahr 2000 zum Unwort des Jahres gewählt wurde (*Frankfurter Rundschau*, 19.05.2006).

Weiter unten werden die Konstruktionen und Thematisierungsweisen von No-Go-Areas am Beispiel der durch die Printmedien hergestellten und verfestigten Formen genauer beleuchtet. Zunächst soll jedoch auf die Art und Weise eingegangen werden, wie der Rechtsextremismus, also das Phänomen, um dessen mediale Verräumlichung es hier geht, jenseits der interessierenden Debatte um No-Go-Areas thematisiert wird.

3 RECHTSEXTREMISMUS IN DER GESELLSCHAFTLICHEN UND WISSENSCHAFTLICHEN DISKUSSION

Schon seit längerer Zeit problematisiert der politische und öffentliche Diskurs Rechtsextremismus und rechtsextreme Gewalt. Im Mittelpunkt der politischen Diskussionen und der Medienberichterstattung stehen Fragen des Umgangs mit dem Rechtsextremismus. Es geht um Verbote rechtsextremer Parteien, Aktivitäten rechtsextremistischer Gruppierungen (z. B. rechtsextreme Demonstrationen, Strategien rechter Gruppen und Parteien zur Rekrutierung neuer Anhängerschaft) oder polizeiliche und juristische Erfolge im Kampf gegen das Netzwerk der rechtsextremen Bewegung. Die ebenfalls sehr rege wissenschaftliche Auseinandersetzung mit dem Themenfeld erfolgt insbesondere in den Politik- und Sozialwissenschaften sowie in der Sozialpsychologie (vgl. Arzheimer 2008, Decker et al. 2006, Schubarth & Stöss 2001, Stöss 2005).

Obwohl oder gerade weil der Rechtsextremismusbegriff inhaltlich etwas diffus ist, hat er sich bereichsübergreifend in der öffentlichen Diskussion, in der Politik und in der Forschung etabliert. Rechtsextremismus sei, so Stöss, „ein Sammelbegriff für verschiedenartige gesellschaftliche Erscheinungsformen, die als rechtsgerichtet, undemokratisch und inhuman gelten" (Stöss 2005, 23). Mit synonymer Bedeutung erscheinen in seiner Nachbarschaft weitere Begriffe wie Faschismus, Rechtsradikalismus, (Neo-)Nazismus, Rassismus, Autoritarismus und Fremdenfeindlichkeit (vgl. Decker et al. 2006, 11 ff.; Stöss 2005, 23 ff.). Eine Systematisierung kann strenggenommen nur vor dem Hintergrund der vielfältigen gesellschaftlichen Bezugskontexte erfolgen, in denen das Phänomen des Rechtsextremismus in Erscheinung tritt. Trotzdem könnte man, Stöss folgend, folgende Begriffsexplikation vornehmen: Als Kernelemente des Rechtsextremismus lassen sich (1) ein ausgeprägter Nationalismus mit starken imperialistischen Bestrebungen, (2) eine Geringschätzung bzw. Ablehnung der universellen Freiheits- und Gleichheitsgrundsätze, (3) das explizite Streben nach faschistischen und autoritären Herrschaftsformen und damit die Negation parlamentarisch-pluralistischer Systeme und schließlich (4) der Gedanke einer ethnisch homogenen Volksgemeinschaft auf Grundlage einer völkischen und rassistischen Ideologie unterscheiden (vgl. Stöss 2005, 23 f.).

In der wissenschaftlichen Erforschung des Rechtextremismus dominieren zwei Perspektiven: Fokussiert werden vor allem rechtsextremistische Einstellungen (z. B. Nationalismus, Ethnozentrismus, Antisemitismus oder der Wunsch nach einer Rechts-Diktatur) und rechtsextremistisches Verhalten (z. B. spezifisches Wahlverhalten, die Mitgliedschaft in rechten Parteien oder gewalttätige Aktionen). In der Rechtsextremismusforschung wird davon ausgegangen, dass das rechtsextremistische Einstellungspotenzial bedeutend größer als das Verhaltenspotenzial ist (vgl. Decker et al. 2006, 13; Stöss 2005, 25). Insgesamt trifft man in der wissenschaftlichen Auseinandersetzung mit dem Rechtsextremismus eher selten auf raumbezogene Darstellungs- und Analyseformen. Die gängigen Versuche, rechtsextremes Verhalten bzw. rechtsextreme Einstellungen und ihr Entstehen zu erklären, basieren vielmehr auf weitgehend ‚unräumlichen' sozialisations-, kognitions- und desintegrationstheoretischen Überlegungen (vgl. exemplarisch Decker et al. 2006, 14 ff.). Die desintegrationstheoretischen Arbeiten haben für unser Beispiel insofern einen herausragenden Stellenwert, als ihre Annahmen und Erklärungen regelmäßig auch in außer-wissenschaftlichen Zusammenhängen wie z. B. den Massenmedien oder der politischen Kommunikation aufgegriffen, verbreitet und dann hier oft auch entscheidungsleitend werden. Rechtsextreme Einstellungen und Verhaltensweisen werden im desintegrationstheoretischen Erklärungsansatz zu einem erheblichen Anteil auf Erfahrungen mit Deprivation, Ungleichheit oder Ungleichwertigkeit zurückgeführt (vgl. insbesondere Heitmeyer 2002). Rechtsextremismus gilt dann folgerichtig als Indikator für die Desintegration bestimmter Bevölkerungsgruppen, die sich als Modernisierungsverlierer erfahren oder als Privilegienverteidiger inszenieren (vgl. Jesse 2004, 11; Stöss 2004, 93). In der öffentlichen und massenmedialen Kommunikation werden diese Erklärungsansätze durch die Verknüpfung mit Folgeproblemen der Globalisierung und des wohlfahrtsstaatlichen Umbaus noch verstärkt. Derartige Diskurse begleiten und legitimieren wiederum politische Entscheidungen. Unter anderem dienen sie auch rechtsextremen Parteien als Grundlage ihrer Parteiprogramme, in welchen diese in Zeiten des Neoliberalismus sowie eines tiefgreifenden ökonomischen, sozialen und demographischen Wandels eine fundamentale Veränderung der Arbeitswelt fordern (vgl. Pfahl-Traughber 2004, 101 ff.).

Wenig überraschend ist die öffentliche und politische Thematisierung des Rechtsextremismusphänomens im Vergleich zur Erklärungsvielfalt in der Rechtsextremismus-Forschung deutlich weniger komplex. So konstruieren die Massenmedien bevorzugt das Bild gesellschaftlicher Randgruppen, die aufgrund ihrer Abwertungserfahrungen (z. B. Arbeitslosigkeit) rechtsextremem Gedankengut verfallen. Deutschlandweite empirische Untersuchungen zeigen dagegen, dass rechtsextreme Einstellungen nicht nur in gesellschaftlichen Randgruppen vorkommen (vgl. z. B. Decker et al. 2006). Vielmehr haben verschiedene empirische Studien wiederholt nachgewiesen, dass rechtsextreme Einstellungen wie Fremdenfeindlichkeit und Antisemitismus in allen Altersklassen und allen sozialen Schichten beobachtet werden können. Aus wissenschaftlicher Sicht greifen daher Darstellungsweisen zu kurz, die Rechtsextremismus und insbesondere Fremdenfeindlichkeit auf bestimmte Bevölkerungs(rand)gruppen reduzieren.

4 DIE VERRÄUMLICHUNG VON
RECHTSEXTREMISMUS UND RASSISMUS

Anders als in weiten Teilen der Wissenschaft wird das soziale Phänomen des Rechtsextremismus bzw. die Entstehung rechtsextremer Einstellungen in der öffentlichen Diskussion nicht selten in räumliche Begründungszusammenhänge gesetzt. Im Mittelpunkt stehen räumliche Unterschiede des rechtsextremistischen Wahlverhaltens und regionale Differenzierungen fremdenfeindlicher Einstellungen. Dabei dominiert der deutschlandweit sehr prägende Diskurs zur Differenz zwischen Ostdeutschland und Westdeutschland. Das Problem Rechtsextremismus

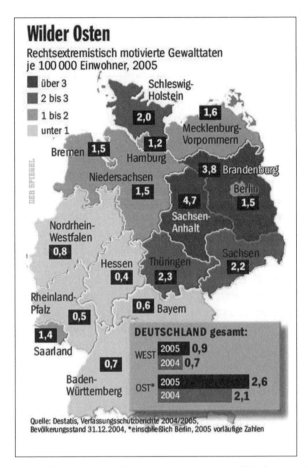

Wilder Osten

Rechtsextremistisch motivierte Gewalttaten je 100 000 Einwohner, 2005

- über 3
- 2 bis 3
- 1 bis 2
- unter 1

Schleswig-Holstein **2,0**

1,6 Mecklenburg-Vorpommern

Bremen **1,5**

1,2 Hamburg

Niedersachsen **1,5**

3,8 Brandenburg

Berlin **1,5**

4,7 Sachsen-Anhalt

Nordrhein-Westfalen **0,8**

Hessen **0,4**

Thüringen **2,3**

Sachsen **2,2**

Rheinland-Pfalz **0,5**

0,6 Bayern

1,4 Saarland

0,7 Baden-Württemberg

DER SPIEGEL

DEUTSCHLAND gesamt:		
WEST	2005	0,9
	2004	0,7
OST*	2005	2,6
	2004	2,1

Quelle: Destatis, Verfassungsschutzberichte 2004/2005, Bevölkerungsstand 31.12.2004, *einschließlich Berlin, 2005 vorläufige Zahlen

Abbildung 1 Ein Beispiel für die Verräumlichung von Rassismus und Rechtsextremismus. Quelle: Der Spiegel, *22. Mai 2006, 42.*

wird in Folge der Verwendung des dominanten Ost-West-Beobachtungsschemas meist zu einem ostdeutschen Problem. Wie Abbildung 1 exemplarisch verdeutlicht, pauschalisiert die verräumlichende Darstellung typischerweise stark: Der Preis für die kartographische Visualisierung ausgewählter Aspekte eines Phänomens ist die radikale Vereinfachung von Sachverhalten, die sonst (z. B. in der wissenschaftlichen Beobachtung) weit komplexer erscheinen. Die verräumlichende Perspektive bereitet Homogenitätsannahmen oder -aussagen den Boden (z. B.: ‚Der Rechtsextremismus betrifft den ganzen Osten', ‚Vorsicht vor rechten Gruppen gilt für das gesamte Bundesland') und wird derart nicht selten Element von (raumbezogenen, homogenisierenden) Stigmatisierungen (z. B.: ‚Alle Ostdeutschen sind so!').

Die Ost-West-Unterscheidung als möglicher relevanter Aspekt findet auch in wissenschaftlichen Analysen Beachtung (vgl. Arzheimer 2007; Decker et al.

2008, 65 ff.). Hier zeigt sich jedoch, dass raumbezogene Muster nur wenig substanzielle Erklärungsansätze für rechtsextreme Einstellungen und Wahlentscheidungen liefern. Das wissenschaftliche Zögern, in der Analyse des Rechtsextremismus räumlichen Faktoren Wirk- und Erklärungskräfte zuzusprechen, ist vor dem Hintergrund manch anti-deterministischer Warnungen vor einer Überbetonung des Räumlichen sehr verständlich. So halten zum Beispiel verschiedene (oft jüngere) Ansätze der Sozialgeographie die territorialisierende Beobachtung oder Erklärung sozialer Phänomene für reduktionistisch und problematisch (vgl. Hard 1999, 134 ff.). In der Neuen Kulturgeographie wird essentialistischen oder physisch-materiellen Raumkonzepten, die älteren Arbeiten noch zur Erklärung sozialer Phänomene dienen mochten, eine klare Absage erteilt (vgl. beispielsweise die Beiträge in Berndt & Pütz 2007). Rechtsextremismus oder Rassismus können zwar unter Bezugnahme auf Personen und deren erdräumliche Lokalisierung durchaus räumlich, d.h. territoriumsbezogen, dargestellt werden. Doch damit ist noch keine Erklärung gewonnen. Eine raumbezogene Deskription eignet sich weder zur Erklärung der Genese rechtsextremer Einstellungen oder rechtsextremes Verhaltens noch zur Erklärung ihrer räumlichen Ungleichverteilung. Es verwundert somit kaum, dass der regionalisierte (oder regionalisierende) Blick auf Rechtsextremismus im Gesamtfeld der (soziologischen, politologischen, juristischen usw.) Rechtsextremismus-Forschung eher die Ausnahme darstellt.

Die im Rahmen des Spatial Turn und der Kritischen Kriminalgeographie geführte raumtheoretische Debatte lässt vermuten, dass die verräumlichende Darstellung des Rechtsextremismus in politischen oder öffentlichen Kommunikationen neben Pauschalisierung, Homogenisierung und Stigmatisierung noch weitere Folgen und Funktionen zeigt bzw. erfüllt (vgl. Döring & Thielmann 2008, Glasze et al. 2005). Darauf deutet auch die weit verbreitete, kontextübergreifende Verwendung räumlicher Unterscheidungen im hier interessierenden Zusammenhang hin. Spiegelbildlich zu den Massenmedien und den politischen Beobachtern, die von No-Go-Areas oder ostdeutschen Angst- und Risikoräumen sprechen, nutzen rechtsextreme Gruppen bekanntlich die raumbezogene Beobachtungs- und Unterscheidungsweise schon seit den 1990er Jahren im Rahmen ihrer Rede und ihrer Versuche der Etablierung von „national befreiten Zonen" (vgl. Döring 2007, 51 ff.). Umgekehrt verräumlichen die antirassistischen Bewegungen und Vereine wie der schon zitierte Afrika-Rat oder der Verein Opferperspektive, wenn sie die Orte rechtsextremer Gewalttaten in regionalisierter Form (zum Beispiel in Brandenburg) dokumentieren. Ähnlich und noch konkreter präsentierten Polizei und Verfassungsschutz rechtsextreme oder ausländerfeindliche Vorfälle durch kartographische Darstellungen.

In der massenmedial forcierten öffentlichen Debatte um No-Go-Areas im Vorfeld der Fußballweltmeisterschaft 2006 erlangten diese Verräumlichungspraxen eine besondere Aufmerksamkeit. Mit dem Ziel, anhand dieser Debatte die Herstellung und Verfestigung von unsicheren Räumen sowie einige Folgen derartiger Raumkonstruktionen exemplarisch zu rekonstruieren, wird nachfolgend der damalige No-Go-Area-Diskurs in den Printmedien genauer beleuchtet. Auf der Basis vielfältigen Zeitungs- und Zeitschriftenmaterials wird der Blick auf die beobachtbaren Formen, Inhalte und Folgen der medialen No-Go-Area-Konstruktion gerichtet.[2]

5 DIE MASSENMEDIALE KONSTRUKTION VON NO-GO-AREAS IN OSTDEUTLAND

In der unhinterfragten Annahme, *dass* es No-Go-Areas in Deutschland gibt, fragt der Großteil der betrachteten Artikel danach, *wo genau* diese No-Go-Areas zu finden sind, wie sie zu erklären sind und was sie ausmacht.[3] Eingebettet in das Beobachtungsschema Ost-West wird die Frage nach der Lokalisierung in den allermeisten Fällen mit Orten oder Gegenden in *Ostdeutschland* beantwortet. Solange nicht genauer spezifiziert wird, erscheint ganz Ostdeutschland als No-Go-Area. Die Existenz bestimmter (überwiegend ostdeutscher) No-Go-Areas wird in den Artikeln durch entsprechende Hintergrundinformationen belegt. Gerahmt wird die Argumentation durch ein entweder vorausgesetztes oder auch explizit benanntes Verständnis von No-Go-Areas als Regionen oder Orten, die durch besondere Gefahren wie ausgeprägte Fremdenfeindlichkeit und sichtbaren Rechtsextremismus gekennzeichnet sind und deren Betreten, Bereisen oder Durchqueren daher riskant ist, zumindest für bestimmte Bevölkerungsgruppen. Analytisch lassen sich verschiedene Konstruktionsprinzipien unterscheiden, die in der medialen Kommunikation allerdings in der Regel nicht getrennt auftreten, sondern in engem Zusammenhang stehen und sich wechselseitig stützen. Sehr prominent und wirksam sind folgende Konstruktionsprinzipien

---

2   Für die Medienanalyse wurden verschiedene Zeitungen und Zeitschriften im Zeitraum vom 16. April 2006 (Überfall in Potsdam) bis zum 9. Juli 2006 (Ende der Fußball-WM) untersucht. Die Auswahl der Zeitungen/Zeitschriften orientierte sich an deren Verbreitungsgebieten sowie am vermuteten Adressatenkreis. Dadurch sollten unterschiedliche Meinungsspektren erfasst werden, ohne diese allerdings explizit zum Untersuchungsgegenstand zu machen. Die untersuchten Presseorgane spiegeln nicht das gesamte politische Spektrum Deutschlands wider, sondern konzentrieren sich auf das konservativ-liberale bis links-liberale bzw. links-alternative Zeitungsmilieu. Der regionale Fokus beschränkt sich bei den lokalen Zeitungen auf Berlin und Brandenburg. Folgende Tageszeitungen wurden ausgewertet (in Klammern die analysierten Artikel mit Verweis auf No-Go-Areas): mit überregionalem Bezug *die tageszeitung* (*taz*; 50), *Frankfurter Rundschau* (*FR*; 14) und *Frankfurter Allgemeine Zeitung* (*FAZ*; 18) sowie mit lokalem Bezug *Der Tagesspiegel* (*TS*; 22) und die *Märkische Allgemeine* (*MAZ*; 19). Als Wochenzeitschriften mit überregionalem Bezug gingen *DIE ZEIT* (12) und *DER SPIEGEL* (4) in die Analyse ein (auch in Form ihrer online-Ausgaben).

3   An dieser Stelle sollte bereits angemerkt werden, dass die ausgewählten Zeitungen und Zeitschriften in der Art und Weise der sinnhaften Aufladung des Begriffs No-Go-Area vergleichbare Muster aufweisen. Es lassen sich lediglich Unterschiede in der Aufarbeitung des Themas feststellen, die aber nicht unhinterfragt auf den Adressatenkreis oder den überregionalen bzw. lokalen Bezug der Zeitung zurückgeführt werden können. So führte zum Beispiel die *tageszeitung* eine vergleichsweise große und perspektivenreiche Diskussion um diese Thematik. Hingegen verwendete die *Märkische Allgemeine Zeitung* den Begriff No-Go-Area eher zögerlich.

Territorialisierung, Objektivierung und Essentialisierung

Die unterstellte real-materielle Existenz von No-Go-Areas wird in den untersuchten Artikeln dadurch belegt, dass explizit Regionen oder Orte genannt werden, die angeblich die Eigenschaften einer No-Go-Area aufweisen.

> Seit der Wiedervereinigung hat sich im Osten eine Subkultur rechter Gewalt ausgebreitet (…) (*ZEIT* online, 17.05.06).

Wird die Gefährdung durch Fremdenfeindlichkeit und rechtsextremistische Aktivitäten nicht pauschal auf ganz Ostdeutschland bezogen, werden oft einzelne ostdeutsche Bundesländer genannt. In den meisten der betrachteten Fälle handelt es sich hierbei um Brandenburg und Berlin, was auf den Ausgangspunkt der Debatte in den Printmedien verweist (s. o.). In dem Bestreben, konkrete No-Go-Areas zu bestimmen, markieren sowohl die überregionalen als auch die lokalen Zeitungen territorial eindeutige Orte, zum Beispiel bestimmte Stadtteile oder Wohnblöcke in Berlin:

> (…) Straßenzüge in Treptow, einige Häuserblocks um den U-Bahnhof Rudow, vor allem der Weitlingkiez (*taz*, 23.05.06).

Die Nennung konkreter Orte wird mit weiteren Informationen, denen gemeinhin ein hoher objektiver Wert zugeschrieben wird, verknüpft, wie etwa mit statistischen Daten oder kartographisch dargestellten Ungleichverteilungen. Quellen dieser vermeintlich objektiven Informationen sind z. B. Verfassungsschutzberichte, Polizeiliche Kriminalstatistiken oder Statistiken der Strafverfolgungsbehörden, aber auch entsprechende Angaben von Vereinen, die sich (ehrenamtlich) gegen Rechtsextremismus engagieren.[4] Die Validität der zitierten Daten wird in den untersuchten Pressematerialien nicht in Frage gestellt.

Auffällig ist die häufige Verwendung von Karten und kartenähnlichen Darstellungen (vgl. Abbildung 1). Durch sie lässt sich eine thematisierte Problematik verorten und territorialisieren und macht sie sichtbar. Damit dienen Karten und räumliche Visualisierungen der Objektivierung und Essentialisierung der No-Go-Area-Semantik. Das (von Sozialwissenschaftlern zumeist ‚unräumlich' beschriebene) soziale Phänomen des Rechtsextremismus wird auf einzelne Orte bezogen, denen die entsprechenden Merkmale eigen zu sein scheinen. Eine solche Bedeutungsaufladung macht aus den markierten Orten unsichere, gefährliche Orte des Rechtsextremismus oder Rassismus. In der Semantik der No-Go-Area verschmilzt so das soziale Phänomene des Rechtsextremismus mit den bezeichneten Orten zu einer Einheit. Während die benennbaren Orte und Räume die Gefahr verdinglichen, objektivieren, visualisieren und letztlich essentialisieren, bleibt der kommunikative Zuschreibungsprozess selbst abgedunkelt. Durch die stark selektive Darstellung sowie die territoriale Fixierung und Visualisierung werden in der Folge außerdem räumliche Unterschiede (hier sicher/dort gefährlich) thematisierbar.

---

4   Siehe beispielsweise www.opferperspektive.de oder www.gesichtzeigen.de (letzter Zugriff am 5. März 2009).

Emotionale Aufladung

Zusätzliche semantische Verfestigung erfahren No-Go-Areas durch eine dezidierte emotionale Aufladung. So werden in den Artikeln neben den sachlichen Untermauerungen auch beschreibende Zusatzinformationen geliefert, die die Gefahr durch rechtsextreme Aktivitäten in den benannten Regionen in dramatischen, oft sehr plastischen und teilweise sensationsheischenden Schilderungen darstellen. Angeführt werden insbesondere fremdenfeindliche Aktivitäten und (gewalttätige) Straftaten rechtsextremer Gruppierungen. Berichtet wird dann z. B. von dem massiven Auftreten und den Ansammlungen von Rechtsradikalen, die mit verbalen oder tätlichen Angriffen auf Personen oder Zerstörung von Restaurants und Geschäften verbunden sind. In einigen Presseartikeln finden sich sehr drastische Schilderungen der Einzelheiten von fremdenfeindlichen oder rassistisch motivierten Taten. Die nachfolgende Gewaltszene wurde aus Cottbus berichtet:

> Vor der Stadthalle warfen sie Fengs Bücher in den Dreck, sie zertrümmerten seine Brille, traten ihm in den Unterleib und schlugen ihm einen Zahn aus. Fengs Frau schleiften sie am Zopf über den Platz - und prügelten sie blutig (*DIE ZEIT*, 01.06.06).

Die detaillierte und exemplarische Beschreibung gewaltsamer Ereignisse erzeugt bei den Leserinnen und Lesern ein individuelles Bedrohungs- oder Angstgefühl, unterstreicht die Gefährlichkeit der bezeichneten Regionen und belegt damit die Angemessenheit, sie als Angst- und Unsicherheitsräume zu betrachten.

Plausibilisierung durch Wissenschafts- und Regionsbezüge

Die Konstruktionen von No-Go-Areas erfahren in den Presseartikeln eine Stabilisierung, indem sie in verschiedene Ursachen- und Begründungsdiskurse eingebettet werden. No-Go-Areas tauchen im Kontext komplexer sozialer, ökonomischer und politischer Sachverhalte auf, die dabei vor allem in Form von regionalisierten Verursachungszusammenhängen präsentiert werden. Zwar erfolgt dies oft in Anlehnung an theoretische Reflexionen unterschiedlicher wissenschaftlichen Disziplinen, komplexe wissenschaftliche Zusammenhänge scheinen in den Presseberichten jedoch nur verkürzt und selektiv dargestellt auf. Wie bereits angedeutet, entlehnen die Printmedien einen großen Teil ihrer Ausführungen zu Ursachenzusammenhängen den – dezidiert nicht raum- oder regionsbezogenen – Desintegrationstheorien der Rechtsextremismus-Forschung, die sie in ihrem Kontext mit der für den Mediendiskurs wichtigen Ost-West-Unterscheidung verknüpfen. Dadurch verändert sich die Bedeutung der ursprünglichen wissenschaftlichen Argumentation: Abwertungserfahrungen, soziale Benachteiligungen und Perspektivlosigkeit der *Bevölkerung in den neuen Bundesländern* werden zur *regionalen* Ursache für das Abdriften in rechtsextreme Positionen.

In ähnlich raumbezogen-kausaler Weise lässt sich im Untersuchungsmaterial die DDR-Vergangenheit bzw. die Sozialisation in der DDR als Ursache für die Ausländerfeindlichkeit in Ostdeutschland identifizieren:

> Eine der Ursachen für Rechtsextremismus in den neuen Bundesländern liegt laut Platzeck auch in der DDR-Vergangenheit: „Da kommt in Ostdeutschland speziell wenig Erfahrung mit anderen Kulturen rein, weil das in den Jahren vorher nicht geübt worden ist" (*Spiegel* online, 21.05.06).

Als weiterer Ursachenkomplex gelten die gerade in der wissenschaftlichen Diskussion betonten Strukturprobleme des Bildungssystems. So wird mit Bezug auf wissenschaftliche Untersuchungen argumentiert, dass es nicht genug Bildungskonzepte für Toleranz und gegen Gewalt und Fremdenfeindlichkeit gebe. Insbesondere die Jugendarbeit gegen Rechtsextremismus und Fremdenfeindlichkeit greife oft zu kurz und müsse dringend stärker ausgebaut und unterstützt werden.

Darüber hinaus zeigt sich in vielen Beiträgen eine explizit regionsbezogene Erklärungsdimension. So wird regelmäßig auf die (objektive) Existenz benachteiligter Regionen verwiesen, was im nächsten Argumentationsschritt als Basis der regionsbezogenen Erklärung der Entstehung von No-Go-Areas dient. Entsprechende Artikel thematisieren in der Regel die sozio-ökonomischen, städtebaulichen und infrastrukturellen Benachteiligungen bestimmter Regionen und Stadtteile. Dies geschieht mit regional- und sozialwissenschaftlichen Argumenten, wobei oft das entsprechende Fachvokabular verwendet wird. Die derart beschriebenen räumlichen Strukturen gelten dann als Auslöser regional gebundener No-Go-Areas. Dies führt zu einer zirkulären und raumdeterministischen Argumentationsweise: Räumliche Erscheinungsformen (hier: No-Go-Areas) werden durch räumliche Argumente (hier: benachteiligte Regionen) erklärt. Die zirkuläre Argumentation, in der räumliche Formen primär das Resultat wirkmächtiger Räume sind, ist als Erklärungsmuster der traditionellen und der raumwissenschaftlichen Geographie hinlänglich bekannt – und prominent von Benno Werlen (vgl. 2000, 234) kritisiert worden.

> Wer eine Aufstiegsperspektive für sich sieht, (...) sucht das Weite und den Anschluss an prosperierende und konsumfreudige Regionen. Zurück bleiben Sozialmilieus, die nur noch wenig mit den materiellen Standards und kulturellen Codes der tonangebenden Mittelschichten verbindet. In keiner der Zonen, die es in den zurückliegenden Monaten in die Schlagzeilen schaffte, liegt die reale Arbeitslosenquote unter 30, 40 Prozent (*taz*, 27.05.06).

In den untersuchten Presseartikeln sind sowohl die regionsbezogenen als auch die bildungssystem- oder desintegrationsbezogenen Ausführungen fast immer mit dem nicht weiter hinterfragten Beobachtungs- und Unterscheidungsschema Ostdeutschland/Westdeutschland verknüpft. So führen gerade diese aus dem wissenschaftlichen Kontext entlehnten und selektiv aufbereiteten Informationen zu der eindeutigen Dominanz der medialen Identifizierung von No-Go-Areas mit Ostdeutschland oder ostdeutschen Teilregionen.

Nur ein kleiner Teil der analysierten Artikel betrachtet Fremdenfeindlichkeit und Rechtsextremismus ausdrücklich nicht (nur) als Problem Ostdeutschlands. Die Argumentationen dieser Artikel sind unterschiedlich. Einerseits warnen sie vor einer Stigmatisierung ostdeutscher Regionen. Andererseits wird die No-Go-Area-Problematik als gesamtdeutsches Phänomen charakterisiert und beispielsweise auf No-Go-Areas in den alten Bundesländern hingewiesen.

Landkarte des Schreckens. Der Verfassungsschutzbericht zeigt: Rechte Gewalt ist ein gesamtdeutsches Problem (*TS*, 23.05.06).

Nur selten wird die Existenz von No-Go-Areas in Deutschland – dann vor allem unter Verweis auf das staatliche Gewaltmonopol – ganz in Frage gestellt. Die Artikel, die No-Go-Areas nicht nur in Ostdeutschland lokalisieren und die Debatte nicht nur auf ostdeutsche Regionen reduzieren (wollen), verdeutlichen indirekt, dass der räumliche Bezug des Themas nicht eindeutig und nicht unumstritten ist.

6 PROBLEMATISIERUNG DER MASSENMEDIALEN KONSTRUKTION

Anders als die Wissenschaft orientiert sich das gesellschaftliche Funktionssystem der Massenmedien nicht an der Leitunterscheidung wahr/unwahr. Vielmehr wählen sie die Nachrichten, die sie kommunizieren, danach aus, ob sie als Informationen für die vermutete Leserschaft von Interesse sind und entsprechend nachgefragt werden oder nicht. Interessanterweise ‚profitieren' sie gerade von der ontologischen Frage, ob es No-Go-Areas gibt oder nicht. Denn diese Frage provoziert immer wieder neue Meldungen, die die Existenz von No-Go-Areas an konkreten Beispielen belegen oder sie mit Bezug auf allgemeine Zusammenhänge eben auch in Frage stellen. Dies führte im Vorfeld der WM 2006 zu einer erstaunlich selbstreflexiven und teilweise auch selbstkritischen Medienkommunikation, in der unter anderem die Art und Weise des Raumbezugs reflektiert und die Frage gestellt wurde, ob die Territorialisierung des Rechtsextremismus, die die No-Go-Area-Debatte kennzeichnet, überhaupt sinnvoll ist. Diese medieninterne Beobachtung zweiter Ordnung soll im Folgenden nachgezeichnet und um ausgewählte Aspekte, die im Mediendiskurs nicht reflektiert wurden, ergänzt werden.

Einige wenige Artikel problematisieren die explizite Raumbezogenheit des Begriffs der No-Go-Area. Sie bemühen sich um die Relativierung der Begriffsbedeutung und -aufladung und kritisieren die unbedachte Verwendung des Begriffs. Teilweise wird sogar die Befürchtung geäußert, dass die mediale Berichterstattung durch ihre Formen der Benennung und Verortung an der Herstellung von No-Go-Areas nicht unwesentlich beteiligt und sie daher für eine Kritik am Rechtsextremismus eher kontraproduktiv sei. Erkannt werden die Analogien der Rede von No-Go-Areas mit den von den Neonazis proklamierten „national befreiten Zonen" in puncto Raumbezug sowie einer Verschmelzung von Territorium und Gruppenidentität, die bestimmte Gruppen ausschließt (vgl. Döring 2007). Befürchtet wird daher nicht nur die Stigmatisierung der genannten Regionen, sondern auch die Ermunterung rechter Gruppierungen, ihre Politik der exkludierenden Raumaneignung fortzusetzen:

Aufrütteln wollte er die Leute, erklärt Heye später, ob der entfachten Debatte dann doch erfreut. Womöglich erreicht er das glatte Gegenteil – weil nun die Neonazis fast eine halbamtliche Bestätigung dafür haben, dass ihr Konzept der sogenannten ausländerfreien Zonen in Teilen aufgegangen ist (*DER SPIEGEL*, 22.05.06).

Manche (wenige) der untersuchten Artikel gehen sogar so weit, in der medienöf-
fentlichen Kommunikation über Rechtsradikalismus, Migration und Integration
einen Auslöser für Fremdenfeindlichkeit und Rechtsextremismus zu sehen. Die
Printmedien reflektieren hier die eigene Rolle bei der Entstehung rechtsextremer
Einstellungen. Das Hauptproblem wird in der permanenten Reproduktion und
Bedeutungsüberhöhung der Unterscheidung Deutsch/Nicht-Deutsch in der politischen und medienöffentlichen Diskussion gesehen. Sie verführe benachteiligte
Gruppen dazu, Migranten für ihre Deprivationserfahrungen verantwortlich zu machen, und motiviere und enthemme rechtsradikale Aktivisten. Selbstkritisch reflektieren manche Artikel die mögliche Wechselwirkung zwischen medialer Berichterstattung und fremdenfeindlichen Gewalttaten, die auch in der Wissenschaft
untersucht wird (vgl. Ohlemacher 1998):

> PolitikerInnen und die Öffentlichkeit sind nach Ansicht des Migrationsexperten Faruk Şen
> mitverantwortlich für fremdenfeindliche Übergriffe. „Die zahlreichen Integrationsdebatten
> der letzten Zeit haben sich sehr einseitig auf einen vermeintlich fehlenden Anpassungswillen
> der Zuwanderer konzentriert", kritisierte der Direktor des Zentrums für Türkeistudien. Damit
> werde Andersartigkeit als Problem dargestellt und so Gewalt gegen Fremde begünstigt, sagte
> Şen mit Blick auf die Debatte über No-go-Areas (*taz*, 23.05.06).

> Wenn es keine Schlagzeilen mehr gibt wie „Die Welt zu Gast bei Nazis"[5], lässt auch die da-
> zugehörige Konjunktur (Fremdenfeindlichkeit und das Gerede darüber) wieder nach (*taz*,
> 24.05.06).

Ein anderer kritischer Punkt, der wiederholt geäußert wird, ist die Sorge, dass die
lokalisierende Perspektive der No-Go-Area-Debatte das generelle Problemfeld
von Fremdenfeindlichkeit, Rechtsextremismus und Rassismus unangemessen auf
einzelne Orte begrenze. Mit der Benennung expliziter No-Go-Areas werde der
irrtümliche Eindruck vermittelt, außerhalb von No-Go-Areas wären Fremdenfeindlichkeit und Rechtsextremismus nicht existent. Derart begründete der Afrika-
Rat im Juli 2006 seine Entscheidung, keine Karte für ausländische WM-Besucher
zu veröffentlichen, auf der No-Go-Areas eingezeichnet sind.

> „So etwas [fremdenfeindliche Straftaten und Überfälle, Anm. der Autoren] kann überall pas-
> sieren", sagt Moctar Kamara vom Berliner Afrika-Rat. Der Rat hat sich mittlerweile gegen
> den Begriff „No-go-Area" ausgesprochen (*taz*, 17.06.06).

Man könnte diese Kritik an der lokalisierenden Perspektive noch erweitern und
schärfen. Die der No-Go-Area-Semantik eigene Verräumlichung ist eine Reduktion eines komplexen Problems auf einzelne Orte oder Räume und dort lokalisier-
bare Umstände oder Ereignisse. Sie kommt einer Reduktion auf Sichtbarkeit und
territoriale Konkretion („hier und nicht dort') gleich. Fremdenfeindlichkeit,
Rechtsextremismus oder Rassismus sind jedoch keine Probleme einzelner Orte,
sondern ortlose Ideologien. Man könnte daher von einer Verräumlichung eines
unräumlichen Phänomens sprechen, die durch ihre Fokussierung auf gefährliche

---

5   Das offizielle und im Zusammenhang mit der No-Go-Area-Debatte verschiedentlich abge-
     wandelte Motto der Fußballweltmeisterschaft 2006 in Deutschland lautete: „Die Welt zu Gast
     bei Freunden".

Abbildung 2 *Karikierte Folgen einer rechtsextremistisch durchgesetzten No-Go-Area. Karikatur von T. Plaßmann in der* Frankfurter Rundschau *vom 22. Mai 2006.*

und unsichere Räume letztlich den entterritorialisierten Charakter der rechten Bewegung verdeckt.

Schließlich sei auf die Folgen der Asymmetrisierung hingewiesen, die mit der Verräumlichung einhergehen. Wie jede raumbezogene Semantik wirken auch No-Go-Areas asymmetrisierend: Die Rede von No-Go-Areas besagt, zumindest implizit, dass Deutsche in der Regel überall hin dürfen, was für Nicht-Deutsche nicht uneingeschränkt gilt. Man könnte von einer symbolischen Exklusion sprechen, die sich leicht auch praktisch manifestiert. Dies lassen in einem ganz undramatischen Sinne Reiseführer vermuten (z. B. *Let's Go Germany*), die Touristen und insbesondere nicht-weiße Touristen vor dem Besuch von No-Go-Areas in Ostdeutschland warnen: Unter der Annahme, dass, entsprechend instruiert, Touristen die genannten Gegenden und Orte tatsächlich meiden, kann man festhalten, dass das Beobachtungsschema No-Go-Area die kommunizierten Ausschlüsse unter Umständen erst selbst hervorbringt, dass es mithin zu einer *self-fulfilling prophecy* werden kann.

Daneben wird deutlich, dass die Asymmetrisierung der No-Go-Area eine bedeutsame Verschiebung der Konfliktlinie hervorbringt: Der in den Printmedien häufig behandelte Konflikt zwischen der Gesellschaft und der Problemgruppe der Neonazis wird mit der No-Go-Area leicht zu einem Konflikt zwischen Deutschen und Nicht-Deutschen, zwischen Neonazis und Ausländern. So werden „Ausländer" und (potenzielle) Opfer durch die Asymmetrisierung der No-Go-Area fatalerweise an der ‚Schuldfrage' beteiligt (Abbildung 2).

7 AUSBLICK

Mit dem abschließenden Ausblick soll über den in diesem Beitrag fokussierten Bereich der massenmedialen Kommunikation hinausgegangen werden. Am Beispiel der Printmedien konnte rekonstruiert werden, wie und wie einfach sich das komplexe Problem des Rechtsextremismus und der rassistischen Gewalt mit der raumbezogenen Semantik der No-Go-Area als ein lokal beschränktes, ostdeutsches Problem thematisieren lässt. Der vielschichtige Problemzusammenhang wird über die Semantik der No-Go-Area bearbeitbar. Dies gilt offensichtlich nicht nur für die Massenmedien, die von dieser Komplexitätsreduktion wochenlang profitierten, sondern auch für einige andere gesellschaftliche Kontexte. Anschlussfähig und folgenreich ist die Semantik der No-Go-Area auch in der Politik, in antirassistischen Vereinen, im Kontext von Bundesprogrammen und lokalen Aktionsplänen gegen Rechtsextremismus, in der wissenschaftlichen Beschäftigung, in Reiseführern, in der Neonazi-Szene und nicht zuletzt für die mit ihr symbolisch oder faktisch ausgeschlossenen Personen. Die No-Go-Area ist somit einerseits ein Beobachtungs- und Orientierungsschema für ganz unterschiedliche Beobachter. Andererseits liegt die Vermutung nahe, dass dieses Schema, gerade wegen seines externalisierenden Bezugs auf scheinbar eindeutige erdoberflächliche Stellen, sowohl semantisch (durch Anschlussfähigkeit an weitere Themen) als auch strukturell (durch seine Diffusion in verschiedene gesellschaftliche Kontexte) als Bindeglied fungiert. Dies würde nicht nur erklären, dass die No-Go-Area die betrachtete Diskussion im Jahr 2006 erfolgreich zentrierte, sondern auch, dass sie als Mechanismus der Vermittlung und der wechselseitigen Stabilisierung verschiedener Beobachter und ihrer Beobachtungskontexte dient. Es erscheint vielversprechend, diesem Zusammenhang in einer umfassenderen Untersuchung genauer nachzugehen.

LITERATUR

Arzheimer, Kai (2007): Wahl extremer Parteien. In: Hans Rattinger, Oskar W. Gabriel und Jürgen Falter (Hg.): Der gesamtdeutsche Wähler. Stabilität und Wandel des Wählerverhaltens im wiedervereinigten Deutschland, 67–86, Baden-Baden.

Arzheimer, Kai (2008): Die Wähler der Extremen Rechten, 1980–2002, Wiesbaden.

Berndt, Christian und Robert Pütz (Hg.) (2007): Kulturelle Geographien. Zur Beschäftigung mit Raum und Ort nach dem Cultural Turn, Bielefeld.

Decker, Oliver, Elmar Brähler und Norman Geißler (2006): Vom Rand zur Mitte. Rechtsextreme Einstellungen und ihre Einflussfaktoren in Deutschland, Berlin.

Döring, Uta (2007): Angstzonen. Rechtsdominierte Orte aus medialer und lokaler Perspektive, Wiesbaden.

Döring, Jörg und Tristan Thielmann (Hg.) (2008): Spatial Turn. Das Raumparadigma in den Kultur- und Sozialwissenschaften, Bielefeld.

Glasze, Georg, Robert Pütz und Manfred Rolfes (Hg.) (2005): Diskurs – Stadt – Kriminalität. Städtische (Un-)Sicherheiten aus der Perspektive von Stadtforschung und Kritischer Kriminalgeographie, Bielefeld.

Hard, Gerhard (1999): Raumfragen. In: Peter Meusburger (Hg.): Handlungszentrierte Sozialgegra-
    phie. Benno Werlens Entwurf in kritischer Diskussion (=Erdkundliches Wissen 130),
    133–162, Stuttgart.
Heitmeyer, Wilhelm (2002): Gruppenbezogene Menschenfeindlichkeit. Die theoretische Konzep-
    tion und erste empirische Ergebnisse. In: Derselbe (Hg.): Deutsche Zustände, Band 1, 13–34,
    Frankfurt am Main.
Jesse, Eckhard (2004): Formen des politischen Extremismus. In: Bundesministerium des Innern
    (Hrsg.): Extremismus in Deutschland. Erscheinungsformen und aktuelle Bestandsaufnahme,
    7–24, Berlin.
Korth, Marcel und Manfred Rolfes (2010): Unsicheres Südafrika = Unsichere WM 2010? Überle-
    gungen und Erkenntnisse zur medialen Berichterstattung im Vorfeld der Fußball-
    Weltmeisterschaft. In: Christoph Haferburg und Malte Steinbrink (Hg.): Mega-Event und
    Stadtentwicklung im globalen Süden. Die Fußballweltmeisterschaft 2010 und ihre Impulse
    für Südafrika (=Perspektiven Südliches Afrika), 96–116, Frankfurt am Main.
Luhmann, N. (2004[3]): Die Realität der Massenmedien, Wiesbaden.
Ohlemacher, Thomas (1998): Fremdenfeindlichkeit und Rechtsextremismus. Mediale Berichter-
    stattung, Bevölkerungsmeinung und deren Wechselwirkungen mit fremdenfeindlichen Ge-
    walttaten 1991-1997 (Forschungsberichte Nr. 72), Hannover.
Pfahl-Traughber, Armin (2004): Droht die Herausbildung einer Antiglobalisierungsbewegung von
    rechtsextremistischer Seite? Globalisierung als Agitationsthema des organisierten Rechtsex-
    tremismus. In: Bundesministerium des Innern (Hg.): Extremismus in Deutschland. Erschei-
    nungsformen und aktuelle Bestandsaufnahme, 98–135, Berlin.
Schubarth, Wilfried und Richard Stöss (Hg.) (2001): Rechtsextremismus in der Bundesrepublik
    Deutschland. Eine Bilanz, Opladen:
Stöss, Richard (2004): Globalisierung und rechtsextreme Einstellungen. In: Bundesministerium
    des Innern (Hg.): Extremismus in Deutschland. Erscheinungsformen und aktuelle Be-
    standsaufnahme, 82–97, Berlin.
Stöss, Richard (2005): Rechtsextremismus im Wandel. Berlin:
Thome, Helmut (2005): Sozialer Wandel und Gewaltkriminalität: Erklärungskonzepte und
    Methodenprobleme. In: Wilhelm Heitmeyer und Peter Imbusch (Hg.): Integrationspotenziale
    einer modernen Gesellschaft, 209–233, Wiesbaden.
Werlen, Benno (2000): Sozialgeographie. Eine Einführung, Bern u. a.

FOKUSSIERUNG III

MACHT UND KONTROLLE

VERORDNETE BLINDHEIT

Gesellschaftliche Wahrnehmung von Risiken

Hans-Jochen Luhmann

1 HINFÜHRUNG

Es geht den Herausgebern um die Konstruktionspraxis von Risiken. Ihr Anliegen ist wichtig und risikospezifisch. Wer feststellt, dass Wasser nass ist oder dass das Gesetz der Schwerkraft gilt, läuft als Urheber dieser Aussage kein Risiko. Wer dagegen öffentlich feststellt, dass Birkel-Nudeln aus Flüssigei jenseits des Verfallsdatums hergestellt seien, schädigt das Ansehen eines Produkts, schädigt damit einen Vermögenswert und produziert deshalb seinerseits ein (Vermögens-)Risiko – im Birkel-Fall ist es auch rechtskräftig und für das Land Baden-Württemberg teuer geworden (vgl. Di Fabio 1994, 442 ff.). Dieser Reflexivität wegen ist die (öffentliche) „Feststellung" eines (Produkt-)Risikos ein so besonderes Thema.

Risiko-Wissen gilt den Herausgebern als komplex und multiperspektivisch generiert. Eine allgemein gültige Definition von Risiko, Sicherheit etc. sei nicht auszumachen. Wo aber keine Allgemeingültigkeit, da kein Wissen im emphatischen Sinne – und damit ein erhöhtes Risiko für ein Subjekt, das ein Risiko erkennt und folglich öffentlich „festzustellen" intendiert. Die „gesellschaftliche Konstitution von Risiken", schlichter gesagt: dass laut und vernehmlich Alarm gerufen werden kann, scheint damit gestört.

Das Fehlen einer solchen Allgemeingültigkeit einer Perspektive auf Gegenstände ist nicht überraschend. Steigt man eine Ebene höher, nimmt man eine Perspektive ein, aus der die Ansätze, Gegenstände zu beobachten, ihrerseits beobachtet werden, so liegt das Fehlen vielmehr nahe. Es gibt schließlich, so meinen die Herausgeber, keinen (ausgezeichneten) Beobachtungsstandpunkt, schon gar keinen Archimedischen außerhalb der Erde, von dem aus das Geschehen auf der Erde (als Einheit) beobachtet werden könnte. Da es in Wirklichkeit mehrere Standpunkte gibt, unter denen ein potentieller Beobachter wählen kann, entfalle jegliche Annahme eines privilegierten Beobachterstandpunktes (z. B. eines der Wissenschaft), von dem aus etwas „richtig" beobachtet wird – kein Beobachter könne behaupten, er könne von seinem Standpunkt aus besser als andere von anderen Standpunkten aus feststellen, was der Fall sei. Diese allgemeine Einsicht in die Perspektivität von Einsicht gelte auch für Risiken.

Diese (radikal) konstruktivistische These, so stellen die Herausgeber selbst fest, provoziere Einspruch, wenn Risiken thematisiert und untersucht werden – die Erfahrung gerade mit ihnen sei schließlich, dass ihre Nichtbeachtung handfeste Folgeschäden zeitige. Das ist eine Erfahrung, die so elementar und verbreitet ist, dass sie es zu einer Widerspiegelung bis in Kinderbücher geschafft hat, wie die Geschichte vom „Hans guck in die Luft" zeigt. Demnach ist zweifelsfrei, dass die Wahrnehmung von Risiken sehr wohl verfehlt werden kann, die willkürliche Wahl eines Standortes zur Wahrnehmung, zumindest von Risiken, also nur zu einem Preis möglich ist, nämlich dem, sie (mit erhöhter Wahrscheinlichkeit) zu übersehen – Worte wie „richtig" oder „falsch" drängen sich also doch auf, wenn man, vor die Aufgabe gestellt, einen angemessenen Standort zu wählen, nach Kriterien sucht. Wie also, fragen folglich die Herausgeber, lässt sich das Wissen um die soziale Konstruiertheit aller Risiken – und damit der Verdacht der Willkür bei der Entscheidung für eine unter vielen möglichen Beobachtungsperspektiven – zusammenbringen mit dem Wissen um „echte" Risiken? Die von den Herausgebern gestellte Aufgabe hat somit die Struktur eines Paradoxes.

Will man eine ins Paradox führende Überlegung auflösen, so muss man auf Elemente der guten wissenschaftlichen Praxis im Umgang mit Paradoxa zurückgreifen, die insbesondere in der Scholastik entwickelt worden sind. Ihr Rat ist, die in der Formulierung des Paradoxons als selbstverständlich unterstellten Begriffe auf den Prüfstand zu stellen – vor allem die immer auf ihren Sinn hin befragungswürdige „es gibt (nicht)"-Formel. In diesem Fall sind dies die Eigenschaften des Gegenstandes der Wahrnehmung, des Risikos, sowie die Eigenheiten des Aktes der Wahrnehmung dieses so besonderen Gegenstandes – seine Gegebenheit nur im Potentialis schon lässt die chamäleonartigen Tücken seiner Erfassbarkeit erahnen. Aufgeben kann man die Aufgabe des „Zusammenbringens" beider ja nicht, will man nicht die absurden Konsequenzen tragen, die das Kinderbuch für diesen Fall drohend zeigt. Andererseits ist als Realität zu akzeptieren, dass es einem heutigen Sozialwissenschaftler schwer fällt, die konstruktivistische und damit ein verschärftes Haftungsproblem für den potentiellen Alarmrufer zeitigende Perspektive aufzugeben. Zur Verdeutlichung sei hier noch einmal die beobachtungstheoretisch fundierte Perspektive auf die Risikoforschung zusammengefasst:

Ein jedes Risiko ist konstruiert. Üblicherweise denkt man Risiken als von Subjekten wahrgenommen und zur Sprache gebracht. Risiken sind also beobachtungs- und bezeichnungsabhängig. Das heißt, ob und in welcher Weise Risiken gesellschaftlich behandelt und ernst genommen werden, hängt davon ab, ob und wie sie (öffentlich) zur Wahrnehmung angeboten, d. h. wie sie kommuniziert werden. Mit anderen Worten: Es gilt die Einsicht der Quantentheoretiker aus den 1920er Jahren auch hier: Der (wissenschaftliche) Beobachter ist in die Beobachtung bzw. das zu Beobachtende, hier das Risiko, mit einbezogen, das Objekt ist nicht unabhängig vom Subjekt bzw. des Akts des Beobachtens konstituiert. Was als Risiko kommuniziert wird und also gilt, hängt von den Unterscheidungen desjenigen ab, der etwas als riskant (oder sicher) beobachtet. Geschlossen wird daraus oft, dass es ein ‚objektives Risiko' eigentlich nicht gebe. Das aber ist selbst eine riskante Folgerung, und zwar in dem Sinne, dass sie (für die Gesellschaft) unter Umständen Risiken produziert. So impliziert die Aussage, dass die Wissenschaft nicht wirklich bestehende Risiken kommuniziert, sondern lediglich subjektive, kontingente, also willkürlich konstituierte.[1]

Die Erfahrung der Physik aber zeigt, dass ein solcher Schluss dem Phänomen schon bei den vergleichsweise einfach verfassten Gegenständen der Physik nicht recht angemessen ist – dem viel komplexeren Gegenstand[2] Risiko dürfte er also erst recht nicht entsprechen. Die Erfahrung der Physik zeigt, dass (physikalische) Erkenntnis im Allgemeinen nicht in Form einer Über-/Unterordnung von Subjekt und Objekt vorgestellt werden darf; sie ist vielmehr binär gleichrangig, als Relationsaussage, zu verstehen. Das binäre Schema ist: Für eine wählbare Perspektive, z. B. des Typs Objektivierung, ist eine dieser Perspektive entsprechende Erfahrung bzw. Erkenntnis möglich. Erkenntnis ist somit als etwas Aktives, als ein Handeln erkannt, welches etwas in einer gewählten Perspektive (unter mehreren möglichen) zeigt – unter der übrigens die Kriterien wahr/falsch im Sinne von gegenstandsadäquat gelten. Ein Irrtum hinsichtlich der Wahl der Perspektive ist auf dieser Ebene dagegen unmöglich festzustellen. Für die Wahl der richtigen Perspektive ist der Zweck der Erkenntnis der ausschlaggebende Grund. In diesem Sinne ist der Beobachtungstheorie zuzustimmen.

Der Anspruch, etwas aufzuweisen, wie es sich ‚von sich aus' zeigen würde, ein passives Verständnis von Erkenntnis also, ist angesichts dieser Erfahrung mit der Erfahrung (der Physik) als ein genereller Anspruch aufzugeben – er hat sich als ein Spezialfall erwiesen. Daher das Recht des Vorbehalts der konstruktivistischen Sichtweise gegen einen absoluten Gebrauch der Worte „richtig" und „falsch". Dieses Recht aber enthebt einen nicht der Aufgabe, die mit der Entscheidung, im prägnanten Sinne Erfahrung machen bzw. Wissen erlangen zu wollen, als solcher verbunden ist: Die Perspektive hat das Subjekt zu wählen. Dafür braucht es Kriterien, die den Willkür-Verdacht auszuräumen geeignet sind.

An dieser Aufgabe kommt man nur vorbei zu dem Preis, auf (perspektivische) Erkenntnis zu verzichten. Will man aber eine solche Erkenntnis erlangen, so muss ein Standort bezogen werden – und dafür bedarf es Kriterien. Die Kriterien für die Wahl eines jeweiligen Typs von Erfahrung seitens eines Subjekts aber liegen jenseits der Wissenschaft, sie liegen im Raum der Zwecke, denen Wissen bzw. Erkenntnis zu genügen haben. Das angemessene Kriterium ist deshalb das der Eig-

1 Kommentar der Herausgeber: Hier klingt ein gängiges Missverständnis des Begriffs der Kontingenz an. Entsprechend seiner Definition aus der Logik als gleichzeitiger Ausschluss von Unmöglichkeit und Notwendigkeit, bezeichnet der Begriff der Kontingenz nichts anderes als den Sachverhalt, dass das, was aktuell (also nicht unmöglich) ist, auch anders möglich (also nicht notwendig) wäre. In diesem Sinne impliziert Kontingenz nicht Willkür, sondern vielmehr Anschlussfähigkeit und Kontextualisierung, da jede soziale Konstruktion in einem spezifischen Kontext entsteht und als Kommunikation auf Anschlussfähigkeit angewiesen ist (sonst würde sie in der Kommunikation nicht weiter aufgegriffen und auch kein gesellschaftlicher Gegenstand werden bzw. sein).

2 Das Wort „Gegenstand" (bzw. „Objekt") wird doppelsinnig verwandt, um die Sprechweise nicht zu kompliziert werden zu lassen. Hier ist „Gegenstand" rein grammatikalisch gemeint, nicht im Sinne des Perspektivischen, des Ergebnisses einer „Objektivierung".

nung für (Handlungs-)Zwecke – und in diesem Sinne darf man dann doch wieder, auch auf dieser Ebene, von „richtig" oder „falsch" sprechen, auch wenn das eine Äquivokation ist. Nur den Verlust der Autonomie der Wissenschaft – gegebenenfalls den Verlust dieser Illusion – hat man zuzugestehen.

Die Herausgeber skizzieren gemäß der Beobachtungstheorie von Niklas Luhmann (1990) für Risiken zwei unterschiedliche Beobachtungsmodi – beide Modi sind nicht gleichrangig, sie liegen auf unterschiedlichen Ebenen bzw. schließen diese ein. Auf der einen Ebene beobachtet ein Subjekt ein Risiko direkt – ich würde formulieren: ‚selbstvergessen'; auf der höheren Stufe beobachtet ein Subjekt ein anderes Subjekt, wie es ein Risiko (direkt) beobachtet. In dieser Zweiheit wie auch in der Unterscheidung nach Ebenen, die reflexiv, gemäß der Einbeziehung des Subjekts in den Akt der Beobachtung, unterschieden sind, stimme ich dem Ansatz in abstracto zu. Doch in der Ausfüllung dieser gestuften Struktur gehen die Auffassungen auseinander.

2 ÜBERBLICK

Im Folgenden wird zunächst die Risikowahrnehmung auf ihre Eigentümlichkeiten hin näher betrachtet, gleichsam ontologisch analysiert (Abschnitt 3). Das Ergebnis wird sein, dass ein Risiko als etwas Potentielles und in diesem Sinne Statistisches sowie als etwas, welches durch menschliches Zutun, neben der Risikoträchtigkeit der Sache alleine, wesentlich konstituiert wird, zu beschreiben ist und damit die üblichen Eigenschaften eines wissenschaftlich objektivierbaren Sachverhalts im Allgemeinen nicht aufweist. Es ist deswegen nicht im üblichen Sinne „faktisch" (wohl aber real), und es ist nicht unabhängig vom beobachtenden Subjekt. Das hat Konsequenzen dafür, wie die Subjektseite der Risikowahrnehmung zu konstituieren ist, soll diese absehbar in der Regel gelingen. Mit einem Wort: Sie hat professionell zu sein – das ist die oberste Forderung. Die oberste Forderung kann nicht lauten, die Risikowahrnehmung habe wissenschaftlich zu sein. Die angemessene Konstituierung des Subjekts der Wahrnehmung ist Aufgabe der Gesellschaft. Die hat sich dazu Beauftragter zu bedienen – in diesem Kontext hat sich die Wissenschaft mit ihren spezifischen Wahrnehmungsmöglichkeiten, aber auch -beschränkungen, einzubringen.

Sodann wird diese abstrakte Beschreibung an einem Beispiel gleichsam ‚getestet' (Abschnitt 4): Es wird versucht, das über knapp zehn Jahre in Deutschland vorliegende, aber übersehene BSE-Risiko ontologisch so zu interpretieren, dass daraus Konsequenzen in zwei Richtungen gezogen werden können: (a) hinsichtlich der Organisation der gestuften Struktur gesellschaftlicher Risikowahrnehmung; und (b) hinsichtlich der Nomenklatur der Erkenntnis eines vorliegenden Risikos in einer solchen Weise, dass dies rechtliche Konsequenzen impliziert (Abschnitt 5).

3 RISIKO, ALS „OBJEKT" KONSTITUIERT,
DAS AUF EIN SUBJEKT BEZOGEN IST

Für die Beanwortung der Frage, wie das Wissen um die soziale Konstruiertheit von Risiken mit dem Wissen um „reale" (im Sinne des Hans guck in die Luft) Risiken zusammenzubringen ist, muss eine Klärung auf zwei Seiten herbeigeführt werden: sowohl auf der Seite des Objekts als auch auf Seite des Subjekts des Betrachtens. Das Betrachtete ist das Risiko. Das Subjekt kann eine Person, z. B. ein Wissenschaftler sein. In diesem Aufsatz ist das Subjekt hingegen eine Institution: die Gesellschaft. Damit ist die Möglichkeit angedeutet, dass dem Subjekt ‚Gesellschaft' Wissen zugänglich ist, welches dem Erkenntnissubjekt ‚Wissenschaft' nicht zugänglich ist – der Person eines Einzelwissenschaftlers schon gar nicht.

Im Allgemeinen geht es bei der Erkenntnis von Risiken seitens der Gesellschaft um etwas, was sich nicht im allgemein zugänglichen Wissen, also erst recht nicht im außerhalb der Wissenschaftskommunikation öffentlich artikulierten wissenschaftlichen Wissen erschöpft. Zu Erkenntnis im prägnanten Sinne kommt es im Allgemeinen nur, wenn auch ‚privates Wissen' in den Erkenntnisprozess einfließt bzw. erschlossen wird. Diese Aussage gilt selbst dann, wenn wir uns auf rein technische bzw. Produktrisiken beschränken; ganz offensichtlich bzw. definitorisch gilt sie, wenn es um Risiken geht, die von ‚Mensch-Maschine'-Systemen ausgehen. Dabei ist ‚Maschine' als *pars pro toto*'-Formulierung zu verstehen und bezeichnet Risiken aus dem menschlichen Umgang mit Sachen, bei denen diese habituelle Auslöserquelle miterfasst ist.

Aus diesen Gründen bedarf die Gesellschaft für die verlässliche Wahrnehmung von Risiken dieses Typs einer Organisationsform der Risikowahrnehmung, die auf das Modell der Entgegensetzung von Subjekt und Objekt verzichtet und stattdessen auf das Modell des ‚Mitspiels' der Träger privaten Wissens setzt. In diesem Modell wird privates Wissen zielgerichtet und anreizgerecht eingebunden, auf dass die Träger dieses Wissens dieses einem dafür gesellschaftlich legitimierten Subjekt offenbaren – was nicht impliziert, dass dieses Wissen öffentlich werden muss. Anders gesagt: Risiken können erkannt werden, ohne dass es sich bei der Erkenntnis um eine der (öffentlichen) Wissenschaft handelt.

Mit der Einrichtung dieser Organisation der nicht-objektiven Risikowahrnehmung ist dann so etwas wie „objektive" (Risiko-)Wahrnehmung möglich, mindestens seitens der Gesellschaft, unter bestimmten Voraussetzungen auch seitens der öffentlichen Wissenschaft. Diese Stufe der Sichtweise kann dann erreicht werden, wenn der Zustand der Organisation der Risikowahrnehmung (Mit-)Gegenstand der Erkenntnis wird. Formal hat dies Anklänge an die Niklas Luhmannsche Doppelstruktur (Beobachtung der Beobachtung), der die Herausgeber folgen.

Gemäß meiner persönlichen Sprechweise, die ich mir anhand des in „Die Blindheit der Gesellschaft" (2001) untersuchten Materials zurechtgelegt habe, betreten wir hier die Ebene des Transzendentalen (im Kant'schen Verständnis), im Sinne von „Ebene der Bedingungen der Risikowahrnehmung". Auf dieser Ebene ist es möglich wahrzunehmen, ob in einem speziellen Fall die Bedingungen dafür geschaffen wurden, also vorliegen, dass das verantwortliche Subjekt ein erwartbares Risiko erkennen kann – nur dann ist zu erwarten, dass es es auch tatsächlich erkennt. Auf dieser Ebene ist somit ,Blindheit' bzw. ,Wegsehen' detektierbar.

Ontologisch gesehen wird damit das Verständnis von Risiko, gleichsam der Risikobegriff, geändert. Es geht um einen ,statistischen' Begriff von etwas, das im Modus der Möglichkeit ,real' ist – und dies in einem Erkenntnisfeld, das einem allgemein gültigen Erkenntnisanspruch seitens der Wissenschaft im Sinne Kants nur beschränkt unterworfen werden kann. Zu diesem Erkenntnisfeld steht lediglich ein ,aktiv-beobachtender' und damit in seinem Geltungsanspruch beschränkter Zugang offen.

4 EMPIRIE: *STATE OF THE ART* GESELLSCHAFTLICHER RISIKOWAHRNEHMUNG UND DESSEN VERFEHLUNG IM BSE-FALL

4.1 Grundsätze

Soll ein Risikopotential überwacht werden, so müssen die zuständigen Kreise den arbeitsteiligen Prozess seiner Wahrnehmung – wie alles Arbeitsteilige – organisieren. Es bedarf des Risikomanagements seitens der Institution, in deren Verantwortungsbereich das ,Risikoträchtige' direkt, auf der unteren Ebene, liegt. Wesentlicher Teil ist die Einrichtung eines internen Überwachungssystems seitens dieser Institution. Zu überwachen ist der Umgang mit Risiken bzw. risikoträchtigen Konstellationen. Für dessen Güte gibt es Qualitätsmaßstäbe.

Eine Verantwortungsebene höher besteht die Aufgabe der Risikowahrnehmung darin, dafür Sorge zu tragen, dass eine Ebene tiefer nicht gleichsam ,die Augen zugedrückt' werden – dort hat man ein Risikomanagement in adäquater Weise und in professioneller Art sicherzustellen. Die Aufgabe einer Ebene höher ist also nicht die der direkten Wahrnehmung von Risiken. Sie besteht vielmehr darin wahrzunehmen, ob die Bedingungen der Wahrnehmbarkeit von Risiken innerhalb einer arbeitsteilig organisierten Institution vorliegen. In die Sprache der Beobachtungstheorie übersetzt hieße das: Die Beobachtung zweiter Ordnung wird eingesetzt, um die Kontexte der Risikofeststellung beobacht- und überprüfbar zu machen. Sinnvollerweise ist dies gekoppelt mit der Kompetenz, für den Fall der Feststellung einer ,Blindheit' dafür zu sorgen, dass die Bedingungen der Wahrnehmbarkeit geschaffen werden – als *ultima ratio* mit dem Druckmittel letzter Konsequenz, den Betrieb der Institution zu untersagen bzw., unter Auflagen, eine neue Führung einzusetzen.[3]

---

3   Ein eindrucksvolles Beispiel für die Wahrnehmung dieser Kompetenz bot der Konflikt zwischen US-Atomaufsicht und dem Kernkraftwerksbetreiber *Northeast Utilities*, als dieser in die Fänge von Finanzinvestoren geraten war, die offenbar die Sicherheitsreserven der Kernkraftwerke auspressen und zu Einkommen machen wollten. Die Atomaufsicht obsiegte, ohne dass es zu einem physischen Schadensfall gekommen wäre (vgl. MacAvoy & Rosenthal 2004). Unter deutscher Rechtskultur wäre ein (für die Bevölkerung) so schadensfreier Ablauf undenkbar, da hier in einer Abwägung der Eigentumsschutz der Finanzinvestoren zu deutlich

Da die ‚Trächtigkeit' der Risikowahrnehmung nun einmal diese gestufte Er-
kennbarkeitseigenschaft besitzt, gehört zur guten Praxis bereits eines internen
Risikomanagements die Etablierung eines internen Überwachungssystems. Die
Aufgabe der Instanzen, die für die Risikowahrnehmung der Gesellschaft zuständig
sind und mit diesem Mandat interne Risikomanagementsysteme überwachen, befinden sich somit, genau gesehen, auf der zweiten Stufe der Indirektheit der
Wahrnehmung, auf der Stufe der transzendentalen Wahrnehmung.

Im Folgenden werden diese gestufte Struktur der Erkennbarkeit eines Risikos
und die darin liegenden Chancen der aktiven Wahrnehmbarkeit am Beispiel der
Entdeckung von BSE in Deutschland anschaulich gemacht. Ziel der Darstellung
ist darüber hinaus eine Überprüfung der üblichen Sprechweise von „Wahrnehmung" bzw. „Entdeckung" bzw. umgekehrt der „Realität" bzw. des „Vorliegens"
eines Risikos. Der BSE-Vorgang ist dafür besonders geeignet. Die nicht genutzten
Chancen der Erkennbarkeit des Vorliegens eines BSE-Risikos sind nämlich im
Nachhinein gut zu erkennen, und zwar deswegen, weil mit der Aufnahme von
massenhaften Schnelltests ab dem Zeitpunkt, da das Ende der BSE-Freiheit
Deutschlands offiziell eingestanden worden war, die Häufigkeitsstruktur von
BSE-Fällen präzise erkennbar gemacht worden ist. Die Ertragshöffigkeit eines
zeitgenössischen aktiven Wahrnehmungsmanagements ist somit in diesem Fall im
Nachhinein quantitativ (statistisch) angebbar – eine Ausnahmesituation, die bislang analytisch nicht genutzt worden ist. Wollte man das zum Thema machen,
dann müsste man sich auf die Stufe der transzendentalen Wahrnehmung begeben
– dafür aber ist hier nicht der Ort.

4.2 BSE in Deutschland –
lange unentdeckt aufgrund unprofessionellen Monitorings

Deutschland galt bis zum 27. November 2000 im tierseuchenrechtlichen Sinne als
„BSE-frei". Das hieß in der Praxis: Es durfte bzw. musste davon ausgegangen
werden, dass das BSE-Risiko in Deutschland nicht existierte, zumindest nicht in
dem Maße, dass im internationalen Warenverkehr unter Hinweis auf ein BSE-
Risiko Beschränkungen legitimiert waren – und das deutsche Lebensmittel- und
Arzneimittelrecht folgten der Maßgabe, die durch das Internationale Tierseuche-
namt (O.I.E.) vorgegeben ist. Die BSE-Freiheit Deutschlands ging an besagtem
Tag amtlich zu Ende, als der deutsche Chefveterinär, Prof. Dr. Werner Zwing-
mann aus dem Bundesministerium für Landwirtschaft (BML), einen am Tage zuvor amtlich festgestellten Verdachtsfall an die EU sowie an das O.I.E. in Paris
meldete. Von einem „entdeckten" Fall wurde also auf das Vorliegen von etwas
Statistischem, eines Risikos, geschlossen – das ist tierseuchenrechtlich üblich,
erkenntnistheoretisch aber mindestens unverständlich, wenn nicht illegitim.

höheren Anforderungen an die Nachweisbarkeit des Vorliegens, der ‚Tatsächlichkeit', eines
Risikos führt (vgl. Albach 2006 und Luhmann 2006).

Dass die BSE-Freiheit in diesem prekären Verständnis zu Ende ging, war reiner Zufall. Angesichts der im Nachhinein erkennbaren geringen Wahrscheinlichkeit bei ungeplanter Stichprobenahme sowie der einer Erkennung durch Augenschein widersprechenden Interessenlage in den beteiligten Kreisen könnte man formulieren: Es war ein ‚dummer Zufall'. Anlass gab ein Nischenanbieter (Hipp Babynahrung) mit einem freiwilligen Test. Man zog am 22. November 2000 aus einer Charge von 153 geschlachteten Rindern eine Probe von zehn Tieren und ließ sie von einem privaten Hamburger Labor testen. Ein marginal liegender, kleiner Schlachthof in Itzehoe hatte sich mittels der Möglichkeit, den jüngst entwickelten Schnelltest in Anspruch zu nehmen, eine Marktnische versprochen. Er hatte damit Konkurrenz zur amtlichen Kontrolle eingeführt und – ohne es zu ahnen – die Blindheit des amtlichen Überwachungswesens aufgebrochen. Das Ergebnis war so unwahrscheinlich wie drei bis vier Richtige im Lotto: ein positives Ergebnis in einem freiwilligen Test, an einem geschlachteten Tier! Die Chance lag, wie man bereits zwei Jahre später feststellen konnte, bei 1:67.000. Diese geringe Chance besagt: Ein BSE-Fall ist auf solche Weise so schwer zu finden wie die sprichwörtliche Stecknadel im Heuhaufen. Das zeigt Abbildung 1.

Die Blindheit des amtlichen Überwachungswesens ist auf Basis der (nur im Nachhinein verfügbaren) Häufigkeitsstatistik unzweideutig festzumachen. Die Häufigkeit des BSE-Vorkommens war in verschiedenen Kategorien von Fällen unterschiedlich groß, sie differierte um Zehnerpotenzen – was nicht sonderlich überraschend ist. Seit Mai 1991 war BSE in Deutschland zwar als anzeigepflichtige „Tierseuche" eingestuft, also als etwas, das sich exponentiell zu verbreiten und somit andere zu gefährden droht. Um eine solche gefährliche Verbreitung zu unterbinden, bestand seitdem für die beteiligten Kreise aber lediglich eine Anzeigepflicht nach § 9 Tierseuchengesetz. Diese Pflicht entsteht, sofern ein Beteiligter einen Verdacht geschöpft hat, den Verdacht, dass ein Tier vom „Rinderwahnsinn" befallen sei. Diese Pflicht gilt für Tierhalter und für andere Personen, die berufsmäßig mit Tierbeständen zu tun haben wie Tierärzte und Tierhändler.

Bei BSE handelt es sich um eine symptomatisch feststellbare Krankheit. Eben deshalb trägt sie den Namen „Rinderwahnsinn". BSE ist ein klinisches Symptom, d. h. etwas, was man qua Augenschein entdecken kann. Es gibt allerdings weitere Tierkrankheiten, die eine ähnliche Symptomatik aufweisen (u.a. Listeriose; Tollwut). Man kann nicht wirklich sicher sein, BSE zu sehen, wenn einem eine solche Symptomatik auffällt. Man kann allein einen Verdacht schöpfen und ihn anschließend differentialdiagnostisch, d. h. in einem arbeitsteiligen Prozess, klären lassen. Ein Verdacht bildet sich im Herzen eines Tierhalters – in das aber kann niemand schauen. Ob er ihn, wenn er ihn geschöpft hat, auch äußert, ist nicht sicher – das wird nicht allein von Formulierungen im Tierseuchengesetz, das wird auch von seinen Interessen abhängen. Nun hatte man in Deutschland die Entdeckung eines BSE-Falles, also des wahrzunehmenden Risikos, so konstituiert, dass der Entdeckende nicht nur selbst Schaden erleidet, wenn er gesetzestreu einen geschöpften Verdacht hinsichtlich eines Risikos für Dritte äußert; man hatte es vielmehr sogar so konstituiert, dass seine Äußerung ein existenzgefährdendes Risikos für ihn darstellte. Dass unter solchen Bedingungen ein im Herzen gebildeter Verdacht auch

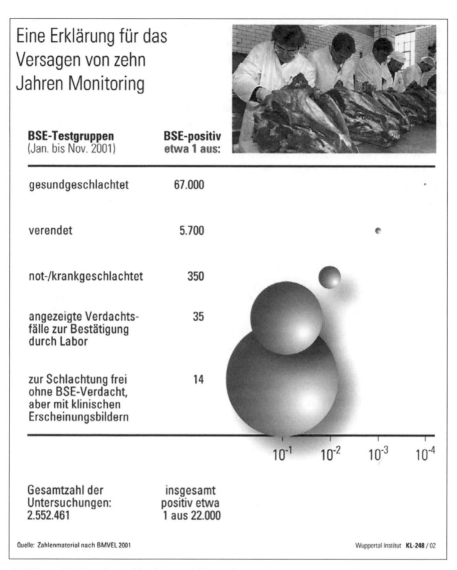

BSE-Testgruppen (Jan. bis Nov. 2001)	**BSE-positiv** etwa 1 aus:
gesundgeschlachtet	67.000
verendet	5.700
not-/krankgeschlachtet	350
angezeigte Verdachts-fälle zur Bestätigung durch Labor	35
zur Schlachtung frei ohne BSE-Verdacht, aber mit klinischen Erscheinungsbildern	14
Gesamtzahl der Untersuchungen: 2.552.461	insgesamt positiv etwa 1 aus 22.000

Eine Erklärung für das Versagen von zehn Jahren Monitoring

10^{-1} 10^{-2} 10^{-3} 10^{-4}

Quelle: Zahlenmaterial nach BMVEL 2001   Wuppertal Institut **KL-248** / 02

Abbildung 1 BSE in Deutschland: Kunstfehler in der Stichprobennahme. Quelle: Wuppertal Institut KL-248/02.

geäußert wird, dürfte nur ausnahmsweise der Fall sein – als regelhaftes Verhalten ist eine solche selbstlose Gesetzestreue nicht zu erwarten.

Es wurde, öffentlich kaum bekannt, im Jahre 1991 ein „Monitoring-System" zu BSE eingerichtet, bei dem die selbstvergessene Mitwirkung der Beteiligten somit lediglich unterstellt, nicht aber wirklich sichergestellt wurde, noch nicht einmal zu erwarten war – das ist schon nicht mehr nur unprofessionell. Das etablierte Monitoring-System verdiente seiner unprofessionellen Einrichtung wegen nicht diesen Namen – es war nicht dazu gut, etwas wahrnehmen zu lassen, es war vielmehr dafür gut, dass wenig offiziell wahrgenommen werden konnte aber zugleich ein System existierte, welches den Anschein eines gesellschaftlichen Monitorings suggerierte. Der Grad des Interesses an diesem Überwachungssystem war im Übrigen verschwindend gering.

Ein professionelles Monitoringsystem zeichnet sich dadurch aus, dass es für den ökonomischen Einsatz der knappen Untersuchungsressourcen sorgt, die zur Verfügung stehen: Es sorgt für eine risikoorientierte Prüfungsplanung. Von 1991 bis 1999 untersuchte man in Deutschland im Durchschnitt immerhin 2.000 Rinder pro Jahr. Hätte man diese als Stichprobe gezielt gezogen und sich auf eine Risiko-kategorie konzentriert, so hätte das Ergebnis des amtlichen Monitorings gänzlich anders ausgesehen. Bei Konzentration auf die Kategorie der „not-/krankge-schlachteten Tiere" wäre man bereits im ersten Jahr fündig geworden. Denn dort erwies sich die Frequenz positiver BSE-Tests im Nachhinein als Eins aus 350 oder 2,9 Promille – man hätte somit wahrscheinlich fünf Fälle mit Ablauf des ers-ten Jahres entdeckt gehabt. Selbst bei den gefallenen bzw. „verendeten Tieren" stellte sich die Frequenz positiver BSE-Tests mit Eins aus 5.700 oder 0,18 Pro-mille auf eine Größenordnung, die deutlich größer ist als eine Stecknadel. Wir kommen somit zu dem Ergebnis:

> **Hätte man die Stichprobennahme auf bestimmte, geeignet gewählte Risikokategorien konzentriert, so hätte man den ersten BSE-Fall in Deutschland wahrscheinlich bereits im Jahre 1991, aber spätestens bis zum Jahr 1994 festgestellt.**

Das ist ein Analyseergebnis, welches nur unter den speziellen Umständen des BSE-Falls quantifiziert zu haben ist – zeitgenössisch war die Quantifizierung selbstverständlich nicht verfügbar.[4] Dessen ungeachtet ist die Struktur der Stich-probennahme, i. e. ihre Ungeplantheit, zeitgenössisch erkennbar gewesen. Etwa gemäß den beiden im Folgenden aufzuzeigenden Wegen.

5 WIE DAS BSE-RISIKO
RECHTZEITIG HÄTTE ERKANNT WERDEN KÖNNEN

5.1 Konsequenzen epistemologischer Art

Im Lebensmittelbereich wurden die Maßstäbe eines ökonomischen Einsatzes der Monitoring-Mittel unter anderem durch das *Hazard Analysis and Critical Control Points* (HACCP)-Verfahren[5] weiter operationalisiert. Idee dieses Verfahrens ist, eine Analyse der potentiellen Risiken für Lebensmittel in Produktionsprozessen seitens des Herstellers zu veranlassen. Damit versucht man, die risikoorientierte Prüfungsplanung nicht nur auf ein Verdachtswissen von außen zu basieren, also

---

4 Vgl. zum Ganzen Luhmann (2002).
5 So erwähnt im Gutachten der sog. von Wedel-Kommission: Organisation des gesundheitli-chen Verbraucherschutzes (Bundesbeauftragte für Wirtschaftlichkeit in der Verwaltung 2001).

nicht allein auf ein Wissen, das Dritten und somit auch der (öffentlichen) Wissenschaft zugänglich ist. Man versucht vielmehr, auch das Wissen der Betroffenen selbst, also privates, der (öffentlichen) Wissenschaft unzugängliches Wissen einzubeziehen. Für den BSE-Fall bedeutet das: Hätte man die Devise des HACCP-Verfahrens ernst genommen, so wären die Landwirtschaftskammern in die Pflicht genommen worden, schulmäßig eine Analyse der kritischen Kontrollpunkte vorzulegen. Die Meldung notgeschlachteter und gefallener Tiere durch Landwirte hätte sicherlich oben auf deren Liste rangiert.

Der Schluss aus dieser Überlegung: Qualitätsmaßstäbe für die Organisation der Risikowahrnehmung bzw. -überwachung, hier gemäß dem HACCP-Verfahren, wurden bei der Einrichtung des BSE-Monitorings in Deutschland, welches von 1991 bis 1999 betrieben wurde, nicht eingehalten. Die BSE-Freiheit Deutschlands wurde auf Basis eines unprofessionellen Monitorings attestiert. Allgemeinverständlich formuliert: Die Gesellschaft hatte die vorliegende BSE-Verbreitung und das damit einhergehende Risiko deswegen nicht wahrgenommen, weil sie nicht hingesehen hatte. Die von ihr Beauftragten hatten das ihnen gegebene Mandat nicht treu wahrgenommen – sie hatten zugleich das Interesse der ,beteiligten Kreise' mit wahrgenommen. Sie hatten, so vermutlich ihre Selbstwahrnehmung, einen Kompromiss der Interessen beider Seiten herbeigeführt – sie hatten, wohlgemerkt, keinen absoluten Schutz für die ,beteiligten Kreise' administrativ herbeigeführt. So die Analyse im Nachhinein.

Doch auch zeitgenössisch war man eigentlich nicht völlig blind. Man hätte zumindest sehen können, dass die Vernachlässigung von Qualitätsmaßstäben der Risikowahrnehmung ihrerseits ein (auch wissenschaftlich) feststellbarer Tatbestand war. Dieser ,transzendentale' Tatbestand der produzierten bzw. selbstverschuldeten Blindheit ist feststellbar, ohne dass erst ,ein Kind in den Brunnen fallen' muss, ohne dass das Risiko erst, durch einen Ausbruch, also einen Schaden, selbst auf sich aufmerksam machen muss.

Die hier interessierende Frage lautet: Was folgt aus diesem Beispiel für die Erkenntnis eines Risikos seitens der Gesellschaft? Was folgt für die Nomenklatur? Wann ist ein Risiko, ein Gegenstand mit der in Abschnitt 3 dargestellten besonderen Ontologie, welches einen gestuften Erkenntniszugang erfordert, in einem seinen Besonderheiten angemessenen Sinne ,erkannt'? War es wirklich zwingend, dass Deutschland im multilateral tierseuchenrechtlichen Sinne für BSE-frei gehalten werden musste, solange die Risiko-Freiheit auf einem durchschaubaren ,Sich-Blind-Stellen' seitens der zuständigen Stellen beruhte – also auf unprofessioneller Massen-Diagnostik? War es wirklich zwingend, dass die Gesundheit der Bürger sowohl Deutschlands als auch der Rinderprodukte (incl. Arzneimittel) importierenden Staaten von den jeweiligen Regierungen, die ihre Bevölkerung zu schützen haben, solange nicht geschützt werden konnte? Das herangezogene Beispiel legt Zweifel daran nahe, dass diese Auffassung gerechtfertigt ist. Es drängt sich vielmehr gerade unter einer solchen Konstellation als Schluss auf: Die Täter verfügen über interne Einsichten in risikoträchtige Konstellationen → sie werden wissen, was sie tun, wenn sie gegen die Regeln guter Risikowahrnehmung verstoßen → das unprofessionelle Monitoring wird dann nicht Ausdruck von argloser Unprofessionalität sein, sondern das Gegenteil: Ausdruck strategischen Verhaltens. Also ist von übergeordneter Perspektive aus zu schließen: Hohes BSE-Risiko! Damit ist ein Risiko in spezifischem Sinne ‚erkannt'. Die Konsequenz: Beschränkungen des Verkehrs von Lebens- und (insbesondere) Arzneimitteln mit Rinderanteilen aus Deutschland sind gerechtfertigt.

Erkenntnistheoretisch zugespitzt lautet die Frage: Kann der Satz „Deutschland ist BSE-frei" tatsächlich solange berechtigterweise formuliert werden, wie ein faktischer BSE-Befund in Deutschland nicht festgestellt wurde? Ist nicht vielmehr – bei Risikosachverhalten – eine andere Ontologie in Anschlag zu bringen? Muss hier nicht von der Existenz einer Nische auf das (statistische) Vorhandensein von Vertretern der der Nische entsprechenden ‚Art' geschlossen werden? Bei Existenz einer Nische „besteht" das Risiko eben, faktisch gesprochen. Das ist die Antwort, die ich empfehle.

5.2 Konsequenzen institutioneller Art: Das Monitoring des Monitorings

Die Schwachstellen dieses von Deutschland (und anderen EU-Staaten) eingerichteten „Überwachungs"systems waren offensichtlich – die EU vermochte die Größenordnung der nicht-entdeckten Fallzahlen durch Nachzeichnen der Importwege verseuchter Futtermittel abzuschätzen. So ist der Wissenschaftliche Lenkungsausschuss der Europäischen Kommission im Bereich Verbrauchergesundheit und Lebensmittelsicherheit verfahren, als er seine (raumbezogene) Studienreihe *On the Geographical Risk of Bovine Spongiform Encephalopathy* auflegte. In seinem am 6. Juli 2000 vorgelegten zusammenfassenden Bericht (European Commission 2000) wurden die Schweiz und Deutschland in dieselbe Risikoklasse eingestuft, zusammen mit den übrigen Kernstaaten der EU wie Benelux, Frankreich, Italien, dazu Spanien, Dänemark und Irland. Der Unterschied in der Anzahl identifizierter BSE-Fälle wurde der Tatsache zugeschrieben, dass die Schweiz als einziges unter diesen Ländern ein „aktives Überwachungssystem" habe.[6] In allen anderen genannten Ländern dagegen gelte:

> „The current surveillance system is passive and therefore not able to detect all clinical BSE cases." (ebenda, 47).

---

6   Das aktive Überwachungssystem der Schweiz entstand aufgrund einer anderen Organisationsentscheidung. Dort hatte man ein System der Kooperation mit Tierhaltern eingeführt. Erreicht wurde deren positives Meldeverhalten nicht nur, wie im passiven Fall allein, durch einen Abbau von Hemmnissen, dem Sinn des Tierseuchengesetzes entsprechend zu melden, sondern überdies durch einen Anreiz für den Tierhalter in Form einer Pönalisierung dessen, dass er eine rechtzeitige Meldung unterlässt. In der Schweiz hatte man sich, bald nach den britischen Vorkommnissen, entschieden, es genau wissen zu wollen. Man wollte der Welt zeigen, dass die Schweiz BSE-frei ist. Das ist etwas anderes, als bis zum Beweis des Gegenteils lediglich davon auszugehen, dass ein Land BSE-frei sei. Man nahm damit in den Blick, dass auch das Gegenteil der Fall sein könnte – und bereitete sich darauf vor.

„Wer suchet, der findet" – auf diese bemerkenswert lapidare Weise kommentierte die EU-Kommission den Unterschied bezüglich der „BSE-Freiheit" in Frankreich und in Deutschland, als sie vor dem 26. November 2000 darauf angesprochen wurde. D. h., die EU-Ebene hat (in Form einer Beobachtung zweiter Ordnung) das Monitoring ‚gemonitort' – auf die geschilderte Weise, aber parallel dazu auch in klassischer Weise, durch regelmäßige Checks. Dabei hat sie festgestellt, dass die (Stichproben-) Ergebnisse Deutschlands nicht die ganze Wahrheit (des Risikos) spiegelten – ohne dass das offen und ungeschminkt formulierte Ergebnis die Öffentlichkeit in Deutschland erreicht hätte. Woran das gelegen hat, ist eine zentrale, bis heute unbehandelte Frage. Hätte die EU-Ebene ihre Botschaft erkenntnistheoretisch deutlich formuliert, dann hätte das vermutlich umgehend tierseuchenrechtliche Konsequenzen nach sich gezogen.

BSE als Risiko hätte unter einer angemessenen begrifflichen Konvention von ‚Risikowahrnehmung' gesellschaftlich als „vorliegend" erkannt werden können. Die Kontrolle eines angemessenen Monitorings, also die Risikowahrnehmung auf der Ebene der Beobachtung zweiter Ordnung, ist eine offene Verantwortung, zu der sich noch eine Institution als Subjekt bekennen muss. Das könnte eine zivilgesellschaftliche Gruppe sein, die sich der „*Watch*"-Philosophie verpflichtet fühlt; es könnte aber auch die Wissenschaft sein. Dafür müsste sie ihr Selbstverständnis aber erheblich wandeln.

LITERATUR

Albach, Horst (2006): Risikomanagement – Instrument für nachhaltige Gewinnerzielung. In: Gaia 15 (3): 221–222.

Bundesbeauftragte für Wirtschaftlichkeit in der Verwaltung (2001): Organisation des gesundheitlichen Verbraucherschutzes (Schwerpunkt Lebensmittel). Gutachten der Präsidentin des Bundesrechnungshofes als Bundesbeauftragte für Wirtschaftlichkeit in der Verwaltung (=Schriftenreihe der Bundesbeauftragten für Wirtschaftlichkeit in der Verwaltung 8), Stuttgart.

Di Fabio, Udo (1994): Risikoentscheidungen im Rechtsstaat. Tübingen.

European Commission (2000): Final Opinion of the Scientific Steering Committee on the Geographical Risk of Bovine Spongiform Encephalopathy (GBR) (abgerufen 06.07.2000).

Luhmann, Hans-Jochen (2001): Die Blindheit der Gesellschaft. Filter der Risikowahrnehmung. München.

Luhmann Hans-Jochen (2002): Eine Erklärung für den mangelnden Erfolg des amtlichen BSE-Monitorings. 19 000 Untersuchungen in zehn Jahren und kein Treffer – professionelle Mängel bei der Kunst des statistischen Hinsehens. In: Umweltmedizin in Forschung und Praxis 7: 27–28.

Luhmann, Hans-Jochen (2006): Die Sicherheit von Kernkraftwerken unter der Shareholder Value-Orientierung – Beispiel Northeast Utilities. In: Energiewirtschaftliche Tagesfragen 56 (7): 39–41.

Luhmann, Niklas (1990): Risiko und Gefahr. In: ders: Soziologische Aufklärung Band 5. Konstruktivistische Perspektiven, 131–169, Opladen.

MacAvoy, Paul W. and Jean W. Rosenthal (2004): Corporate Profit and Nuclear Safety. Strategy at Northeast Utilities in the 1990s. Princeton.

WASSER UND MACHT

Zur Bedeutung von Machtverhältnissen
in der sozialen Konstruktion von Risiko und Sicherheit

Olivier Graefe

> „Wie wir unseren Bedarf decken, macht einen entscheidenden Unterschied: Wasser ist nicht gleich Wasser; und Wasser, das wir aus der Quelle schöpfen, setzt uns in anderes Verhältnis zu unseresgleichen, zu Gesellschaft und Natur, als das Wasser, das konstant aus einer Leitung fließt und nach Gebrauch in einer anderen Leitung vergurgelt" (Kluge 2000: 13).

1 EINLEITUNG: KONSTRUKTION VON RISIKO UND SICHERHEIT

In der Risikoforschung wurde bereits in den 1980er Jahren auf die Bedeutung der gesellschaftlichen Verhältnisse für die Konzeption und Erklärung von Katastrophen, Naturrisiken und ihre soziale Ungleichverteilung hingewiesen (Clausen & Dombrowski 1983; Hewitt 1983; Beck 1986; Douglas 1986). Zahlreiche Autoren haben seitdem darauf hingewiesen, dass Naturkatastrophen und Naturrisiken nicht von der „Natur" bestimmt werden, sondern vielmehr im Zusammenhang mit sozialen Beziehungen zu verstehen sind (Bryant 1991; Bohle 1993; Blaikie et al. 1994; Pelling 2003).

Mit Luhmanns Unterscheidung von Gefahr versus Risiko wurde der Aspekt der Entscheidung betont. Werden Gefahren von einer Gesellschaft wahrgenommen und in das Handeln mit einbezogen, ist dies als eine Übersetzung in Risiken zu verstehen (vgl. Luhmann 1991). In diesem Zusammenhang werden auch die Kontextabhängigkeit und die soziale Konstruktion dessen, was als annehmbares Risiko oder als Katastrophe gilt, diskutiert (Macamo 2003). Den Sicherheitsbegriff sieht Luhmann als einen leeren Begriff an. Dennoch ist seine wissenschaftliche Verwendung ebenfalls sinnvoll. Mit seiner Benutzung fokussiert die Analyse – ohne eine objektive Referenz zu bemühen – darauf, wie und warum „Sicherheit" definiert wird. Im Gegensatz dazu führt der Begriff der Gefahr stets – zumindest implizit – eine materielle Referenz mit sich; man denke an einen Tsunami, einen Supergau oder eine Dürre. Das Sicherheitsverständnis hingegen bleibt vom materiellen Kontext unabhängig, denn was und wie etwas als Sicherheit erkannt und bezeichnet wird, wird sozial ausgehandelt und definiert. Diese Sicherheit gilt als

Richtwert und ist von Bedeutung für das Bemessen von Risiko. Die Art und Weise, wie Sicherheit definiert wird, ist demnach ein immanent gesellschaftlicher und somit auch ein machtpolitischer Prozess. Die politischen Beziehungen zwischen sozialen Gruppen und Klassen, zwischen Generationen und Geschlechtern bestimmen die jeweiligen Positionen und Positionierungen in diesem Prozess. Dabei werden Definitionen und Referenzen von Sicherheit und Risiko oftmals nicht explizit artikuliert und ausgehandelt. Vielmehr werden entsprechende Konzepte durch alltägliche Praxen und Symbole implizit reproduziert (vgl. Wittfogel 1957; Worster 1985; Reisner 1986; Swyngedouw 1999).

Das skizzierte Verständnis der Begriffe Risiko und Sicherheit legt eine dialektische Analyse nahe, bei der untersuchen ist, inwieweit Sicherheit als Referenz für die Definition von Risiko dient bzw. inwiefern eine Veränderung der Sicherheitsdefinition auch eine gültige Risikokonzeption modifiziert. Im folgenden Beitrag soll am Beispiel der Talschaft des Tidili im Hohen Atlas Marokkos gezeigt werden, wie die Sicherheit der Versorgung mit Trinkwasser geschaffen wurde und wie diese Versorgungssicherheit als neue Referenz die soziale Definition von Risiken veränderte. Diese am Rande der Sahara durchgeführte Fallstudie ist vor allem deshalb interessant, weil das Risiko der Trinkwasserverknappung nicht etwa von der Dürre abhängig ist, sondern in enger Verbindung mit dem Bau einer neuen Trinkwasserversorgung steht. Es wird veranschaulicht, dass erst die Schaffung der Versorgungssicherheit das Risiko der Nicht-Versorgung mit sich bringt.

Die Analyse basiert auf einer empirischen Untersuchung im Hohen Atlas Marokkos, wo zwischen 2000 und 2005 ein neues Verteilungssystem von Trinkwasser etabliert wurde, das die Versorgung über Gebirgsquellen ersetzt hat und dabei folgenreiche Disparitäten beim Zugang zu Trinkwasser schuf. Die durch die Arbeitsmigration induzierten Veränderungen der sozialen und politischen Verhältnisse haben die Sicherheit in der lokalen Trinkwasserversorgung und das Risiko der Wasserknappheit neu definiert sowie die Distinktionsvalenz zwischen Risiko und Sicherheit verschoben.

2 DIE DISPARITÄTEN IN DER TRINKWASSERVERSORGUNG

Die Versorgung mit Trinkwasser hat im Hohen Atlas seit dem Beginn des 21. Jahrhunderts eine Modernisierung erfahren, die den Alltag der Dorfgemeinschaften deutlich verändert hat. Seit 2001 sind mit Hilfe des Staates und der internationalen Entwicklungszusammenarbeit drei Wasserspeicher gebaut worden, die über eine Pumpstation mit Trinkwasser aus Bohrlöchern gespeist werden. Über ein einfaches Netzwerk werden nun Haushalte über einen eigenen Wasseranschluss mit Trinkwasser versorgt und die so angeschlossenen Haushalte bezahlen den über Wasseruhren gemessenen Verbrauch. Diese neue Wasserversorgung erspart den Mädchen und jungen Frauen die beschwerliche Arbeit, das Wasser von der

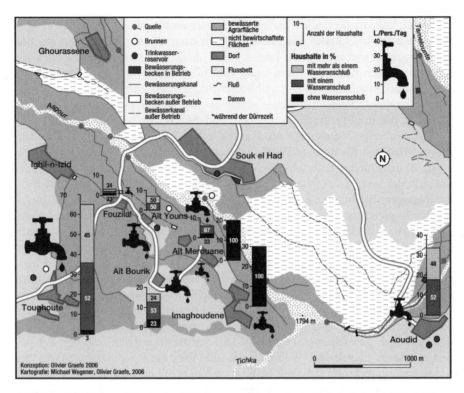

Abbildung 1 *Die Disparitäten in der Trinkwasserversorgung in der Talschaft des Tidili in 2005, Hoher Atlas (Marokko).*

Gebirgsquelle zu schöpfen und nach Hause zu tragen. Diese Neuerung hat nicht nur den Arbeitsrhythmus der Frauen tief greifend verändert, sondern den Dorfalltag insgesamt umgestaltet. Doch nur bestimmte Dörfer wurden an die Reservoirs angeschlossen und nicht alle Haushalte verfügen über individuelle Wasseranschlüsse (Abbildung 1). Imaghoudene und der südlichere Teil von Aït Mérouane verfügen weder über private Wasseranschlüsse noch über einen Brunnen, ein Wasserreservoir oder ein zentrales Wasserverteilungsnetz. Dagegen sind Aït Youns, das obere Aït Mérouane und Toughoute an ein Wasserreservoir angeschlossen, nachdem die Gemeinde einen Brunnen und eine Pumpstation finanzierte. Dort haben jene Haushalte, die über die erforderlichen Finanzmittel verfügen, einen Anschluss mit einem Zähler installiert, wogegen sich die Ärmeren keinen eigenen Wasseranschluss leisten können (Graefe 2006).

Auffällig beim neuen Versorgungssystem ist die Art der Versorgung. Die kostengünstige Möglichkeit einer gemeinschaftlichen Versorgung über eine vom Wasserreservoir gespeiste Wasserstelle im Dorf wurde zugunsten individueller Wasseranschlüsse ausgeschlossen. Die Wahl einer privaten Versorgung, die mit der Einführung von Wassergebühren einhergeht, benachteiligt ärmere Haushalte sowie jene, die nur unregelmäßig über monetäre Einkommensquellen verfügen (wie z. B. Landarbeiter, allein erziehende Mütter und Witwen). Diese bevorzugen trotz privaten Anschlusses aus Kostengründen nach wie vor das Wasser aus den Gebirgsquellen und nehmen die langen Wege, die Zeit und die Mühe für die Wasserversorgung in Kauf. Die Einrichtung ausschließlich privater Anschlüsse ist das Ergebnis der Zusammensetzung und Entscheidungsmacht des für den Bau zuständigen Komitees. Seine Mitglieder stammen mit wenigen Ausnahmen aus der Dorfelite, die ihre Eigeninteressen sichern und durchsetzen konnten (ebenda).

Die vorherige Versorgung der Haushalte mit Trinkwasser erfolgte über Gebirgsquellen, die für manche Dörfer schwer zu erreichen waren. Auch wenn die Wege zu den Quellen unterschiedlich lang waren, so besaßen doch alle Einwohner unabhängig von ihrem sozialen Status grundsätzlich die gleichen Zugangsbedingungen. Sie waren somit auch dem unregelmäßigen Ausfluss der Gebirgsquellen in gleichem Maße ausgesetzt. Der Versorgungsaufwand und die Abhängigkeit vom natürlichen Ausfluss der Quellen wurden dadurch von allen geteilt, auch wenn zwischen einzelnen Dörfern durchaus räumliche Disparitäten im Zugang zum Wasser existierten. Doch diese räumlichen Zugangsunterschiede zwischen Dörfern waren aus geomorphologischen und siedlungshistorischen Gründen entstanden. Heute dagegen hängen die unterschiedliche Ausstattung mit Wasserinfrastruktur sowie die Disparitäten beim Verbrauch eng mit den finanziellen Möglichkeiten der Haushalte zusammen, also mit Möglichkeiten, die stark mit den historisch gewachsenen Unterschieden, den Besitzverhältnissen und der Arbeitsmigration korrelieren. Während also die Versorgungsbedingungen vor der Modernisierung primär räumlich bedingt waren, resultieren die heutigen Versorgungsdisparitäten auf der individuellen Ebene aus der gesellschaftlichen Stellung der Haushalte.

3 DIE ENTSTEHUNG DER SOZIALEN DISPARITÄTEN UND BESITZVERHÄLTNISSE

Die sozialen Unterschiede sowie die Besitzverhältnisse haben ihren Ursprung in den vorkolonialen und kolonialen Machtbeziehungen sowie der Arbeitsmigration (Pascon 1977, Berque 1978, Kalumenos-Auf der Mauer 2000, Aït Hamza 2002). Bis in das späte 19. Jahrhundert war die Gesellschaft Marokkos in Landeigentümer und Sklaven sowie eine geringe Zahl landloser Handwerker, Händler und islamischer Geistlicher geteilt. Während der Kolonialzeit kam es zu einer sozialen Differenzierung unter den Landeigentümern. Wirtschaftlich profitierten vor allem jene Großfamilien, die den regionalen Feudalherren Thami El Glaoui (1879-1956) unterstützten. Sie durften ihr Land und ihre Sklaven behalten, wurden durch Steuererleichterungen und Pachten begünstigt und vom Frondienst befreit, während viele Bauern enteignet wurden und Fronarbeit leisten mussten. Um den Widerstand der untreuen Dörfer zu brechen, wurden die Wasser-Gemeinschaftsspeicher zerstört, was die Ernährungssicherheit vieler Dorfgemeinschaften erheblich reduzierte und sie in ein Abhängigkeitsverhältnis gegenüber dem Regime und in die beginnende Arbeitsmigration zwang. Mit der 1956 erlangten Unabhängigkeit Marokkos und dem Ende dieser regionalen Gewaltherrschaft, erlangten zwar die Sklaven ihre Freiheit und viele Bauern ihr Land zurück. Doch die sozialen Ungleichheiten zwischen den Landlosen und den Landeigentümern sowie die internen Unterschiede innerhalb der Gruppe der Landeigentümer wurden nicht durch eine Landreform reduziert oder gar aufgehoben. Im Gegenteil, die neue Monarchie verfolgte eine klientelistische Politik und stützte sich zum Nachteil der ärmeren Bauern und einfachen Landarbeiter auf die großen Land besitzenden Familien (Leveau 1985). Selbst erfolgreiche Arbeitsmigranten mit ausreichendem ökonomischem Kapital hatten kaum Möglichkeiten, Land zu kaufen. Als Statussymbol der Grundbesitzer und Notabeln wird Land zumeist im Familienbesitz bewahrt und nur unter besonderen Umständen verkauft, selten an statusniedrigere Dorfmitglieder wie ehemalige Sklaven oder ihre Nachkommen. Die ungleichen und sehr stabilen Eigentumsverhältnisse sind daher durch die Arbeitsmigranten und ihre Einkünfte nicht verändert worden, auch wenn diese heute die gesamte Wirtschaft der Talschaften des Hohen Atlas dominieren und andere soziale Veränderungen bewirkt haben.

Die genannten Veränderungen im Hohen Atlas wurden bereits von vielen Autoren untersucht (Büchner 1986; Crépeau 1986; Fay 1986; Aït Hamza 1996 und 1997; Amahan 1998). Dabei wurde unter anderem festgestellt, dass die ökonomisch besser gestellten Haushalte der Landbesitzer stärker an der Migration in die Städte und ins Ausland beteiligt waren und folglich ihre sozioökonomische Situation im Vergleich zu den landlosen Familien weiter verbessern konnten (Aït Hamza 2002; de Haas 2003, 203 f.). Im Untersuchungsgebiet sind ebenfalls dort mehr Familien an der Arbeitsmigration beteiligt, wo der Anteil der ökonomisch mächtigeren, besser gestellten Haushalte relativ hoch ist (Toughoute, Aït Youns und Aoudid; siehe Abbildung 1). Dort, wo die Zahl der Landlosen und der kleinen Landbesitzer am höchsten ist, nämlich in Aït Mérouane und Aït Bourik, leben auch zahlreiche Familien ohne Migranten. Die Migranten aus den Familien mit großem Landbesitz erhalten in der Regel höher qualifizierte und besser bezahlte Arbeitsstellen im Zielgebiet ihrer Wanderung. Dagegen müssen sich Arbeitsmigranten aus ärmeren Familien eher mit einfacheren, schlecht bezahlten und unregelmäßigen Arbeiten begnügen. Ein Grund für dieses Muster liegt in den Netzwerken, die reichere Familien des Tidili mit der Stadt, insbesondere mit Marrakesch, verbinden und die von ihnen teilweise bereits vor Generationen geknüpft und seitdem kontinuierlich gepflegt wurden. Hinzu kommt die ungleiche Beteiligung an der Schulausbildung der Kinder. Landbesitzende Haushalte, die sich auf das monetäre Einkommen eines Migranten stützen können, haben die Möglichkeit, auf die Feldarbeit der Kinder zu verzichten und investieren in ihre Schulbildung mit dem Ziel des sozialen Aufstiegs (vgl. Amahan 1998; de Haas 2003). Die sich weiter verstärkende soziale Disparität ist aber nicht der einzige Faktor, der den ungleichen Zugang zu einer gesicherten Wasserversorgung begründet.

4 MACHTLOGIKEN

Die Begünstigung von Toughoute, Aït Youns und des oberen Aït Mérouane folgt auch einer machtpolitischen Logik. Die für die Wasserinfrastruktur verantwortliche Gemeinde versuchte, durch die gewählten Maßnahmen und Begünstigungen ihre geringe Legitimität auszugleichen. Dieses Legitimitätsdefizit kommt besonders in den Erzählungen und dem Verhalten der Dorfbevölkerung gegenüber den Gemeindevertretern zum Vorschein. Vorwürfe der Korruption, Veruntreuung öffentlicher Gelder, Wahlfälschung zugunsten bestimmter Gemeinderäte oder der willkürlichen und parteiischen Entscheidungen werden in Interviews und Gesprächen häufig genannt. Selbst wenn diese Anschuldigungen übertrieben sein mögen, so ist doch ein Bruch zwischen den Vertretern der Gemeinde und der Bevölkerung festzustellen. Ohne breite Unterstützung in der Bevölkerung und ohne breite soziale Basis greift die Leitung der Gemeinde, welche die ganze Talschaft des Tidili umfasst, auf eine klientelistische Strategie zurück. Sie bevorzugt die großen Dörfer, in denen die Familien mit einem höheren sozialen und symbolischen Kapital leben, und vor allem die Dörfer, die bisher dem Gemeinderat und dem Makhzen, d. h. dem Zentralstaat, gegenüber ihre Treue erwiesen haben. Die sozial unbedeutenden oder kritischen Dorfgemeinschaften wurden bei den Entscheidungen der Gemeinde über die Infrastruktur nicht berücksichtigt. Die Entscheidung, zwei Brunnen und die Pumpstationen in Toughoute und Aït Youns zu installieren, zeugt von der Zielsetzung der Gemeinde, die politische Unterstützung der reichen Familien zu erhalten; eine Unterstützung, die sie verlieren könnte, wenn sie anderen Dörfern den Vorrang geben würde.

Die klientelistische Strategie reicht allerdings für die Erklärung der Disparitäten der dörflichen Trinkwasserversorgung nicht aus. Bedeutsam ist auch, dass sie sich in einer sie begünstigenden lokalpolitischen Konstellation entfalten konnte: So profitieren gerade die Notabeln und die einflussreichen Familienoberhäupter von der klientelistischen Strategie. Sie können auf diese Weise ihren Einfluss geltend machen und ihre soziale Position bestätigen. Gegenüber Projekten, die von Mitgliedern der jüngeren Generation oder der unteren sozialen Schichten initiiert werden, zeigen sich die Notabeln oft skeptisch oder ablehnend, da die Gefahr besteht, dass die beteiligten Personen aus der erfolgreichen Umsetzung derartiger Projekte politischen Gewinn schlagen. Die jüngere Generation hat z. B., organisiert in Vereinen, einige Verbesserungen wie den Bau von Zugangsstraßen, die Befestigung der Bewässerungskanäle und den Bau öffentlicher Wasserstellen umgesetzt. Indem sie sich gegen derartige Infrastrukturprojekte wehren, versuchen einige Notabeln, ihre dominierende Position zu halten. Damit tragen sie zum Erhalt der Disparitäten zwischen den Dörfern bei (Graefe 2006).

Wie gesehen lassen sich die Disparitäten im Wasserzugang durch die Machthierarchien zwischen den sozialen Gruppen und Generationen erklären. Unbeantwortet bleibt dabei jedoch die Frage, wie die Entscheidung für den Bau des neuen Wasserverteilungssystems möglich wurde. Denn die Versorgung der Dorfgemeinschaften mit Trinkwasser war nie grundsätzlich gefährdet, auch wenn im Sommer teilweise längere Wege zu weiter entfernten Gebirgsquellen notwendig waren.

Obwohl einige Brunnenbauer seit mehreren Generationen in der Talschaft lebten, existierten in den Dörfern vor der Modernisierung der Trinkwasserversorgung nur sehr wenige Brunnen. Auch die beim Brunnenbau anfallenden Kosten können die lange Absenz von Brunnen nicht erklären. Denn nicht nur waren die Kosten vergleichsweise gering, auch waren durchaus finanzielle Möglichkeiten vorhanden, da ein Teil der männlichen Bevölkerung bereits früh in die Arbeitsmigration eingebunden war. Die neue Infrastruktur zur Sicherung der Trinkwasserversorgung kann also weder geradlinig auf die Entdeckung einer neuen Technik noch auf infolge der Arbeitsmigration mobilisierbares Kapital zurückgeführt werden. Es zeigt sich vielmehr, dass sie das Ergebnis von sozialem Wandel und machtpolitischen Beziehungen ist. Sie kann nur verstanden werden, wenn sie in diesen gesellschaftlichen Zusammenhang gebracht wird, denn erst mit dem Wandel der sozialen und politischen Verhältnisse kommt es zu einer Veränderung der Risikodefinition. Durch die Schaffung von Versorgungssicherheit hat sich die Referenz von Risiko und Sicherheit entscheidend verändert. Eingebettet sind diese Prozesse in eine weitere Kontextbedingung des Wandels: die Domestizierung des Wassers.

5 DIE DOMESTIZIERUNG DES WASSERS UND DER FRAUEN

Die erlangte Unabhängigkeit der Trinkwasserversorgung gegenüber dem schwankenden Ausfluss der Gebirgsquellen bedeutet die Kontrolle über die zur Verfügung stehende Wassermenge. Das „neue" Wasserangebot steht nun dank der Brunnen, Pumpen und Wasserspeicher den angeschlossenen Haushalten nahezu unbegrenzt und jederzeit zur Verfügung. Diese durch den ununterbrochenen und kontrollierten Zugang geschaffene Verfügbarkeit des Wassers ist Ausdruck seiner Zähmung und Beherrschung. Verglichen mit der bisherigen Offenheit und Unregelmäßigkeit der Gebirgsquellen schafft die Kontrolle und Beständigkeit des (Aus-)Flusses eine neue Versorgungssicherheit. Dadurch wiederum wird die zuvor nicht hinterfragte Offenheit und Unregelmäßigkeit des Ausflusses der Gebirgsquellen in einen neuen Kontext gestellt und nun als Risiko betrachtet. Die so gewonnene Sicherheit ist sozial differenziert, die Natur des Risikos gesellschaftlich determiniert. Die Unterscheidung von Risiko und Sicherheit ist auf diese Weise gänzlich in die gesellschaftliche Sphäre verschoben worden, während eine Verringerung des Ausflusses oder gar das Versiegen von Quellen zuvor der Natur zugeschrieben oder im religiösen Kontext gedeutet worden war.

Die neue Infrastruktur mit privaten Anschlüssen für jene, die sich den Anschluss leisten können, schafft für die gesamte Lokalbevölkerung neue Referenzen und Differenzen zwischen Arten der Wasserversorgung. Durch die Bevorzugung der reichen und einflussreichen Familien und Dörfer werden die sozialen Unterschiede zwischen den Gruppen verfestigt. Dabei wird Trinkwasser zum Objekt sozialer Unterscheidungen und Bestandteil gesellschaftlicher Beziehungen. Was bisher als elementare Ressource angesehen wurde und für die Allgemeinheit mit bestimmten religiösen und symbolischen Werten besetzt und eben kein Objekt machtpolitischer Konflikte auf Dorfebene war, ist nun eingebettet in das politische und soziale Beziehungsgeflecht. Die Domestizierung des Wassers im Hohen Atlas steht im Zusammenhang mit den Veränderungen der Machtbeziehungen zwischen den Vertretern des Zentralstaates, den Notabeln und den Dorfentwicklungsvereinen sowie zwischen den älteren und den jüngeren Generationen. Die verschiedenen Versuche der Infragestellung der politischen Positionen der staatlichen Vertreter und Mitglieder der lokalen Elite motivierten diese letztlich zur Schaffung einer ungleich verteilten Infrastruktur, die auch die heutige Ungleichverteilung der Versorgungssicherheit begründet.

Ein offensichtliches und symbolisch bedeutsames Ergebnis dieser Domestizierung des Wassers stellt die Übernahme der Wasserversorgung durch die Männer dar. Dieses Tätigkeitsfeld war bisher ausschließlich Frauen und Mädchen vorbehalten. Der Bau der technischen Infrastruktur zentralisiert die dörfliche Wasserversorgung, die nun durch kleine Ausschüsse kontrolliert wird, die so über die Wasserverteilung bestimmen. Die Ausschüsse sind aus wohlhabenden und angesehenen, meist älteren Männern zusammengesetzt. Diese entscheiden beispielsweise über die Preise, die Wartung oder den etwaigen Ausbau des Verteilungsnetzwerks. Sie sind verantwortlich für das Eintreiben der Zahlungen, die die Kosten für die Pumpstationen decken. Wenngleich die Verfügbarkeit von Wasser im Hause eine erhebliche körperliche Arbeitsentlastung für die Frauen darstellt, schwächt die Domestizierung des Wassers ihre gesellschaftliche Position. Als Lebensträgerin im wörtlichen und metaphorischen Sinn besaßen die Frauen bis dahin wie in den meisten Gesellschaften primär reproduktive Aufgaben in der geschlechtsspezifischen Arbeitsteilung (vgl. Bachelard 1991, 155 ff.; Strang 2000, 23; Frank 2006). Die Wasserversorgung lag in ihrer Verantwortung und besaß zudem eine bedeutende soziale Funktion im Alltag der Dorfgemeinschaft. Der Verlust der Kontrolle über die Wasserversorgung bedeutet für die Frauen eine Verschiebung der Machtverhältnisse zugunsten der Männer.

Die Veränderungen der Wasserversorgung und der Wandel der Geschlechterverhältnisse sind also eng verzahnt: Infolge der Arbeitsmigration marokkanischer Männer und der den gesamten Maghreb erfassenden Re-Islamisierung (Ismail 2007) stieg der Druck auf die Frauen, zu Hause zu bleiben. Dies hat den Bau der technischen Infrastruktur begünstigt. Durch die Technisierung der Versorgung, die Zentralisierung des Wassermanagements und die Kommodifizierung des Wassers hat die neue Infrastruktur die maskuline Kontrolle über die Frauen und die Dominanz der Männer (weiter) gefestigt (vgl. Bourdieu 1998, 67 ff.).

Insgesamt lässt sich die Domestizierung des Wassers als das Ergebnis des Wandels zweier Beziehungsebenen verstehen: den Beziehungen zwischen den sozialen Gruppen und den Beziehungen zwischen den Geschlechtern.

6 DIE KONSUMTION VON WASSER IM WANDEL

Ein wichtiger Aspekt in der Vergesellschaftung von Wasser, der ebenfalls durch Machtverhältnisse und sozialen Wandel strukturiert ist, ist seine Konsumtion. Klaus Eder (1988, 38) weist auf die symbolische Logik der Konsumtion als Aneignung der Natur hin. Er unterstreicht dabei, dass Konsumtion nicht individuell, sondern gesellschaftlich bestimmt ist. Die sozialen Beziehungen greifen auf verschiedenen Maßstabsebenen in die symbolische Logik der Konsumtion ein. Im Dorf bedeutet die Domestizierung des Wassers den Anschluss im Haus (Domizil), wo das Wasser nun ohne soziale Kontrolle genutzt und verbraucht werden kann.

Durch die Einführung von Wassergebühren und die Installation von Wasseruhren besitzt das Wasser nun nicht nur einen Gebrauchswert, sondern auch einen Tauschwert. Dieser ist nicht auf den monetären Tausch beschränkt. So dient der Wasserverbrauch auch als Mittel der Transformation von ökonomischem Kapital in symbolisches Kapital (vgl. Bourdieu 2000). Wenn reiche Bauern das nun zu bezahlende Wasser nicht nur für ihren häuslichen Gebrauch, sondern auch für die Viehtränke nutzen, so wird der Dorfgemeinschaft dadurch der familiäre Wohlstand demonstriert. Mit der gleichen Motivation werden die gekachelten Bodenflächen des Hauses ostentativ mit dem Wasserschlauch gereinigt, während die ärmeren Nachbarn für die Reinigung ihres Lehmbodens nach wie vor den Besen nutzen. Zusammen mit den neuen sanitären Einrichtungen wie Dusche, W(ater) C(loset) und einem Wasseranschluss in der Küche dient der Wasserkonsum der Darstellung einer distinkten Urbanität, die sich vom rustikalen Bauerntum und von den sozioökonomisch Schwächeren absetzt. Im Rahmen dieser symbolischen Logik ist der Wasserkonsum politisch: Es existiert eine breite Palette an impliziten Übereinkünften, die bestimmen, was begehrenswert und wertvoll ist bzw. welche Werte und Funktionen bestimmte Objekte und Mittel haben. Diese Übereinkünfte definieren, wer überhaupt in der Lage ist, eine bestimmte Nachfrage in einem bestimmten Kontext zu artikulieren oder zu schaffen.

In dieser semiotischen Perspektive ist die Konsumtion von Wasser nicht als eine Antwort auf menschliche Grundbedürfnisse zu sehen, sondern als eine Verkörperung von Symbolen in einem System von Statuszeichen. Im dargestellten Beispiel erhält das Wasser eine neue soziale Bedeutung im Kontext des gesellschaftlichen Wertewandels. Die Konsumtion im Haus erfüllt dabei eine doppelte Funktion im Sinne von Jean Baudrillard:

> „Die bisherigen Analysen ergaben jedoch, dass „funktionell" keineswegs bedeutet, dass etwas an einen Zweck adaptiert ist, sondern an eine Ordnung oder an ein System angepasst scheint. Funktionalität heißt das Vermögen, sich in ein zusammenhängendes Ganzes zu integrieren. Für den Gegenstand bedeutet das die Möglichkeit, über seine „Funktion" hinauszuwachsen und eine zweite zu übernehmen, zu einem Element des Spieles im Rahmen eines universellen Systems der Zeichen, der Kombination und des Kalküls zu werden" (Baudrillard [1968] 2001, 83).

Das Wasser und der Wasserhahn im Bad, in der Küche und im Innenhof dienen nicht nur der Deckung des täglichen Wasserbedarfs, sondern sind in die Ordnung der dominierenden Elite integriert. Wasser erfüllt hier seine Funktion als Teil eines Zeichensystems, das das Bad, das moderne, mit städtischem Mobiliar ausgestattete Haus im Dorf, den Fernseher, den Schmuck und die Kleidung mit dem Auto, dem Haus oder der Wohnung in Marrakesch sowie dem Bankkonto in Frankreich verbindet (vgl. Aït Hamza 2002). Die Funktionalität dieses Wassers ist also erst durch seine Integration in die Reihe der gängigen Statussymbole gegeben.

Dank dieser Ordnung erhält das Trinkwasser seine übergeordnete Funktion und seine soziale und politische Bedeutung.

Die Konsumtion von Wasser hat damit Anteil an der Reproduktion der gesellschaftlichen Hierarchie, die durch die Emanzipation der jüngeren Generationen in Frage gestellt wurde. Die neue Form der Wasserkonsumtion fungiert im Wettbewerb um gesellschaftliche Stellungen als symbolisches Medium der sozialen und politischen Auseinandersetzung. Die Versorgungssicherheit mit Trinkwasser ist das Ergebnis und zugleich ein Mittel im Kampf um symbolisches Kapital, der von den einen um den Erhalt oder die Stärkung ihrer der sozialen Position geführt wird, während für die anderen die gesellschaftliche Anerkennung und der soziale Aufstieg auf dem Spiel stehen.

7 FAZIT

Die Vergesellschaftung des Wassers, die Form seiner Domestizierung und Konsumtion sowie die damit produzierte Versorgungssicherheit können erst im Kontext der machtpolitischen und sozialen Beziehungen verstanden werden. Mit der Produktion von Sicherheit durch Wasserspeicher, -pumpen und -anschlüsse hat sich die materielle Referenz für die Definition von Risiko und Sicherheit in Marokko verändert. Risiko wird nun nicht mehr mit dem Regen und mit dem Ausfluss der Gebirgsquellen in Verbindung gebracht, sondern mit den Zugangsbedingungen zur neuen Infrastruktur. Das lokale Risiko- und Sicherheitsverständnis hat sich verschoben, weil die Referenz bzw. die Definition dessen, was als sicher oder unsicher gilt, durch die neue Wasserversorgung verändert wurde.

Die Verschiebung der Grenze innerhalb der Risiko-Sicherheit-Dialektik ist dabei von entscheidender Bedeutung (vgl. Egner 2006; Weichhart 2007). Sie verweist darauf, dass Konzeptionen wie Sicherheit und Risiko sozial und somit auch politisch produziert und reproduziert werden. Sie werden ganz wesentlich von den unterschiedlich stabilen machtpolitischen Verhältnissen und Interessenkonflikten bestimmt. Die Produktion von Versorgungssicherheit folgt daher einer Logik der Zugangsbegrenzung und der Kontrolle der Nachfrage nach Sicherheit. Für die Analyse des Risikoverständnisses war es außerdem hilfreich, die Distinktionsdimension der Sicherheit (und des Wasserzugangs) zu betrachten. Zusammen genommen wurde so deutlich, dass der Bau der Wasserinfrastruktur im vorgestellten Fallbeispiel nicht primär der Herstellung von Sicherheit dient. Vielmehr erfüllt er auch eine machtpolitische Funktion.

LITERATUR

Aït Hamza, Mohamed (2002): Mobilité socio-spatiale et développement local au sud de l'Atlas (Dadés-Todgha). Passau.

Aït Hamza, Mohamed (1997): Auswirkungen der Arbeitsmigration auf die Oasen in Südmarokko. In: Geographische Rundschau 49: 83–88.

Aït Hamza, Mohamed (1996): Emigration et formations socio-économiques au sud de l'Atlas. Cas du douar Amjgag. In: Le bassin du Dra. Carrefour civilisationnel et espace de culture et de création, 61–71, Montepellier.

Amahan, Ali (1998): Mutations sociales dans le Haut-Atlas. Les Ghoujdama. Paris, Rabat.

Bachelard, Gaston (1991) [1942]: L'eau et les rêves – Essai sur l'imagination de la matière. Paris.

Baudrillard, Jean (2001) [1968]: Das System der Dinge – Über unser Verhältnis zu den alltäglichen Gegenständen. Frankfurt am Main/New York.

Beck, Ulrich (1986): Risikogesellschaft. Frankfurt am Main.

Berque, Jacques (1978) [1955]: Structures sociales du Haut-Atlas. Paris.

Blaikie, Piers M., Terry Cannon, Ian Davis and Ben Wisner (1994): At Risk: Natural Hazards, People's Vulnerability and Disasters. London.

Bohle, Hans-Georg (1993): Worlds of Pain and Hunger. Geographical Perspectives on Disaster Vulnerability and Food Security. Saarbrücken.

Bourdieu, Pierre (2000) [1972]: Esquisse d'une théorie de la pratique. Paris.

Bourdieu, Pierre (1998): La domination masculine. Paris.

Bryant, Edward (1991): Natural Hazards. Cambridge, Cambridge University Press.

Büchner, Hans-Jochen (1986): Die temporäre Arbeitskräftewanderung nach Westeuropa als bestimmender Faktor für den gegenwärtigen Strukturwandel der Todrha-Oase (Südmarokko). Mainz.

Clausen, Lars und Wolf R. Dombrowsky (1983): Einführung in die Soziologie der Katastrophen. Bonn.

Crepeau, Claude (1986): Mutations sociales et spatiales dans l'Ounein et le pays Id Daoud ou Ali. In: Revue de l'Occident musulman et de la Méditerranée 41/42: 249–263.

de Haas, Hein (2003): Migration and Development in Southern Morocco. The Disparate Sozio-Economic Impacts of Out-Migration on the Todgha Oasis Valley. unpublished PhD-manuscript. Radboud University, Nijmegen.

Douglas, Mary (1986): Risk acceptability according to the social sciences. London.

Eder, Klaus (1988): Die Vergesellschaftung der Natur. Studien zur sozialen Evolution der praktischen Vernunft. Frankfurt am Main.

Egner, Heike (2006): Autopoiesis, Form und Beobachtung – Moderne Systemtheorie und ihr möglicher Beitrag für eine Integration von Human- und Physiogeographie. In: Mitteilungen der österreicherischen Geographischen Gesellschaft 148: 92–108.

Fay, Gérard (1986): Désagrégation des collectivités et dégradation des milieux dans le Haut-Atlas marocain.In: Revue de l'Occident musulman et de la Méditerranée 41-42: 234–248.

Frank, Susanne (2006): Schmutziges Wasser und schmutzige Frauen. Wasser und Weiblichkeitsbilder in der Stadtentwicklung des 19. Jahrhunderts. In: Frank, Susanne und Matthew Gandy (Hg.): Hydropolis. Wasser und die Stadt in der Moderne, 146–166. Frankfurt am Main.

Graefe, Olivier (2006): Wasser, Konflikte und soziales Kapital im Hohen Atlas Südmarokkos. In: Geographica Helvetica 61 (1): 41–49.

Hewitt, Kenneth (Hg.) (1983): Interpretations of calamity: from the viewpoint of human ecology. Boston.

Ismail, Salwa (2007): Islamism, Re-Islamization and the Fashioning of Muslim Selves: Refiguring the Public Sphere. In: Muslim World Journal of Human Rights 4 (1), Article 3, https://eprints.soas.ac.uk/5328/ (abgerufen 15.11.2008).

Kalumenos-Auf der Mauer, Nikolaus (2000): Zwei Dörfer der marokkanischen Präsahara im wirtschaftlichen Wandel. Taloust, Aït Aissa. Dissertation, Bonn.

Kluge, Thomas (2000): Wasser und Gesellschaft - Von der hydraulischen Maschinerie zur nach-
    haltigen Entwicklung. Opladen.
Leveau, Rémy (1985): Le fellah marocain, défenseur du trône. Paris.
Luhmann, Niklas (1991): Soziologie des Risikos. Berlin, New York.
Macamo, Elisio (2003): Nach der Katastrophe ist die Katastrophe – Die 2002 Überschwemmung
    in der dörflichen Wahrnehmung in Mosambik. In Clausen, Lars, Elke M. Geenen und
    Elisio Macamo (Hg.) Entsetzliche soziale Prozesse – Theorie und Empirie der Katastrophen.
    Münster.
Pascon, Paul (1977): Le Haouz de Marrakech. Rabat.
Pelling, Mark (Hrsg.) (2003): Natural Disaster and Development in a Globalizing World. London.
Reisner, Marc (1986): Cadillac Desert: The American West and Its Disappearing Water.
    New York.
Strang, Veronica (2004): The Meaning of Water. Oxford.
Swyngedouw, Eric (1999): Modernity and Hybridity: Nature, Regeneracionismo, and the Produc-
    tion of the Spanish Waterscape, 1890–1930. In: Annals of the Association of American Ge-
    ographers 89: 443–465.
Weichhart, Peter (2007): Risiko – Vorschläge zum Umgang mit einem schillernden Begriff. In :
    Berichte zur deutschen Landeskunde 81 (3): 201–214.
Wittfogel, Karl A. (1957): Oriental despotism: a comparative study of total power. New Haven.
Worster, Donald (1985): Rivers of Empire. Water, Aridity, and the Growth of the American West.
    Oxford.

DIE SICHERHEIT DES TERRITORIUMS

Migration in deutschen und europäischen Sicherheitsdiskursen

Ulrich Best

Im Mai 2008 schlug die CDU-Fraktion im deutschen Bundestag eine nationale Sicherheitsstrategie vor. „Sicherheit" war in diesem Papier sehr weit gefasst. Die Strategie beinhaltete sowohl die Landesverteidigung als auch Bereiche innerer Sicherheit und globale Militäreinsätze. Die „Bedrohungen und Risiken für unsere Sicherheit", die bekämpft werden sollten, umfassten: „Terrorismus, Organisierte Kriminalität, Energie- und Rohstoffabhängigkeit, Weiterverbreitung von Massenvernichtungswaffen und Aufrüstung, regionale Konflikte, scheiternde Staaten, Migration, Pandemien und Seuchen" (CDU 2008, 1). Das Papier wurde zwar nicht vom Bundestag angenommen, dennoch ist es charakteristisch für die Debatte über Risiko, Bedrohung und Sicherheit. Nicht nur die nationale, auch die europäische Politik ist immer stärker von Sicherheitsdiskursen gekennzeichnet. So erhebt der Vertrag von Lissabon die so genannte „dritte Säule", in der Europa als Raum der Freiheit, der Sicherheit und des Rechts definiert wird, zur Gemeinschaftsaufgabe (Europäische Union 2007).

Wie aus den Ideen der „nationalen Sicherheitsstrategie" und des europäischen Raums der Sicherheit hervorgeht, ist Sicherheit häufig territorial codiert. Obwohl Sicherheitsdiskurse nicht deckungsgleich mit Risikodiskursen sind, ist der Zusammenhang zwischen diesen Sicherheitsdiskursen und den Risiko- und Bedrohungsdiskursen sehr eng. In meinem Beitrag möchte ich untersuchen, wie einerseits in der EU territoriale Sicherheit und wie anderseits in Sicherheitsdiskursen Territorialität konstruiert wird. Die These lautet, dass das Feld der Sicherheit eines der wesentlichen Felder ist, in dem Machtverteilung und Fragen der Territorialität zwischen der EU-Ebene und den Nationalstaaten diskutiert werden. Zum einen ist die „nationale" Sicherheit – wie auch die „soziale Sicherheit" – zumeist über den Nationalstaat konstruiert; sie dient der Legitimation des Staates an sich. Zum anderen ist die EU ein Akteur, der sich gerade auch in Sicherheitsdiskursen legitimiert. Seit 1990 hat sich die EU durch verschiedene Debatten über Migration, Energie und Außen-/Verteidigungspolitik auch als Sicherheitsakteur etabliert. Die genannten Bereiche verweisen auf relevante Diskurse und Politiken, aber auch auf einen europäischen Sicherheitskomplex aus unabhängigen Institutionen und *Think Tanks*, die „Sicherheit" auf der EU-Ebene konstruieren. Demgegenüber stehen die nationalen Sicherheitsdiskurse, die nationale Politik legitimieren, und die traditionellen Sicherheitskomplexe der alten Mitgliedsstaaten sowie die neu etablierten der neuen Mitgliedsstaaten. Die Beispiele der Migrations-, der Verteidigungs- und der Energiepolitik zeigen, wie diese Debatten sowohl zwischen den Staaten als auch zwischen den Ebenen von Nationalstaaten und EU sehr unterschiedlich oder teilweise sogar entgegengesetzt verlaufen. So gilt z. B. Deutschland in polnischen Sicherheitsdiskursen oft als Bedrohung, während umgekehrt in den Migrationsdebatten der alten EU-Mitgliedsstaaten gerade die neuen Mitgliedsstaaten als unsicher konstruiert werden.

Nachfolgend wird der allgemeine Rahmen des Beitrags, der sich aus dem Konzept der „Versicherheitlichung" herleitet, vorgestellt. Was bedeutet „Sicherheit" in diesem Ansatz, und was bedeuten Risiko bzw. Bedrohung? Welche theoretischen Bezüge sind von Bedeutung? Nach dieser Rahmung wird ein Bereich analysiert, der traditionell nicht versicherheitlicht ist, der heute aber gerade das Verhältnis von EU und Nationalstaaten im Bereich der Versicherheitlichung prägt: die Migrationspolitik. In diesem Bereich wird das Verhältnis von Sicherheit und Territorialität besonders deutlich. Die Frage nach den theoretischen Schlussfolgerungen im Hinblick auf die Konstruktion von Territorialität und Sicherheit steht am Ende des Beitrags.

1 DIE THEORIE DER VERSICHERHEITLICHUNG

Der Begriff der Versicherheitlichung steht seit Mitte der 1990er Jahre im Kern eines neuen Ansatzes der Internationalen Beziehungen, der auch als *(Critical) Security Studies* bezeichnet wird. Versicherheitlichung, so der Ansatz der sogenannten *Copenhagen School*, bezeichnet eine Praxis der Benennung, die Politikfelder bestimmten Akteuren, Regeln und Handlungsweisen zuordnet (Buzan et al. 1998). Versicherheitlichung bedeutet demnach, dass ein Politikfeld ‚versicherheitlicht' wird – d. h. es wird in einen neuen diskursiven Kontext von Sicherheit und Bedrohung gestellt, neue Akteure und Institutionen (z. B. die Polizei, das Militär) und neue Politikformen (z. B. geheimdienstliche Arbeit) werden auf dem Gebiet eingeführt (und erschließen das Gebiet). In der *Copenhagen School* wurde das Konzept anfangs auf die Ebene der Diskurse (bzw. der Kommunikation) beschränkt, später jedoch wurden auch weitere Aspekte der Versicherheitlichung einbezogen (Dalby 1997). So bezeichnet Buzan den Prozess der Versicherheitlichung noch ursprünglich als einen Sprechakt, einen Akt der Benennung, durch den ein Politikfeld der „normalen" Politik entzogen und stattdessen dem der Ausnahmepolitik zugeordnet wird. Normale Regeln der Rechtsstaatlichkeit werden also – nach der erfolgreichen Benennung und (Neu-)Zuordnung des betreffenden Politikfelds – auf diesem Gebiet nur noch eingeschränkt angewandt. Da eine besondere Bedrohung angenommen wird, werden auch besondere Maßnahmen ergriffen. Das kann beispielsweise den Einsatz des Militärs oder militärischer Befehlsstrukturen bedeuten, die Außerkraftsetzung von Grundrechten, die Umgehung demokratischer Entscheidungsprozesse oder die Einführung von Sondervollmachten. Rein diskursiv kann es auch zu starken Polarisierungen innerhalb der politischen Debatte kommen – so etwa zur Unterscheidung von „Verrätern" und „Beschützern" der Nation.

Nahe liegende Beispiele aus der letzten Zeit sind die Kriege in Ex-Jugoslawien, die Diskussion über die Energieversorgung oder auch der „Krieg gegen den Terror" und seine Ausprägung in Deutschland. Es wird hier bereits deutlich, dass es erforderlich ist, nicht allgemein von Versicherheitlichung zu sprechen, sondern verschiedene Ebenen und Folgen von Versicherheitlichung zu differenzieren. So war beispielsweise die Versicherheitlichung der Beziehungen mit Serbien anders geprägt und hatte andere Folgen als die Versicherheitlichung des Islam in Deutschland.

An der Diskussion über die Rolle von Muslimen in Deutschland lässt sich veranschaulichen, was Versicherheitlichung konkret bedeutet. Islam in Deutschland ist traditionellerweise kein Thema der Sicherheitspolitik, viel nahe liegender wäre die Kulturpolitik. Unter dem Einfluss der Debatte über „Terrorismus" wurde der Umgang mit Muslimen in Deutschland immer stärker unter Sicherheitsaspekten gefasst. Es zeigt sich auch, dass Versicherheitlichung keine bloß rhetorische Strategie ist, sondern deutliche Folgen für Muslime hatte – nicht nur für ihre Wahrnehmung innerhalb der Gesellschaft, sondern auch durch die Überwachung religiöser Organisationen sowie der instituionalisterten Wahrnehmung, wie sie sich in den verschiedenen Einbürgerungstests ausdrückt, die in den letzten Jahren in Deutschland entworfen wurden (z. B. Hessisches Ministerium des Innern und für Sport 2006).

Das Beispiel der Einbürgerungstests zeigt auch die Relevanz von territorialen Konstruktionen in der Versicherheitlichung. So erscheint das „Land" bedroht durch Terrorismus oder Fundamentalismus – als „Land" angesprochen werden hier die Staatsbürger, implizit jedoch diejenigen, die über die kulturellen Kenntnisse und Eigenschaften verfügen, die in den Tests als Maß für die Eignung zur Staatsbürgerschaft betrachtet werden. Es erfolgt also eine Aufspaltung innerhalb des Landes – in diejenigen, die beschützt werden müssen und die als „wir" adressiert werden, und diejenigen, vor denen „wir" beschützt werden müssen, die getestet und überprüft werden müssen. Diese Anderen erscheinen als Infiltratoren, als „Schläfer" oder Eindringlinge, andere als Verdächtige. Denjenigen wiederum, die vor zunehmender Überwachung warnen, wird im aktuellen Sicherheitsdiskurs vorgeworfen, fahrlässig die Sicherheit Deutschlands aufs Spiel zu setzen.

Ein anderes gegenwärtiges Feld der Versicherheitlichung betrifft die Konstruktion geopolitischer Logiken, die aus Staaten, ihren „Interessen", ihren Allianzen, Rollen und Bedrohungen bestehen. In der Geopolitik werden der Staat und das Interesse des Staates territorial gesetzt, die Differenzierung verläuft entlang von Staatsgrenzen. In diesem Modell haben die Bewohner eines Staates also *ein* Interesse, das von der Regierung gegenüber anderen Staaten vertreten wird. So erfolgte beispielsweise die Diskussion über die Ostseepipeline fast exakt entlang klassischer geopolitischer Argumentationen. Bundeskanzler Schröder stellte den Bau der Pipeline als einen Gewinn an (Energie-)Sicherheit für Deutschland dar. Die Kritik an der Pipeline erschien dann als Gefährdung dieser Sicherheit (ganz anders als in Polen, wo die Pipeline als Bedrohung der polnischen Sicherheit konstruiert wurde und Deutschland als Akteur dieser Bedrohung, siehe dazu Best 2007a). An diesem Beispiel ist die Konstruktion eines Kollektivs, das als bedroht erscheinen soll, gut erkennbar: Die Energiesicherheit der Nation bedeutet die Sicherheit aller Personen innerhalb der territorialen Grenzen. In dieser Kollektivkonstruktion fallen die Widersprüche und Unterschiede innerhalb der „vorgestellten Gemeinschaft" (Anderson 1988) weg – dabei haben z. B. gerade die finanziellen Verhältnisse einen starken Einfluss darauf, ob man im Winter friert oder nicht. Auch die Profitinteressen der beteiligten Unternehmen spielten in dieser Sichtweise keine Rolle. Das „nationale Interesse", das in der Frage der Ostseepipeline konstruiert wurde, diente also dazu, den Bundeskanzler als Sprecher, Beschützer und Verteidiger des Kollektivs zu definieren – gegenüber anderen Akteuren, die als Bedrohung konstruiert wurden.

Im Fall des Kosovokrieges war dieses „Interesse" Deutschlands sehr indirekt konstruiert; es ging um die Sicherheit Europas, um die Verpflichtung, einen „neuen Holocaust" zu vermeiden, wie Außenminister Fischer und Verteidigungsminister Scharping die Beteiligung am Krieg rechtfertigten (Albrecht & Becker 2002; Jäger & Jäger 2002; Luoma-Aho 2002). Hier erfolgte bereits ein symbolischer Sprung auf die europäische Ebene, auf der dann ein europäisches „Wir" konstruiert wurde. Das bedrohte Territorium wurde weiter gefasst, um in einem Sicherheitsdiskurs die nationale Beteiligung am Krieg zu rechtfertigen. Je nach spezifischer Situation und nach Politikfeld – in den genannten Beispielen: Innen-, Außen- oder Verteidigungspolitik – werden also unterschiedliche Kollektive und Bedrohungen konstruiert: innerhalb des Landes als nationales Kollektiv, supranational oder auch „asymmetrisch" in der Form deterritorialisierter Bedrohungen wie im Falle des „globalen Terrorismus" (Tuathail 1998).

Weshalb aber werden Politikfelder versicherheitlicht? Innerhalb der Versicherheitlichungstheorie gibt es eine Schule, die Versicherheitlichung als einen Prozess versteht, der Hand in Hand mit der zunehmenden Kontrolle verschiedener Aspekte des Alltagslebens der ganzen Bevölkerung geht. Die Anlässe der Versicherheitlichung dienen in dieser Perspektive dazu, diese weiter auszudehnen und von den Anlässen gelöst zu verlängern. Die zuerst betroffenen Bevölkerungsgruppen sind dann nur die Testsubjekte für Maßnahmen, die alsbald auf die gesamte Bevölkerung ausgeweitet werden, bis zu einem allumfassenden Sicherheitsregime (oder mit diesem Ziel). In diese Richtung zielen teilweise auch Analysen, die sich an Foucaults Konzept der Disziplinargesellschaft orientieren (das allerdings theoretisch etwas anders gelagert ist, vgl. Foucault 1977 und 2006). Ebenso trifft man im Bereich der städtischen Überwachung auf verwandte Ansätze, die dann z. B. Antiterrorgesetzgebungen analysieren, sich aber seltener im engeren Sinne auf die Theorie der Versicherheitlichung beziehen (z. B. Elsbergen 2008).

In einer anderen Persepktive geht Versicherheitlichung immer mit einer Kollektivkonstruktion einher – dem oben genannten „Wir". In dieser Perspektive wird eine Bevölkerungsgruppe angesprochen bzw. konstruiert, verbunden mit dem Ziel, dass die Konstruktion von bedrohenden Anderen diese zusammenschließt. Nach Buzan sind das

„the processes of constructing a shared understanding of what is to be considered and collectively responded to as a threat" (Buzan et al. 1998, 26).

Dadurch wird demjenigen, der vorgeben kann, die Sicherheit zu schützen, die Rolle des Verteidigers und Vertreters dieser Gruppe zuteil. Huysmans (1998) orientiert sich in seiner Analyse der Versicherheitlichung an Carl Schmitts Idee des Politischen – wer auf ein Problem reagiert, indem er erfolgreich eine Unterteilung in Freunde und Feinde vornimmt, kann die Definitions- und Handlungsmacht für sich beanspruchen. In beiden oben angeführten Fällen – der internen Konstruktion von Anderen als bedrohlichen Eindringlingen und der geopolitischen Konstruktion von „anderen Staaten" – findet eine solche Trennung von Freunden und Feinden statt, und in beiden Fällen wird eine Sprecherposition für das jeweils unterschiedliche „Wir" konstruiert.

Dabei wird unter anderem deutlich, wie Sicherheitsdiskurse und Bedrohungsdiskurse zusammenhängen. Bedrohungs- und Risikodiskurse konstruieren das „Wir" über seine Bedrohung – mit einem starken Fokus auf dem „Anderen", der Bedrohung oder dem Risiko. In Bedrohungsdiskursen steht daher die Konstruktion des Anderen zunächst im Vordergrund, die Wir-Konstruktion ist auf die Anderen bezogen. Sicherheitsdiskurse, die ebenfalls mit Bedrohungsdiskursen zusammenwirken, haben noch eine andere Aufgabe. Aufbauend auf einer Bedrohungsdefinition wird nicht nur das bedrohte „Wir" konstruiert, sondern auch die Sprecherposition, die Schutz und Sicherheit verspricht. Der Prozess der Versicherheitlichung basiert also auf einem Bedrohungsdiskurs, transformiert diesen aber in einen Diskurs, in dem nicht mehr unbedingt die Bedrohung im Vordergrund steht, sondern vielmehr die Art und Weise, wie (und durch wen) diese Bedrohung abgewendet werden soll.

2 VERSICHERHEITLICHUNG, MIGRATION UND BEOBACHTUNG

Wie skizziert gibt es eine relativ große Bandbreite von Prozessen der Versicherheitlichung. Im Folgenden wird das Beispiel der Versicherheitlichung der Migration ausführlicher behandelt. Die Analyse dieser Form der Versicherheitlichung basiert vor allem auf Dokumenten, die Rückschlüsse auf die Entwicklung des Sicherheitsdiskurses und die Akteure, mit denen sie verknüpft sind, zulassen.

Im Rahmen des vorliegenden Bandes, der den Schwerpunkt auf *Beobachtung* legt, soll hier insbesondere das Verhältnis von Versicherheitlichung, Migration und Beobachtung geklärt werden. Das Konzept der Beobachtung zweiter Ordnung wurde, ausgehend von Luhmanns Systemtheorie, durchaus schon auf das Feld der Migration angewandt (z. B. Vobruba 2006). Zentral ist dabei die Frage, wie soziale Akteure die Welt „beobachten" und darstellen. Damit waren diese Akteure wiederum von Wissenschaftlern „beobachtet" (als Beobachter des Beobachtenden). In seinem Plädoyer für eine Grenzsoziologie als Beobachtung zweiter Ordnung beschreibt Vobruba diese Perspektive wie folgt:

> „Eine Grenzsoziologie lässt sich nur auf der Grundlage von Beobachtungen ausarbeiten, deren Gegenstand es ist, wie die relevanten Akteure Grenzen und die Vorgänge an ihnen beobachten und daran orientiert handeln" (Vobruba 2006, 223).

Dabei spricht Voruba sich gegen jede „eigene Moral" der Wissenschaftlerinnen und Wissenschaftler aus: „Moral" – damit meint er politische Positionen oder Kritik an den bestehenden Verhältnissen – soll kein Element dieser beobachtenden Grenzsoziologie sein. Zulässig und „selbstverständlich erforderlich" ist, wie Vobruba schreibt, nur,

> „soziologisch [zu] beobachten, mit welcher moralischen Empörung die Leute beobachten, was an Grenzen vorgeht" (Vobruba 2006, 221).

Die Wissenschaftsperson erscheint hier als eine, die von politischen oder moralischen Positionen abgekoppelt ist, als rein der Beobachtung und des Reflektiererens fähig und verpflichtet, wobei diese Reflektion nicht die Kritik des Beobachteten umfassen darf.

Auch wenn dieser Buchbeitrag nicht „moralisch" gemeint ist, so nimmt er dennoch eine andere Perspektive ein. Nachdem die nationalen und europäischen Sicherheitsdiskurse untersucht worden sind, sollen im letzten Teil der Analyse einige Beiträge wissenschaftlicher Autorinnen und Autoren und ihre darin aufscheinenden Positionen zu Migration untersucht werden. Dabei wird schnell klar werden, dass die Wissenschaft keine sozial oder politisch abgekoppelte Tätigkeit ist, sondern Teil derselben gesellschaftlichen Auseinandersetzung, über die sie schreibt. Auch die Wissenschaft spielt eine Rolle in den Prozessen der Versicherheitlichung – sei es in *Think Tanks* oder durch die Entwicklung oder Übernahme von Diskursen und Bedrohungsszenarien. Das Konzept der Beobachtung ist für diese Fragestellung sogar besonders interessant, weil die wissenschaftlichen Beiträge zur Debatte oft entweder institutionalisierten Beobachtungen entstammen oder darin eingebunden sind. So stellen sie z. B. Zahlenmaterial oder Prognosen über Migration bereit oder nehmen selbst einen Blick ein, der dem der klassisch geographischen Beobachtung ähnelt. Mit wissenschaftlicher Autorität und scheinbarer Objektivität werden geopolitische Visionen und Trends erstellt sowie mentale Landkarten gezeichnet, was Haraway (1988) als „god-trick" bezeichnete, also das Sehen, ohne eine eigene Position zu haben. Auf diese Weise verschleiern die Beiträge bzw. ihre Autorinnen und Autoren jedoch gerade, dass sie sich mitten in der politischen Auseinandersetzung befinden. Das Wissenschaftsverständnis dieses Beitrags folgt eher demjenigen der *critical geopolitics* oder der kritischen Geographie. Die methodische Vorgehensweise ist durchaus mit einer diskursanalytischen Beobachtungsperspektive kompatibel.

Im Folgenden wird zunächst die Entwicklung der deutschen Diskussion über Migration untersucht, dann diejenige der EU und schließlich die Rolle, die die Wissenschaft in den Versicherheitlichungsprozessen spielt.

3 DIE VERSICHERHEITLICHUNG DER MIGRATION

Auf dem Feld der Migration ist die Analyse der Versicherheitlichung bereits fortgeschritten. Mit explizitem Bezug auf die EU wurde der Prozess der Versicherheitlichung von Bigo (2002a, 2002b) und Huysmans (1995, 2000, 2004) analysiert. Versicherheitlichung von Migration geht bei beiden Autoren mit der Einbettung des Themas in den Definitions- und Tätigkeitsbereich sicherheitsproduzierender Akteure einher. Huysmans und Bigo sehen den Beginn dieses Prozesses Anfang der 1980er Jahre, als Migration in Westeuropa zunehmend als Bedrohung thematisiert wurde (Bigo 1994, Huysmans 2000). Dieser Zeitpunkt fällt mit der beginnenden Europäisierung der Migrationspolitik zusammen (Geddes 2000, Miles & Thränhardt 1995). Allerdings gab es damals noch keine einheitliche europäische Migrationspolitik, sondern lediglich Kooperationen zwischen den Mitgliedsstaaten. Der Nationalstaat stellte sowohl die relevante Ebene der Migrationspolitik als auch die der medialen Diskurse dar, wobei Migration und ihre Folgen in den Einzelstaaten teilweise ganz unterschiedlich diskutiert wurden.

3.1 Deutschland 1980-1990: Vom Ausländer- zum Grenzdiskurs

In Deutschland wurde Zuwanderung bereits seit den frühen 1980er Jahren als Bedrohung konstruiert. Diskutiert wurde zunächst vor allem die „parasitäre" Zuwanderung. Legitime Flüchtlinge wurden dabei unerwünschten Wirtschaftsflüchtlingen gegenübergestellt. Klaus Bade sieht den Wendepunkt „von einer Aufnahme- zu einer Art Abwehrgesellschaft" um 1980 (Bade 1994, 101).[1] Die Diskurse der 1980er Jahre waren in der Regel Diskurse über die innere Verfasstheit der Bundesrepublik – thematisiert wurden die Kosten der Asylbewerber, die Integration der „Fremden" (Link & Parr 2007) und Ähnliches. Beim Reden über das „Boot", das angeblich „voll" war, ging es jedoch nicht um die Grenzen des „Bootes", die gesichert werden müssten. Der Migrationsdiskurs war kein Grenzdiskurs. Zwar wurde Nationalität konstruiert, aber eben nicht über territoriale Grenzen, sondern mit Hilfe eines ethnisch-nationalen Diskurses. Lediglich 1986, als das „Schlupfloch Berlin" im Zentrum der Debatte stand (Dittberner 1986, Wehrhöfer 1997), war der Diskurs einer, der mit geopolitischen Begriffen arbeitete.

Ging es in den 1980er Jahren noch um innere Sicherheit, änderte sich dies 1989, als die Grenzen zu den osteuropäischen Staaten durchlässiger wurden. Jetzt wurde der Migrationsdiskurs zu einem Grenzdiskurs, so z. B. in der Diskussion um die Visafreiheit für Polen (Best 2007b). Zwar lief der auf das „Innen" fokussierende, ethnisch-nationale Strang der „Ausländerdebatte" noch weiter. Doch von diesem Zeitpunkt an wurde es auch möglich, Migrationspolitik stärker mit Geopolitik zu verbinden. Dies löste einen deutlichen Versicherheitlichungsschub aus. In der neuen Perspektive auf Migration standen die Bedrohungen in der Form von Polen, Roma oder „Russen" (oft verwendet als Kurzform für alle Migrantinnen

---

1   Der Sicherheitsdiskurs ist selbstverständlich nicht der einzige Diskurs über Migration. So gibt es auch den Diskurs über den wirtschaftlichen Nutzen der Einwanderer und andere Diskurse, deren Verhältnisse zum Sicherheitsdiskurs ebenfalls untersucht werden könnten. Hans-Werner Sinn vom *ifo-Institut* in München beispielsweise rechnet immer wieder den wirtschaftlichen Nutzen von „Ausländern" für Deutschland aus, mit dem immer gleichen Ergebnis, dass „wir" draufzahlen müssen. In diesem Beitrag soll es aber vor allem um den Sicherheitsdiskurs und seine Wirkungen gehen.

und Migranten aus postsowjietischen Staaten) als äußere Gefahren an den Außengrenzen. Die Versicherheitlichung der Migration folgte dabei einer geographischen Logik. So wurden in Diskursen über Migration „unsichere" – d. h. migratorische – Ströme, Einfallstore und bedrohte Schutzwälle konstruiert. Erschien Anfang der 1990er Jahre die deutsche Ostgrenze als bedrohte Grenze der EU, wurde in Deutschland und Polen später die polische Ostgrenze als Wall der Zivilisation gegen die Barbarei konstruiert (Best 2007b).

Die Breitenwirkung dieser Diskurse zeigte sich u. a. in Umfragen zur Außenpolitik Deutschlands. Während 1979 in einer Umfrage zu den Aufgaben der deutschen Außenpolitik Migration noch nicht auftauchte, rangierte die Verhinderung „illegaler Einwanderung" 1994 bereits auf dem dritten Platz (Kirste 1998).

3.2 Versicherheitlichung durch neue Akteure:
Migration aus der Perspektive der Bundeswehr

Die Sicherheitsdiskurse der medialen und politischen Diskussion spiegeln sich auch in der Aufnahme der Migrationsabwehr in die Aufgaben der Bundeswehr wider. Das Weißbuch zur Sicherheit der BRD von 1985 war noch nicht der Migration gewidmet, sondern fast ausschließlich der Blockkonfrontation in Europa. Sicherheit wurde immer über die Bündniszugehörigkeit und den Vergleich mit den Warschauer-Pakt-Staaten definiert, wobei die BRD wegen ihrer geographischen Lage als besonders bedroht gekennzeichnet wurde (z. B. Bundesminister für Verteidigung 1985). Lediglich die Energiekrise der 1970er Jahre diente als Referenzpunkt für nicht-militärische Bedrohungen, sie wurde aber ebenfalls im Bündnisdenken eingebettet. Dies änderte sich 1989. So findet sich in den verteidigungspolitischen Richtlinien von 1992 erstmals eine Aussage zu Migration als Bedrohung. Das ist in unserem Zusammenhang aus zwei Gründen relevant, erstens, da Migration oder ihre Kontrolle kein traditionelles Feld der Bundeswehr ist, sich hier also Versicherheitlichung deutlich ablesen lässt, und zweitens, weil hier die Definition des Territoriums wesentlich ist.

Die Richtlinien aus dem Jahr 1992 sind von einer neuen geopolitischen Konstruktion geprägt, in der das Blockdenken von einem allgemeinen nationalen Bedrohungsszenario abgelöst wurde. Besonders auffällig ist die Konstruktion von Osteuropa als Quelle von Unsicherheit. Dort werden labile Staaten und potenziell bedrohliche Konfliktherde ausgemacht. Den früheren geopolitischen Szenarien vergleichbar wird die Bedrohung also im „Osten" verortet. Migration wird dabei nicht als Grundbedrohung, sondern als bedrohliche Folge von „Destabilisierung" beschrieben:

> „Jede Form internationaler Destabilisierung beeinträchtigt den sozialen und wirtschaftlichen Fortschritt, zerstört Entwicklungschancen, setzt Migrationsbewegungen in Gang, vernichtet Ressourcen, begünstigt Radikalisierungsprozesse und fördert die Gewaltbereitschaft" (BMV 1992, Absatz 26).

Die derart ausgemachte Gefahr der Migrationsbewegungen dient unter anderem dazu, die Ausweitung des Mandats der Bundeswehr zu rechtfertigen, da nun globale Verhältnisse die Sicherheit Deutschlands beeinträchtigen. Normalerweise auf die Verteidigung der nationalen Grenzen beschränkt, wird die Definition des Staatskörpers über eine Konstruktion von Unsicherheit und Bedrohung ausgeweitet.

> „In einer interdependenten Welt sind alle Staaten verwundbar, unterentwickelte Länder aufgrund ihrer Schwäche und hochentwickelte Industriestaaten aufgrund ihrer empfindlichen Strukturen" (ebenda),

heißt es in den verteidigungspolitischen Richtlinien weiter. Durch die Konstruktion einer Empfindlichkeit wird also praktisch die ganze Welt als „Struktur" des Staates interpretiert. Auch in den verteidigungspolitischen Richtlinien von 2003 findet sich die Gefahr der Migration, wird aber in noch klarerer Weise als sicherheitsrelevant für Deutschland benannt:

> „Ungelöste politische, ethnische, religiöse, wirtschaftliche und gesellschaftliche Konflikte wirken sich im Verbund mit dem internationalen Terrorismus, mit der international operierenden Organisierten Kriminalität und den zunehmenden Migrationsbewegungen unmittelbar auf die deutsche und europäische Sicherheit aus" (BMV 2003, Absatz 25).

Im Weißbuch der Bundeswehr von 2006 schließlich wird Migration in ganz ähnlicher Weise (aber nun als Ursache) in Zusammenhang mit Terrorismus, Kriminalität und Instabilität gebracht:

> „Staatsversagen sowie eine unkontrollierte Migration können zur Destabilisierung ganzer Regionen beitragen und die internationale Sicherheit nachhaltig beeinträchtigen" (BMV 2006, 22).

Auf nationaler Ebene ist die Versicherheitlichung der Migration also deutlich zu erkennen. Der Wandel der Diskussion wird durch die neuen Akteure, die den Sicherheitsbegriff in die Migrationsdiskussion transportierten, geprägt: die Bundeswehr, das Verteidigungsministerium sowie sicherheits- und militärpolitische Gruppen. Auch in der eingangs zitierten „nationalen Sicherheitsstrategie", die 2008 im Bundestag vorgeschlagen wurde, ist dieser Wandel erkennbar. In Deutschland wurde also zum einen der Ausländerdiskurs um einen Grenzdiskurs ergänzt, zum anderen wurde dieser Diskurs durch eine global gefasste Sicherheits- und Staatsdefinition erweitert.

3.3 Die EU und die Versicherheitlichung der Migration

Dieser zuvor skizzierte Prozess erfolgte auch auf europäischer Ebene. Schon zu Beginn der 1990er Jahre war dieser zentrale Widerspruch in der EU-Migrationspolitik, der diese noch heute charakterisiert, ausgeprägt. Der Vertrag von Maastricht (1992) teilte das Feld der Migration: Einerseits wurden Bürgerrechte, andererseits Sicherheit definiert. In der ersten Säule der europäischen Zusammenarbeit (den Gemeinschaftsaufgaben) wurde die Freizügigkeit der Unionsbürger gefordert, verbunden mit der Abschaffung interner Grenzen. Die Migration von Nicht-EU-Bürgern war in der dritten Säule geregelt, der Kooperation der Polizei (*Justice and Home Affairs*). In dieser Säule wird die Migration als Sicherheitsproblem behandelt. Dies war freilich auch schon früher der Fall. So spricht bereits der Vertrag von Schengen (1985) vom *„field of immigration and security"*. Und der Durchführungsvertrag von Schengen (1990) stellt Migration in den Kontext von organisierter grenzüberschreitender Kriminalität und Terrorismus (eine genaue Übersicht liefert Huysmans 2000). Auf der praktisch-polizeilichen Ebene besteht seit 2005 die EU-Grenzschutzagentur *Frontex*, die die nationalen Grenzschutzbehörden koordinieren und unterstützen soll. Die Übertragung von polizeilichen Kompetenzen an die EU ist auf nationalstaatlicher Seite allerdings umstritten.

Dieser Prozess der Versicherheitlichung von Migration auf der EU-Ebene war gleichzeitig mit einer impliziten Definition des EU-Territoriums verbunden. Diese Definition folgte der Logik eines Nationalstaats. Die EU wurde als begrenzter Raum gefasst, dessen Außengrenzen und dessen Verhältnis zu den Nicht-EU-Bürgern, die sich außerhalb der EU befinden, nicht von den einzelnen Staaten, sondern von der EU bestimmt werden. Auch innerhalb der EU wurde nicht nur der „Raum der Freiheit", sondern auch der „Raum der Sicherheit" errichtet. In diesem Raum ist die Zuständigkeit für Migration und Asyl klar geregelt, und zwar in der Form, dass Asylbewerber sich nicht in jedem Land aufhalten dürfen, sondern nur im Ankunftsland. Kostakopoulou schreibt, dass damit auch die Sicherheitslogik, in der Migration auf der Ebene der Nationalstaaten diskutiert wurde, auf die Ebene der EU übertragen wurde:

> „Union citizenship also risks being transformed into a 'neo-national' form of citizenship" (Kostakopoulou 2000, 509).

Aber auch die Beziehungen zwischen dem „Inneren" und dem „Außen", vor dem die EU-Bürger geschützt werden sollten, waren komplex. Die Migrationspolitik konstruierte zuerst das bedrohte Gebiet (also die EU). Aber auch innerhalb dieses Gebietes existierte eine Zonierung, die daraus resultierte, dass einige Nationalstaaten (vor allem Deutschland und Österreich) ihre Bedrohungsdiskurse erfolgreich auf die EU-Ebene transportierten und Migrationsbeschränkungen für die neuen EU-Bürger forderten. Zudem wurden Pufferzonen definiert, die als Schutzwall vor Migration dienen sollten und sich auf ganze Länder Osteuropas bezogen: vor ihrem Beitritt Polen, Tschechien, die Slowakei, Ungarn sowie die Länder, in denen erweiterte Vorkontrollen stattfinden, d. h. die Ukraine und Belarus. Jenseits davon, in Südosteuropa und Afrika, sollen migrationsverhindernde Maßnahmen durchgeführt werden – auch hier wird also der Einflussbereich des Quasi-Staates über das eigentliche Territorium hinaus erweitert. Insgesamt wurden auf diese Art und Weise Länder und Regionen einer Logik der Versicherheitlichung unterzogen und neu angeordnet (Collinson 1996, FFM 1997).

3.4 Die Wissenschaft der Sicherheit

Bei der Definition der EU als bedrohter Raum sind auch Wissenschaftlerinnen und Wissenschaftler wesentliche Akteure. Wie oben angedeutet spielt Beobachtung dabei eine wichtige Rolle. Allerdings ist Beobachtung hier nicht die neutrale Tätigkeit, die sie zu sein vorgibt. Vielmehr ist die Beobachtungsperspektive, die eingenommen wird, ein Teil der Versicherheitlichung. Ein anschauliches Beispiel hierfür liefert der Aufsatz des britischen Kriminologen Bill Tupman (1995) mit dem bezeichnenden Titel „Keeping an Eye on Eastern Europe". Tupman entwirft in seinem Aufsatz das Bild einer vom „Osten" bedrohten EU:

> „To put it in another way, if we are going to police the borders of the new Europe [...] we need to be able to recognise what is supposed to be inside the border and what is not, and we need to be able to recognise what is a threat to the Queen's peace, tranquility or whatever you want to call it, and what is not. [...] When the Single European Act was agreed, the situation was that the Iron Curtain prevented immigration from the East. The flow of goods was impeded by the absence of hard currencies. It was impossible to cross the Iron Curtain to steal what you could not buy" (Tupman 1995, 253 f.).

Östlich der Grenze befinden sich laut Tupman organisierte Kriminalität, Autodiebe, Prostitution. All das könnte sich in die EU, aus dem Osten nach Westen transportiert, ausbreiten. Er beobachtet

> „a growth in petty crime, spreading out of Eastern Europe into Western Europe, typified by the Romanian gypsies – so called – in Germany and their movement towards other West European countries" (Tupman 1995, 258).

Der Antiziganismus Tupmans ist nur ein explizites und drastisches Beispiel für die Bilder, die in Versicherheitlichungsprozessen mobilisiert werden. Sein Entwurf eines vom „Osten" bedrohten Friedens folgt genau den Entwürfen des weiteren Diskurses über Sicherheit und Migration. Ähnlich, aber ohne expliziten Antiziganismus, argumentieren auch Ulrich Beck, Erfinder der „Risikogesellschaft", und Edgar Grande (2004). In ihrem Buch über das „kosmopolitische Europa" definieren sie die EU als „Empire" und entwerfen eine imperiale Strategie. Als Teil dieser Strategie sehen sie auch die Migrationsabwehr:

> „Das europäische Empire muss sich, weil es um seine eigene Sicherheit, aber auch die Kosten durch Flüchtlingsströme, Kriminalität usw. geht, insbesondere um die Nachfolgestaaten der Sowjetunion, die Doppelzugehörigkeit der Türkei sowie die östlichen und südlichen Mittelmeerländer kümmern" (Beck & Grande 2004, 383).

Für Beck und Grande geben diese Risiken Anlass zu Besorgnis. Ihre Aufzählung erinnert an die oben zitierten verteidigungspolitischen Richtlinien. Wie die anderen diskutierten Positionen konstruieren auch sie vor allem den „Osten" als bedrohlich. Eine ähnliche Rolle im Migrationsdiskurs spielen die Berechnungen zukünftiger Migrationen aus Osteuropa in die alten Mitgliedsstaaten der EU. Hierbei konstruieren sich die jeweiligen Autoren selbst als Experten, die neutrale und objektive Schätzungen vornehmen. Mit ihren Berechnungen sind sie aber tatsächlich eingebunden in die Techniken der Kontrolle. Michael Kearney bezeichnet diese Situation der Wissenschaft als die eines verlängerten Armes des Grenzschutzes:

> „One can also note here the recent rise and institutionalisation of programmes of 'Border Studies', which are in some ways the academic counterpart of the Border Patrol" (Kearney 1998, 133).

Auf der europäischen Ebene beschreibt Bigo (1994) die Entstehung eines *„security continuum"*, eines Geflechts von *Think Tanks*, Experten und Sicherheitsorganen wie Polizei und Grenzschutztruppen, Militär und Politik, die den Prozess der Versicherheitlichung in den 1990er Jahren entscheidend vorantrieben.

Am Beispiel der Versicherheitlichung der Migration lässt sich somit erkennen, wie verschiedene Felder ineinander greifen, wenn Sicherheitsdiskurse für ein Politikfeld etabliert werden. Die Gesetzgebung, das Militär, die Medien, aber auch die Wissenschaft haben an diesem Prozess der Versicherheitlichung teil. Gemeinsam ist allen Akteuren die Konstruktion von Bedrohung, die konstatierte Dringlichkeit des Handelns und die eigene wichtige Rolle darin, sei es als *„Keeping an Eye"*, wie Tupman es tut, als Entwickler einer imperialen Politik, wie Beck und Grande sie formulieren, oder als potenzieller Verhinderer von Migrationsbewegungen, wie es das Verteidigungsministerium für sich postuliert. Im Zentrum stehen stets die Konstruktion des „Wir", das bedroht ist und geschützt werden muss, und die eigene Rolle des Beschützenden (oder zumindest des um die Nation besorgten Mahners).

4 FAZIT

Der Diskurs über Migration ist stark geographisch geprägt, wobei Territorialität auf komplexe Weise konstruiert wird. In den Nationalstaaten wird einerseits die traditionelle Territorialität des Innen gegenüber dem Außen entlang von Staatsgrenzen definiert. Andererseits wird innerhalb der Staaten auch weiterhin – in der Regel mit Hilfe ethnisch-nationaler Kriterien – zwischen denjenigen, die eine Bedrohung darstellen, und denjenigen, die geschützt werden müssen, unterschieden. Zudem wird das Sicherheitsbedürfnis des Staates als global definiert, indem über das eigentliche Territorium des Staates hinaus Bedrohungen und Interventionserfordernisse konstruiert werden. Der Staat wird als ein netzwerkartiges Gebilde dargestellt, in einer Erweiterung des traditionellen Staatskörpers. Zu diesem Netzwerk gehören sowohl Grenzen – wie die EU-Außengrenze – als auch z. B. globale Transportrouten. Auf der EU-Ebene ist die Konstruktion des Innen schwieriger, da sie ja aus verschiedenen ethnisch-national und staatlich definierten Einheiten besteht. Die grenzüberschreitende Mobilität und Migration innerhalb der EU dient dazu, eine Konstruktion des Innen zu ermöglichen. Innerhalb der EU wird aber keine klassische ethnische Segmentierung in „uns" und die „anderen" vorgenommen. Vielmehr werden verschiedene Aufenthaltsrechte sowie Aufnahme- und Abschieberegelungen definiert, die die EU-Bevölkerung von der transitorischen Bevölkerung unterscheiden. Die Perspektivenverschiebung, die mit der

Kombination nationaler, EU-quasistaatlicher und netzwerkartiger Sicherheit einhergeht, wird z. B. in Tupmans zitiertem Aufsatz deutlich. Er fürchtet um den „*Queen's peace*", unternimmt also zunächst eine stark national codierte Zuschreibung. Dieser „königliche Frieden" werde durch die Öffnung der europäischen Grenzen bedroht und kann nur durch deren Kontrolle sichergestellt werden. Das Subjekt der Wir-Konstruktion ist also nach wie vor ein national gedachtes. Die Bedrohung und der Umgang mit dieser Bedrohung werden dagegen auf der europäischen Ebene verortet.

Die Territorialitätskonstruktion bleibt bei diesem Sprung über Ebenen in einer Hinsicht traditionell: Es werden klare Grenzen definiert, jenseits derer Bedrohungen gesehen werden. Politisch wird aber auch ein System von Migrationsabwehr errichtet, das über die klassische Territorialität hinausgeht. So kommt es, dass die Migrationsabwehr zum Feld der EU-Politik wird, in dem die EU der traditionellen Definition von Staatlichkeit am nächsten kommt und gleichzeitig ein quasi-imperiales Einflussmuster ausprägt.

Die Forschung über Versicherheitlichung hebt die Konstruktion von Freunden und Feinden, Sicherheit und Bedrohung sowie die damit einhergehende Entdemokratisierung von Politik hervor. In diesem Beitrag habe ich versucht zu untersuchen, wie die Territorialität der EU und der Nationalstaaten im Migrationsdiskurs definiert wird und wie dabei vor allem Sicherheitsdiskurse und Bedrohungsszenarien eine Rolle spielen.

In der Migrationspolitik wird zum einen eine ausgeprägte neue, nichttraditionelle Territorialität geschaffen, die über eine Zonierung der Kontrolle die Grenzen der EU nach außen und nach innen erweitert. Zum anderen wird auf der Ebene der Nationalstaaten auch eine starke innere Differenzierung der EU deutlich, in der unterschiedliche Regeln für unterschiedliche Mitgliedsstaaten gelten. Innerhalb der Nationalstaaten – am Beispiel Deutschlands diskutiert – wird zusätzlich zu den Grenzdiskursen die „eigene" von der „fremden" Bevölkerung unterschieden.

Territorialität und Macht innerhalb der EU müssen also als ein Nebeneinander verschiedener Arten von Territorialität verstanden werden. Diese verschiedenen Verhältnisse sind nicht als Gegensätze zu sehen, sondern als wechselseitige Ergänzung. Die „neue" Territorialität der EU kann also nicht durch eine Ablösung der „alten" Territorialität und Macht beschrieben werden, sondern als Mischform – als etwas Neues, das das Alte integriert.

Sicherheitsdiskurse, so die zweite Schlussfolgerung dieses Beitrags, bedeuten nicht automatisch Versicherheitlichung im engeren Sinne. Zwar wird in den untersuchten nationalen Debatten häufig ein Ausnahmezustand suggeriert, aber die getroffenen Maßnahmen entsprechen nicht einem solchen allgemeinen Ausnahmezustand. Den Ausnahmebedingungen werden nur kleine Teile der Bevölkerung – die als „anders" definierten Personen – unterworfen. Eine wesentliche Funktion der Konstruktion der Bedrohung ist die Konstruktion von Kollektivität und Territorialität, die Illusion der „Sorge um die Nation", die starke „Führungspersönlichkeiten" haben. Hier handelt es sich also auf der einen Seite um eine „weiche" Versicherheitlichung. Auf der anderen Seite stellen Fremdenfeindlichkeit, Rassismus und Diskriminierung von Migranten die „harten" Aspekte der Versicherheitlichung dar. Das Beispiel der Migration zeigt so, dass Beobachtung nicht neutral ist. Die Wissenschaft, die Versicherheitlichung fördert, muss als ein Teil von ihr verstanden werden. Kritische Wissenschaft muss gerade diese Rolle der Wissenschaft hinterfragen und sich selbst als kritische soziale Praxis bestimmen.

LITERATUR

Albrecht, Ulrich und Jörg Becker (Hg.) (2002): Medien zwischen Krieg und Frieden. Baden-Baden.

Anderson, Benedict (1988): Die Erfindung der Nation. Zur Karriere eines folgenreichen Konzepts. Berlin.

Bade, Klaus J. (1994): Ausländer – Aussiedler – Asyl. Eine Bestandsaufnahme München.

Beck, Ulrich und Edgar Grande (2004): Das kosmopolitische Europa. Frankfurt am Main.

Best, Ulrich (2007a): Definitions of security in German and Polish debates about Russian gas pipelines. In: Geographische Rundschau / international edition 3 (1), 36–42.

Best, Ulrich (2007b): Transgression as a Rule. German-Polish Cross-border Cooperation, Border Discourse and EU-enlargement (= Forum Politische Geographie 3). Münster.

Bigo, Didier (1994): The European Internal Security Field: Stakes and Rivalries in a Newly Developing Area of Police Intervention. In Anderson, Malcolm and Monica den Boer (ed.): Policing Across National Boundaries, 161–173, London.

Bigo, Didier (2002a): Security and Immigration: Toward a Critique of the Governmentality of Unease. In: Alternatives 27: 63–92.

Bigo, Didier (2002b): Border Regimes, Police Cooperation and Security. In: Zielonka, Jan (ed.): Europe Unbound. Enlarging and Reshaping the Boundaries of the European Union, 213–239, London, New York.

Bundesminister der Verteidigung (1985): Weißbuch 1985 zur Sicherheit der Bundesrepublik Deutschland und zur Lage der Bundeswehr. Bonn.

Bundesminister der Verteidigung (1992): Verteidigungspolitischen Richtlinien. www.uni-kassel.de/fb5/frieden/themen/Bundeswehr/vpr1992.html (abgerufen 23.10.2009).

Bundesminister der Verteidigung (2003): Verteidigungspolitischen Richtlinien www.bmvg.de/portal/a/bmvg/sicherheitspolitik/angebote/dokumente (abgerufen 23.10.2009).

Bundesminister der Verteidigung (2006): Weißbuch zur Sicherheitspolitik Deutschlands und zur Zukunft der Bundeswehr 2006. www.bmvg.de/portal/a/bmvg/sicherheitspolitik/angebo-te/dokumente (abgerufen 23.10.2009).

Buzan, Barry, Ole Waever, Jaap de Wilde (1998): Security. A New Framework for Analysis. London.

CDU/CSU-Bundestagsfraktion (2008): Sicherheitsstrategie für Deutschland. www.cducsu.de//mediagalerie/getMedium.aspx?showportal=4&showmode=1&mid=1279 (zuletzt abgerufen 23.10.2009).

Collinson, Sarah (1996): Visa requirements, carrier sanction, ‚safe third countries‘ and ‚readmission‘: the development of an asylum ‚buffer zone‘ in Europe. In: Transactions of the Institute of British Geographers 21: 76–90.

Dalby, Simon (1997): Contesting an Essential Concept: Reading the Dilemmas in Contemporary Security Discourse. In: Krause, Keith and Michael Williams (eds.): Critical Security Studies, 22–42, London.

Dittberner, Jürgen (1986): Asylpolitik und Parlament. Der Fall Berlin. In: Zeitschrift für Parlamentsfragen (2): 167–181.

Elsbergen, Gisbert van (Hg.) (2008): Wachen, kontrollieren, patrouillieren. Wiesbaden.

Europäische Union (2007): Vertrag von Lissabon. www.auswaertiges-amt.de/diplo/de/Europa/Verfassung/vertrag-von-lissabon.pdf (zuletzt abgerufen 23.10.2009).

Forschungsgesellschaft Flucht und Migration FFM (1997): Ukraine. Vor den Toren der Festung Europa – Die Vorverlagerung der Abschottungspolitik. Berlin.

Foucault, Michel (1977): Überwachen und Strafen. Frankfurt am Main.

Foucault, Michel (2006): Geschichte der Gouvernementalität I. Sicherheit, Territorium, Bevölkerung. Frankfurt am Main.

Geddes, Andrew (2000): Immigration and European Integration. Manchester.

Haraway, Donna Jeanne (1988): Situated Knowledges. The Science Question in Feminism and the Privilege of Partial Perspektive. In: Feminist Studies 14 (3): 575–599.

Hessisches Ministerium des Innern und für Sport (2006): Leitfaden Wissen & Werte in Deutschland und Europa. Wiesbaden.

Huysmans, Jef (1995): Migrants as a security problem: dangers of „securitizing" societal issues. In Miles, Robert and Dietrich Thränhardt (eds.): Migration and European Integration, 53–72, London.

Huysmans, Jef (1998): The Question of the Limit: Desecuritisation and the Aesthetics of Horror in Political Realism. In: Millennium 27 (3): 569–589.

Huysmans, Jef (2000): The European Union and the Securitization of Migration. In: Journal of Common Market Studies 38 (5): 751–777.

Huysmans, Jef (2004): A Foucaultian view on spill-over. Freedom and security in the EU. In: Journal of International Relations and Development 7: 294–318.

Jäger, Margarete und Siegfried Jäger (Hg.) (2002): Medien im Krieg, Duisburg.

Kearney, Michael (1998): Transnationalism in California and Mexico at the end of empire. In: Wilson, Thomas M. and Hastings Donnan (Hg.): Border Identities, 117–141, Cambridge.

Kirste, Knut (1998): Das außenpolitische Rollenkonzept der Bundesrepublik Deutschland 1985–1995. Manuskript, Universität Trier. www.politik.uni-trier.de/forschung/workshop/brdrolle.pdf (abgerufen 23.10.2009).

Kostakopoulou, Dora (2000): The 'Protective Union'. Change and Continuity in Migration Law and Policy in Post-Amsterdam Europe. In: Journal of Common Market Studies 38 (3): 497–518.

Link, Jürgen und Rolf Parr (2007): Projektbericht: diskurs-werkstatt und kultuRRevolution. In: zeitschrift für angewandte diskurstheorie. Forum Qualitative Sozialforschung 8 (2): http://nbn-resolving.de/urn:nbn:de:0114-fqs0702P19 (abgerufen 23.10.2009).

Luoma-aho, Mika (2002): Body of Europe and Malignant Nationalism. A Pathology of the Balkans in European Security Discourse. In: Geopolitics 7 (3): 117–142.

Miles, Robert and Dietrich Thränhardt (1995): Immigration and European Integration. The Dynamics of Inclusion and Exclusion. London.

Tuathail, Gearóid Ó. (1998): Deterritorialized Threats and Global Dangers. Geopolitics, Risk Society and Reflexive Modernization. In: Geopolitics 3 (1): 17–31.

Tupmann, Bill (1995): Keeping an eye on Eastern Europe. In: Policing 11 (4): 249–260.

Vobruba, Georg (2006): Grenzsoziologie als Beobachtung zweiter Ordnung. In: Eigmüller, Monika und Georg Vobruba (Hg.): Grenzsoziologie. Die politische Strukturierung des Raumes, 217–225, Wiesbaden.

Wehrhöfer, Birgit (1997): Das Ende der Gemütlichkeit. Ethnisierung im deutschen Migrationsdiskurs nach dem Ende des Ost-West-Konflikts (=Forschungsberichte aus dem Institut für Sozialwissenschaften der TU Braunschweig 23). Braunschweig.

RISIKODENKEN UND STADTENTWICKLUNG

Politische Effekte veränderter sozialer Kontrolle am Beispiel Downtown Los Angeles

Henning Füller und Nadine Marquardt

Mit diesem Beitrag möchten wir auf die Relevanz und die Effekte von „Risiko-denken" für gegenwärtige Prozesse der Stadtentwicklung hinweisen. Nach unserer Beobachtung wird in gegenwärtigen Stadtentwicklungsprozessen von den betei-ligten Akteuren ein spezifischer Umgang mit sozialer Wirklichkeit in der Stadt praktiziert, der als Risikodenken gefasst werden kann. Diese Beobachtung werden wir mit Ergebnissen einer Fallstudie zu den jüngsten Umstrukturierungen in Downtown von Los Angeles belegen.

In den letzten Jahren kam es in Downtown Los Angeles im Zusammenspiel von baurechtlichen Erleichterungen durch die Stadt und dem massiven Engage-ment privater Entwickler zu einem regelrechten Boom in der Entwicklung und Vermarktung hochpreisiger Apartment-Wohnungen. Seit 1999 sind innerhalb des Gebiets von Downtown L.A. fast 7.000 neue Wohneinheiten entstanden. Aus ei-ner in der *Business Week* veröffentlichten Preisentwicklung wird die Dimension des Gentrifizierungs-Prozesses deutlich. Im vierten Quartal des Jahres 2001 lag der Kaufpreis für eine Wohnung in Pico Union, einem Teil von Downtown, bei ca. $129.621, fünf Jahre später sind es $516.498, eine Steigerung um fast 300 %. Ein Apartment mit 50 qm Grundfläche kostet gegenwärtig um die $300.000, die Preisspanne reicht hoch bis $4 Millionen (Roney 2007). Gleichzeitig war und ist Downtown Los Angeles traditionell ein Aufenthaltsort wohnungsloser Menschen. Skid Row, der östliche Teil des Gebiets ist der wichtigste Lebensmittelpunkt für Menschen ohne festen Wohnsitz in Los Angeles.

> „A broad range of people call skid row their home including hard core drinkers, drug dealers, and prostitutes, people in recovery from drug and alcohol abuse, the newly homeless, parol-ees, victims of domestic violence and abuse, veterans, the physically disabled, the working poor, immigrants, and families, especially women with children" (UCEPP 2006, 1).[1]

---

1   Anhand der West Madison Street in Chicago liefert Marco d'Eramo eine detaillierte Be-schreibung der Entwicklung der Skid Rows des 19. Jahrhunderts, die sich in etlichen US-amerikanischen Großstädten als spezifische Ausprägung eines von Armut geprägten Viertels entwickelten (so neben der West Madion Street in Chicago und Downtown L.A. auch die Bowery in New York City, der Scollay Square in Boston oder die Third Street in San Fran-cisco) und die nicht mit Slums oder Ghettos gleichzusetzen sind (vgl. d'Eramo 1998, 222 ff.).

In diesem seit dem Beginn des Restrukturierungsprozesses zunehmend auch als „Central City East" bezeichneten Gebiet konzentrieren sich zudem soziale Betreuungseinrichtungen und Unterkunftsmöglichkeiten für die Wohnungslosen – nicht zuletzt ein Effekt der so genannten städtischen Containment-Politik der 1970er Jahre. Derzeit halten sich in diesem östlichen Teil von Downtown etwa 5.000 wohnungslose Menschen dauerhaft auf (vgl. LAHSA 2007, 43).

Über lange Zeit wurde die Ansiedelung einer wohnungslosen Bevölkerung in Downtown weitgehend geduldet, zum Teil von der Stadt explizit gefördert und selten problematisiert. Gegenwärtig aber führt der Zuzug in die neu gebauten Apartments zu einer neuen Aufmerksamkeit für Downtown insgesamt und die Frage des Umgangs mit den von Wohnungslosigkeit betroffenen Menschen stellt sich mit ungekannter Vehemenz. Durch die nunmehr große räumliche Nähe sehr disparater Lebensrealitäten ist eine spannungsreiche Konstellation entstanden. Die teils eklatanten Notlagen der bisherigen Bewohnerinnen und Bewohner, aber auch ihr teils als „abweichend" oder „kriminell" wahrgenommenes Verhalten, geraten verstärkt in den Fokus einer breiten Öffentlichkeit. Zusammen mit der neu zuge-zogenen bürgerlichen Wohnbevölkerung sinkt auch die Toleranzschwelle für die Anwesenheit der Wohnungslosen. Ein Übermaß an Irritation für die neuen An-wohnerinnen und Anwohner sowie diejenigen, die sich für Immobilien interessie-ren, würde den Marktwert und die Vermarktbarkeit der neu gebauten Apartments sinken lassen sowie die Profite und am Ende die Investitionen der Entwickler ge-fährden. Der Umstrukturierungsprozess evoziert für das Gebiet daher auch eine Reihe neuer Maßnahmen der sozialen Kontrolle.

1 POLITISCHE RATIONALITÄTEN IM FOKUS

Unser Augenmerk richtet sich im Folgenden auf die Mechanismen sozialer Kon-trolle, die mit der gegenwärtigen Gentrifizierung von Downtown Los Angeles verbunden sind. Unsere forschungsleitende These lautet, dass sich die auffindbare Art und Weise der Einflussnahme auf die Entwicklung des Gebietes und der Um-gang mit sozialen Spannungen als eine Ausprägung des gegenwärtig gesellschaft-lich hegemonialen Risikodenkens begreifen lassen. Grundlage für diese Behaup-tung ist ein bestimmter Blickwinkel auf das Phänomen Risiko, der in dem Begriff Risikodenken bereits anklingt. Gemäß der von den Beiträgen dieses Bandes ge-teilten Beobachterperspektive zweiter Ordnung geht es auch in diesem Beitrag keineswegs um die Bestimmung oder die Quantifizierung „faktischer" Risiken. Unser Augenmerk gilt zum einen der gesellschaftlichen Gemachtheit der Katego-rie Risiko, zum anderen den Konsequenzen eines solchen in der Praxis wirksam werdenden Risikodenkens. Dass etwas als Risiko begriffen wird, ist zuallererst Resultat sozialer Aushandlung, wie die Herausgeber bereits in der Einleitung festgestellt haben. Während wir diese sozialkonstruktivistische Perspektive auf das Phänomen Risiko teilen, besteht eine Differenz im Ansatzpunkt der Beobachtung. Angeleitet von der Machtanalyse Michel Foucaults richten wir unseren Fokus im Folgenden auf die Ebene „politischer Rationalität". Was ist damit gemeint?

Mit seinem Versuch, einen Analysestandpunkt zu gewinnen, der möglichst frei von impliziten Überzeugungen und Vorannahmen ist, entscheidet sich Foucault dafür, Macht nicht mehr an Akteure zu koppeln. Präziser lassen sich Machtphänomene in einer Gesellschaft nach Foucault mit der Metapher vom „Spiel der Kräfteverhältnisse" beschreiben.[2] An diesem Spiel sind Akteure nur unter „ferner liefen" beteiligt. Das Spiel der Kräfteverhältnisse äußert sich vielmehr in Aussagen, die sagbar sind und einen Geltungsanspruch besitzen, sowie darin, in welcher Weise sich einzelne Aussagen miteinander verbinden und sich schließlich historisch kontingente (Wahrheits-)Systeme herausbilden. Aus diesem Prozess ergeben sich nämlich erst die mehr oder weniger wirkungsvollen Sprecherpositionen, die dann von Akteuren eingenommen werden können. Machtanalytisch interessant sind somit nicht die vermeintlich „Mächtigen", sondern was und auf welche Weise etwas zu einem „sagbaren" Phänomen wird.

Als Untersuchungsfeld markiert Foucault damit die „Problematisierungen" oder anders gesagt, die Rationalitätsformen, die das Handeln von Menschen organisieren (vgl. Foucault 1990, 51). Entsprechend bemühen wir uns ebenfalls, die Rationalität herauszuarbeiten, die das Handeln – in unserem Fall die Bearbeitung sozialer Spannungen im Kontext der Stadtentwicklung in Downtown Los Angeles – organisiert. Eine solche machtanalytische Perspektive, die zur Erklärung politischer Prozesse vor allem herausstellt, welche Denkweisen und Problematisierungen jeweils zugrunde liegen, ist unter dem Schlagwort *Governmentality Studies* bereits für verschiedene sozialwissenschaftliche Phänomene produktiv gemacht worden. Früh wurde in diesen Arbeiten die Relevanz des „Risikodenkens" und der „Risikologik" für moderne Gesellschaften herausgestellt.[3] An diese Arbeiten möchten wir im Folgenden anschließen, wenn wir die Relevanz des Risikodenkens für gegenwärtige Prozesse der Stadtentwicklung herausarbeiten. Charakteristisch für diese Perspektive ist, dass sie das analytische Konstrukt „politische Rationalität" ins Zentrum stellt. Analytisches Konstrukt deswegen, weil sich die politische Rationalität meist nicht explizit in Programmtexten oder in Präambeln ausformuliert finden lässt. Vielmehr ergibt sie sich vollständig erst aus einer Zusammenschau der Vielzahl von Maßnahmen, Äußerungen und Einrichtungen, die „ein Gebiet bevölkern und organisieren" (Foucault 1983, 113 f.).

2   Zur Erläuterung, was Foucault konkret damit meint, folgt das vollständige Zitat: „Unter Macht, scheint mir, ist zunächst zu verstehen: die Vielfältigkeit von Kräfteverhältnissen, die ein Gebiet bevölkern und organisieren; das Spiel, das in unaufhörlichen Kämpfen und Auseinandersetzungen diese Kräfteverhältnisse verwandelt, verstärkt, verkehrt; die Stützen, die diese Kräfteverhältnisse aneinander finden, indem sie sich zu Systemen verketten – oder die Verschiebungen und Widersprüche, die sie gegeneinander isolieren; und schließlich die Strategien, in denen sie zur Wirkung gelangen und deren große Linien und institutionelle Kristallisierungen sich in den Staatsapparaten, in der Gesetzgebung und in den gesellschaftlichen Hegemonien verkörpern" (Foucault 1983, 113 f.).

3   Für eine Untersuchung der Risikologik im Kontext der Entstehung des Systems von Sozialversicherungen vgl. Ewald 1993; für das Beispiel moderner Biotechnologie vgl. Rose 2001, Lemke 2006, Diprose et al. 2008; für das Beispiel der psychiatrischen Medizin vgl. Castel 1991; für das Beispiel Terrorismusabwehr vgl. Aradau & van Munster 2007; für das Beispiel Kriminalitätspolitik vgl. Borch 2005.

Wir haben den theoretisch-analytischen Hintergrund skizziert, damit der von uns gewählte Ansatzpunkt deutlich wird. Wir beobachten nicht, wie Akteure städtische Probleme bewusst als Risiken konzipieren und gezielt bearbeitbar machen. Teilweise kommt „Risiko" in den Aussagen unserer Gesprächspartner überhaupt nicht vor. Unsere Beobachtungsebene erster Ordnung ist die Beobachtung der sozialen Welt, die sich auf spezifische Weise in politischen Maßnahmen, legitimen Aussagen und Praktiken widerspiegelt. Auf dieser Grundlage analysieren wir aus der Perspektive einer Beobachtung zweiter Ordnung die Konturen gegenwärtiger politischer Rationalitäten. Oder anders gesagt: Wir sammeln relevante Praktiken und Aussagen in unserem Beobachtungsfeld Stadtentwicklung und prüfen, ob sich bestimmte übergreifende Muster auffinden lassen. Hierbei lässt sich zeigen, dass Praktiken der Stadtentwicklung und städtischer sozialer Kontrolle gegenwärtig entsprechend einem Risikodenken gewählt werden und dass die Wahrnehmung der sozialen Wirklichkeit in Downtown gemäß einer Risikologik als plausibel und praktikabel erscheint.

Aus diesem Ansatzpunkt ergibt sich ein unüblicher Stellenwert, den wir den von uns befragten Akteuren, den Projektentwicklern und den Vertretern der Stadt sowie den öffentlichen und privaten Organisationen einräumen. Zwar setzen wir empirisch bei diesen Akteuren an, interessieren uns aber nicht für ihre (bewussten) Intentionen, Entscheidungen und Handlungen. Unser Fokus richtet sich auf die Ebene politischer Rationalitäten, die uns zwar über die Praktiken der Akteure vermittelt werden, die aber in der Praxis unabhängig von den Akteuren konkrete Gestalt annehmen und Folgen haben. So kann im Handeln der Akteure durchaus ein Risikodenken zum Tragen kommen, auch wenn dies den Akteuren selbst nicht gegenwärtig ist. Diese übergreifende Rationalität hat aber, wie wir zeigen möchten, erhebliche Konsequenzen für den Charakter des Stadtentwicklungsprozesses. Das omnipräsente Risikodenken hat einen bestimmten Umgang mit sozialer Wirklichkeit und den „Problemen" (also dem, was durch die kalkulierende Rationalität als Problem gefasst wird) in den Stadtentwicklungsgebieten zur Folge.

Betrachten wir das Fallbeispiel der Stadtentwicklung in Downtown Los Angeles im Hinblick auf die politische Rationalität sozialer Kontrolle, lässt sich eine Verknüpfung von Maßnahmen präventiver Kontextsteuerung und (selektiver) Interventionen feststellen. Auch wenn die von uns befragten Akteure selbst nicht immer dezidiert auf „Risiko-Vokabular" zurückgreifen, so entsprechen die ergriffenen Maßnahmen dennoch einem *Risiko-Management*: Einerseits erkennt man die präventive Erhöhung der Eintrittswahrscheinlichkeiten erwünschter und die Minimierung unerwünschter Ereignisse. Andererseits wird die selektive Beeinflussung einzelner (Risiko-) Faktoren deutlich. Die Bearbeitung der durch die Gentrifizierung von Downtown ausgelösten Spannungen erfolgt daher – so unsere The-se – in Form eines Risiko-Managements und ist auf der Basis eines Risikodenkens organisiert. Im Folgenden möchten wir diese Behauptung anhand von zwei exemplarischen Veränderungen der Einflussnahme auf das Gebiet belegen. Seit dem Beginn der Umstrukturierung wenden die städtischen und privatwirtschaftlichen Akteure zwei zuvor nicht relevante Verfahren an, um die Herstellung des angestrebten „neuen Downtown" zu befördern: Zum einen ist hier eine als

Place Making zu bezeichnende Einflussnahme auf die Qualität und die Wahrneh-mung des städtischen Raums zu nennen. Zum anderen wird der Prozess von ei-nem in mehrfacher Hinsicht konträren, aber gleichwohl komplementären Maß-nahmenkatalog begleitet, konkret von einer selektiven Intervention gegenüber den wohnungslosen Menschen des Gebiets. Diese beiden Verfahren, so werden wir abschließend argumentieren, erhalten überhaupt erst vor dem Hintergrund des gegenwärtig dominanten Risikodenkens Plausibilität. Nur deshalb erscheinen sie den Akteuren als praktikables Mittel der Wahl.

2 FALLBEISPIEL LOS ANGELES

Die politische Rationalität bildet sich in dem „praktischen System" (Foucault 1990, 51), das sich um einen Gegenstand rankt, ab. Gemeint sind damit die empi-risch beobachtbaren Aussagen, Maßnahmen, Programmen und Einrichtungen. Das Interesse an der politischen Rationalität, die dem Stadtentwicklungsprozess zugrunde liegt, erlaubt bzw. erfordert einen breit gefächerten Korpus empirischen Untersuchungsmaterials. Wir haben uns dem Phänomen der jüngeren Stadtent-wicklung in Downtown Los Angeles auf unterschiedlichen Wegen genähert: Ei-nerseits führten wir eine Reihe Gespräche vor Ort mit verschiedenen Akteuren. Der Schwerpunkt dieser Interviews lag bei den Projektentwicklern privater Im-mobilienunternehmen. Darüber hinaus fanden Gespräche mit Vertreterinnen und Vertretern der Stadt und verschiedener lokaler Organisationen (*Business Impro-vement Districts,* Nachbarschaftsbeiräte, soziale Hilfsorganisationen) statt. Ande-rerseits verwendeten wir die lokalen und überregionalen Presseberichterstattun-gen, das Marketing-Material der Immobilien-Projekte, „graue Literatur" zur Stadtplanung von Los Angeles sowie verschiedene auf Downtown fokussierte Online-Communities als Quellenmaterial.

Im Hinblick auf den Interventionsbedarf, der aus der beschriebenen span-nungsvollen Konstellation neuer und alter Bewohnerinnen und Bewohner in dem Gebiet entsteht, zeigen sich in dem Material zwei unterschiedliche Maßnahmen-bündel, die wir im folgenden vorstellen. Beide setzen nahezu zeitgleich mit dem Bauboom in Downtown Los Angeles Anfang 2000 ein.[4] Und beide Maßnahmen-bündel unterscheiden sich grundlegend von den zuvor in dem Gebiet vorherr-schenden Praktiken der Einflussnahme auf soziale Probleme.

---

4   Einen wichtigen Durchbruch für die Investition privaten Kapitals in die teils leer stehenden Bürogebäude in Downtown L. A. stellt die 1999 von Seiten der Stadt erlassene *Adaptive Reu-se Ordinance* dar. In dieser am 3. Juni 1999 in Kraft getreten Verordnung (offizielle Bezeich-nung: *Ordinance Number 172571*) werden für das Gebiet von Downtown Ausnahmen von baurechtlichen Auflagen zugestanden. Erst dadurch wurde die Umwandlung der Büro- in Wohnhäuser profitabel.

2.1 *Place Making*

Unter der begrifflichen Klammer des *Place Making* fassen wir eine Reihe von Maßnahmen, die darauf abzielen, die Wahrnehmung des Gebietes auf bestimmte Weise zu orchestrieren. Ziel dieser Interventionen ist es, die architektonische und symbolische Gestalt des städtischen Raums konsistent erscheinen zu lassen und eine bestimmte Lesart vorzugeben. Im Kern geht es darum, Downtown L. A. zu einen sicheren, sauberen und für Konsumentinnen und Konsumenten weitmöglichst störungsfreien städtischen Raum zu entwickeln. Die entsprechende Ästhetisierung der innerstädtischen Räume soll aktiv auf die Wahrnehmung des Städtischen, auf den urbanen Charakter der städtischen Erfahrung und die Nutzungsweisen des städtischen Raums Einfluss nehmen. Die hierzu geschaffenen Räume sollen – so die Idee der Akteure – schon aus sich heraus Anreize schaffen, den von der Planung angestrebten urbanen Lebensstil zu verwirklichen. Die Maßnahmen und Einrichtungen beruhen auf der Annahme, dass bereits eine bestimmte Gestalt und der spezifische Charakter eines Gebietes eine positive Entwicklungsdynamik herbeizuführen vermögen.

Diese Erwartung kommt in einer Reihe von Maßnahmen städtischer und privater Akteure zum Ausdruck. Eine davon ist die Einrichtung von inzwischen insgesamt neun *Business Improvement Districts* auf dem Gebiet von Downtown Los Angeles. Die Einrichtung eines BIDs bedeutet für die ansässigen Eigentümerinnen und Eigentümer die Pflicht, eine Sonderabgabe zusätzlich zu den regulären Steuern zu entrichten, die dann für privat verantwortete Stadtentwicklungspolitik zur Verfügung steht. Ein zentrales Versprechen der BIDs besteht darin, für mehr Sauberkeit und Sicherheit in dem entsprechenden Gebiet zu sorgen. *Pars pro toto* kann hier die Selbstdarstellung des *Historic Downtown BID* stehen:

> „[T]he goal of the HDBID is to provide and foster a community that offers a clean, safe, and exciting environment for all Angelinos to live, work, shop, and play. We provide high-quality maintenance and security …" (HDBID 2008).

Die Sonderabgabe wird dazu genutzt, zusätzliche Straßenreinigung zu bezahlen und private Sicherheitsdienste auf Patrouillen zu schicken. Der Downtown Center BID beispielsweise rühmt sich, im Rahmen der regelmäßigen *Street Cleanings* inzwischen über eine Million Müllsäcke aus dem Gebiet von Downtown transportiert zu haben (vgl. DCBID 2007). Tatsächlich lässt sich allein über die Bezeichnung „Straßenreinigung" kaum verdeutlichen, wie drastisch die Mittel sind, die zur alltäglichen Umsetzung des *Street Cleanings* in Anschlag gebracht werden. Die Beobachtung der in Downtown vollzogenen sehr speziellen Form von Straßenreinigung macht den hochgradig symbolischen Charakter der auf „Sicherheit und Sauberkeit" ausgerichteten Reinigungsaktionen deutlich: In Begleitung von Polizisten, privaten Sicherheitsdiensten und ausgerüstet mit mobilen Hochdruckreinigungsgeräten rücken hier Reinigungsteams in mehreren Gruppen an. Am eindrucksvollsten ist die Kleidung derjenigen Teams, welche die Gehwege und Häuserwände von Skid Row mit Hartwasserstrahlern reinigen. Die isolierenden gelben Ganzkörperschutzanzüge der Reinigungskräfte in Polizeibegleitung erinnern eher an Szenen aus Katastrophenfilmen, in denen die Sicherheitsvorkehrungen nach Virusausbrüchen mit Schutzanzügen versinnbildlicht werden, denn an eine gewöhnliche Straßenreinigung. Immer wieder wird von den Akteuren in diesem Zusammenhang kolportiert, dass der großzügig von den Gehwegen gespülte Dreck auch besonders giftig und gefährlich sei und die Schutzbekleidung der Reinigungskräfte eine entsprechend rationale Vorrichtung ist. Dass im Zuge dieser Reinigungsaktionen Wohnungslose kurzerhand ihrer Zelte und Einkaufswagen enteignet werden, ist keine Seltenheit. Die „Reinigung" des Raums wird hier zu einem Vehikel symbolischer und in Folge auch ganz faktischer Abgrenzung: Das in den Aussagen über die unerwünschten Wohnungslosen dominante Infektionsvokabular lässt das Ziel der Herstellung von Sauberkeit als eine sinnvolle Strategie des Risikomanagements erscheinen und legitimiert so gleichzeitig Praktiken der Diskriminierung und Vertreibung.

Der DCBID beschäftigt zudem knapp hundert private Sicherheitskräfte, die so genannte *Purple Patrol*. Teils wird mit den Geldern auch die Installation von Überwachungstechnik forciert (vgl. Marquardt & Füller 2008). Auch die städtische *Community Redevelopment Agency* (CRA) verfolgt das Ziel, einen sicheren, sauberen und irritationsfreien städtischen Raum herzustellen. In der Aufgabenbeschreibung der CRA für das Gebiet des Central Industrial District, des östlichen Teils von Downtown, werden beispielsweise dezidiert Maßnahmen zur Herstellung einer positiven Gebietsidentität und zur Beseitigung möglicher Störungsquellen aufgeführt. Darunter fallen Geschäfte, die Alkohol verkaufen, Bars und ähnliches. Die CRA bemüht sich für dieses Gebiet also um Folgendes:

> „Establish programs promoting code enforcement, graffiti abatement, trash removal and removal of evidence of vandalism. Minimize the proliferation of businesses that have a detrimental effect on the community, such as liquor stores, bars, adult-oriented businesses and other similar uses" (CRA/LA 2002, 6).

Trotz dieser massiven Maßnahmen sind Sicherheit und Sauberkeit im Fall von Downtown jedoch nicht die zentralen Bestandteile eines gelungenen *Place Makings*. Zusätzlich zu den Aspekten Sicherheit, Sauberkeit und Störungsfreiheit ist das angestrebte Ziel, dass das Gebiet weiterhin als ein „urbaner" Raum wahrnehmbar bleibt. „Urbanität" steht hier als Platzhalter für alles, was Downtown als neues Wohnquartier interessant und konkurrenzfähig macht. Urbanität dient als Alleinstellungsmerkmal der neu gebauten Wohnprojekte gegenüber den üblichen Eigenheimen suburbaner *Master-Planned Communities*. Urbanität steht somit als Ausdruck für Ungeplantheit, für die Möglichkeit unerwarteter Begegnungen und Erfahrungen. Ein Entwickler vergleicht das „urbane Downtown" entsprechend mit einer Sumpflandschaft:

> „I guess if you looked at it like a wetland. Nothing good about that, but there is something, you know, there is opportunity, there is vitality" (John Given, Partner der *CIM Group*, im Interview am 12.04.2007 in Los Angeles).

Tom Gilmore, einer der bekanntesten und aktivsten Projektentwickler und laut Presseberichterstattung der „inoffizielle Bürgermeister" von Downtown (vgl. Wappler 2006), führt seinen Erfolg in einem Interview auch darauf zurück, mit diesem Aspekt der „*messiness*" und der Unplanbarkeit des Urbanen konsequent und progressiv umgegangen zu sein. Auf die Frage nach den Gründen für den zunächst unerwarteten Verkaufserfolg seiner hochpreisigen innerstädtischen Wohnungen antwortete er:

> „I guess because our story was better. It's the one that had the best of urbanism. It's not a-bout Marquees, like the Disney or the Staples Center, although those places are nice to have. It's not about tourism or prepackaged existences. This is messy urban. Rough and raw" (Gilmore, zitiert nach Barney 2007, 26).

So widerspricht ein „gewisser Anteil" von Wohnungslosigkeit und Armut in Downtown nicht zwangsläufig den Interessen der *Developer*. Mit dem Beobachtungsschema „Urbanität" gelingt vielmehr die nützliche Uminterpretation der Existenz und Anwesenheit von wohnungslosen und armen Menschen in Downtown: Auf diese Weise entsteht das vermarktbare „urbane Downtown". Wie Tom Gilmore in einem anderen Interview bemerkt, ist das Vorhandensein der Armen in der Stadt ein Bestandteil des „urbanen Milieus" und daher nicht rundheraus abzulehnen, sondern vielmehr auf einem bestimmten, „gesunden" Level zu managen:

> „I actually believe that on some level the existence of poor and potentially homeless people or borderline people is not antithetical to a healthy urban environment […]" (Gilmore, zitiert nach Harcourt 2005, 2).

Gilmore verweist damit auf das immer wieder bediente und durch die *Developer* reproduzierte Bedürfnis der neuen Anwohnerinnen und Anwohner von Downtown, sich wie „urbane Pioniere" in einem rauen und anrüchigen Milieu zu fühlen. Die *Developer* arbeiten an der Bereitstellung und dem Erhalt der Möglichkeit einer solchen Erfahrung.

Das *Place Making* in Downtown hat somit zwei zunächst widersprüchliche Anforderungen auszutarieren – Sicherheit und Sauberkeit auf der einen Seite und „Urbanität", verstanden im Sinne von Ungeplantheit und Überraschungen, auf der anderen Seite. Entsprechend reichen die Maßnahmen über die gewöhnliche Müllbeseitigung und über Patrouillen privater Sicherheitsdienste hinaus. Die *Developer* verstehen ihr Geschäft zunehmend als Anbieter nicht bloß von Wohnungen, sondern von umfassenden Lebensstilen, wie John Given in einem Interview als Strategie seiner Firma offenbart: „One of the things we are selling is not as much of a home as of a lifestyle" (im Interview am 12.04.2007 in Los Angeles). Folglich bemühen sich die *Developer* in dem Gebiet, ihre Bauprojekte mit einem bestimmten, d. h. im Fall von Downtown Los Angeles mit einem urbanen Lebensstil-Angebot zu versehen. Die *Developer* wissen durch entsprechende Marktforschungen sehr genau über die Wünsche der jeweiligen Zielgruppe Bescheid. Nach Downtown zieht es wohlhabende Menschen aus der Vorstadt, die sich zwar einerseits als „urbane Pioniere" in einem rauen und anrüchigen Milieu gefallen, die andererseits aber auch hohe Ansprüche an Sicherheit und Komfort stellen. Der Werbetext auf der Website des Apartmentkomplexes *655 Hope* bringt das abgesicherte urbane Leben auf den Punkt:

„[…] urban living has been officially defined: Comfortable, elegant, secluded, secure, yet just steps away from everything about the city that you expect, demand, and delight in" (655Hope 2008).

Durch die Maßnahmen des *Place Making* stellen die *Developer* sicher, dass die erwünschte Zielgruppe sich angesprochen fühlt und entsprechende Räume vorfindet. Die Apartmentgebäude sind nahezu durchgängig mit Gemeinschaftseinrichtungen wie einem Pool auf dem Dach, einem Fitnessraum und zum Teil auch mit einem Konferenzraum, einem Kinosaal oder einem Partyraum ausgestattet. Die Apartments werden dann nicht als einfacher Wohnraum, sondern als *live-, work-, play*-Umgebungen beworben, als Räume, die für einen urbanen Lebensstil, der aktiv, abwechslungsreich und unterhaltsam, zugleich aber auch sicher ist, geschaffen wurden. Zusätzlich bemühen sich die Projektentwicklerinnen und -entwickler um die urbane Qualität der Nachbarschaft. In das Erdgeschoss der Wohntürme des *South Project* wurde beispielsweise gezielt eine Filiale der Kette *Starbucks* integriert – ein Laden, der Laufkundschaft verspricht und so das Bild urbaner Lebendigkeit garantieren soll. Gleichzeitig spricht das hochpreisige Kaffee-Angebot nur die neuen Bewohnerinnen und Bewohner an. So ist es unwahrscheinlich, dass es hier zu Konfrontationen oder Irritationen zwischen den bisherigen und den neuen Anwohnerinnen und Anwohnern kommt.

Diese Beispiele aus dem Maßnahmenbündel des *Place Making* (Einrichtung der *Business Improvement Districts*, Beseitigung potentieller Unruheherde, Schaffung von Räumen für einen bestimmten Lebensstil) verdeutlichen den grundlegenden Mechanismus der praktizierten sozialen Kontrolle. Das *Place Making* zielt darauf ab, den räumlichen Kontext für soziale Interaktionen in dem Gebiet zu beeinflussen, die Eintrittswahrscheinlichkeit unerwünschten Handelns zu reduzieren und erwünschte Interaktionen zu verstärken. Diese Maßnahmen funktionieren als eine präventive Eingrenzung des Feldes wahrscheinlichen Handelns.

2.2 Differenzierter Umgang mit Wohnungslosigkeit

Komplementär zu den skizzierten Maßnahmen der Kontextsteuerung finden wir ein zweites Bündel von Maßnahmen, die ebenfalls mit dem Beginn des Restrukturierungsprozesses einsetzen. Diese Maßnahmen beziehen sich dezidiert auf die Menschen ohne festen Wohnsitz, die – teils seit Jahrzehnten – vor allem das Gebiet des östlichen Downtown bewohnen. So wird gegenwärtig eine Reihe von Maßnahmen ergriffen, die eine genauere Differenzierung der Wohnungslosen zum Inhalt haben. Carol Schatz, Vorsitzende der *Central City Association*, proklamiert die genaue Differenzierung der Menschen ohne festen Wohnsitz explizit als den von ihrer Organisation unterstützten Problemlösungsansatz (vgl. Fine 2006). Dementsprechend hat die Stadtverwaltung im Jahr 2007 eine zentrale Maßnahme zur präzisen Erfassung von Wohnungslosigkeit initiiert. Bei dem so genannten *Greater Los Angeles Homeless Count* zählten 1.500 Freiwillige über den Zeitraum von einer Woche jede Nacht lang die Wohnungslosen im gesamten

Stadtgebiet und auch in Downtown. Dies ist die bis dato umfangreichste Zählung von Wohnungslosigkeit in den USA. Im Ergebnis wies die Studie 5.131 dauerhafter Bewohner ohne festen Wohnsitz für Downtown L.A. auf. An diese Zählung schließt sich ein äußerst folgenreiches Bemühen an, die bislang eher diffuse Kategorie Wohnungslosigkeit qualitativ – und eben nicht nur quantitativ – näher zu bestimmen, um die Wohnungslosen gezielter „bearbeiten" zu können. Die Aussagen der Akteure, in denen Wohnungslosigkeit problematisiert wird, (re)produzieren nun eine Dreiteilung: Im Gegensatz zu der unklaren Kategorie „wohnungslos" wird zwischen „Reformierbaren", „chronisch Obdachlosen" und „Unverbesserlichen" unterschieden. Mit jeder Kategorie ist eine spezifische Umgangsweise verbunden. Vor allem die diskursive Segmentierung der Wohnungslosen in „reformierbare", also nicht nur hilfebedürftige, sondern auch „hilfeverdienende" und in „unverbesserliche", also „selbstverschuldete" Wohnungslose zieht als Resultat ein hartes Vorgehen gegen einen Teil der Wohnungslosen nach sich:

> *Carol Schatz:* "You have those that truly need help and can use it, those who have lost jobs, and those who have mental illness. And then you have those who I call the criminal element, who continually use drugs and refuse help" (Fine 2006).

Die „Reformierbaren" – in den Aussagen sind das oft Kinder oder „unfreiwillig" in die Wohnungslosigkeit geratene Personen – sollen möglichst in den Arbeitsmarkt (re-)integriert werden. Dazu wurde beispielsweise das so genannte *Streets or Services Programme* aufgelegt. Wer für geringfügige Delikte verhaftet wird, kann sich nun entscheiden, statt die Haftstrafe anzutreten, an einem Rehabilitationsprogramm teilzunehmen.[5]

Als größte Gruppe in der Zählung wurden die „chronisch Obdachlosen" identifiziert. Typischerweise werden darunter Personen gefasst, die aufgrund von Alter oder Krankheit schwer in den Arbeitsmarkt vermittelbar, von Alkohol oder Drogen abhängig sind, oder als psychisch krank gelten:

> „22,376 or 33 % of the homeless population in the County are persons considered to be ‚chronically homeless'" (LAHSA 2007).

Der aktuelle Umgang mit dieser Gruppe in Downtown zielt auf ein gezieltes „außer Sicht schaffen" ab. So hat die Stadt zum Beispiel eine so genannte *Sleeping Ordinance* erlassen, nach der provisorische Unterkünfte, wie Zelte zum Übernachten, zwar auf Gehwegen errichtet werden dürfen, aber während des Tages weggeräumt werden und auch in den Abendstunden einen Mindestabstand zu Geschäftseingängen wahren müssen.[6] Die Wohnungslosen werden zwar nicht gänz-

---

5   Dieses Programm hat allerdings bisher nur eine mäßige Wirkung entfaltet. Von den 1.727 zwischen August 2006 und März 2007 aufgrund geringfügiger Vergehen verhafteten Personen haben nur 303 Interesse für das Programm geäußert, 101 wurden in das Programm aufgenommen und nur sieben haben die Rehabilitation vollständig durchlaufen (vgl. Barney 2007).

6   Mit Bezug auf diese Form der Regulierung von Wohnungslosen in Los Angeles weist Stichweh (2000, 197) darauf hin, dass hier kaum noch allein von räumlicher Differenzierung des Problems gesprochen werden kann. Vielmehr lässt sich bei der Durchsetzung von Exklusionen neben der räumlichen Differenzierung eine Verschiebung und Ergänzung von Problemlösungen durch zusätzliche zeitliche Differenzierungen beobachten: „Man sieht auch an diesem

lich kriminalisiert oder mittels disziplinierender Maßnahmen aus dem Gebiet vertrieben; gleichwohl werden sie durch das gezielte Management ihrer Sichtbarkeit für die neue bürgerliche Wohnbevölkerung weitgehend unsichtbar gemacht.

Die dritte Gruppe schließlich sind die „Unverbesserlichen". Darunter fallen die in den Problematisierungen der Akteure so genannten *„service resistant homeless"*, die sich den Hilfsprogrammen angeblich verweigern, mit Drogen handeln oder andere Straftaten begangen haben. Bei dieser Gruppe zeigt sich die folgenreiche Logik der Segmentierung: Nachdem die wahrhaft Hilfsbedürftigen und die zwar chronisch wohnungslosen, aber dennoch ungefährlichen Personen diskursiv aussortiert worden sind, ist gegen die dann übrig bleibenden „kriminellen Elemente" ein rigoroseres Vorgehen gerechtfertigt. Seit 2006 verfolgt die Polizei mit der eigens für Downtown etablierten *Safer Cities Initiative* eine harte Politik der Nulltoleranz gegenüber deviantem Verhalten. Ausdruck hiervon sind ein Anstieg der Verhaftungen um fünfzehn Prozent (vgl. Moore 2007) und etwa 750 Strafanzeigen pro Monat, die in dem Gebiet inzwischen ausgestellt werden (vgl. Blasi 2007). Gegenstand der Anzeigen sind vorwiegend Bagatelldelikte und geringfügige Vergehen wie etwa die Missachtung des Rotlichts bei Fußgängerüberwegen. Für die Betroffenen hat eine solche Anzeige häufig schwerwiegende Folgen und zieht Haftstrafen nach sich, insbesondere wenn die Personen sich tagtäglich in dem Gebiet aufhalten und bereits eine Bewährungsstrafe aufweisen. Ausdruck des harten Vorgehens gegen die als kriminell eingestuften Personen ist unter anderem der so genannte *Stay Away Plan* der Polizei. Dieser Plan sieht ein Betretungsverbot für das Gebiet von Downtown für alle der Drogenkriminalität überführten Personen vor. Wer aufgrund eines solchen Verbrechens zu einer Bewährungsstrafe verurteilt wurde und dann in dem Gebiet aufgegriffen wird, kann ohne weiteren Anlass verhaftet werden.

Wir stellen zusammenfassend einen veränderten Umgang mit Menschen ohne festen Wohnsitz in Downtown fest. So kann ein wirkmächtiger Dreischritt identifiziert werden, der aus präziser Erfassung, Segmentierung und differenzierter Intervention besteht. Im Gegensatz zu der indirekten Beeinflussung des Kontextes mittels *Place Making* haben wir es hier mit weitaus direkteren sozialen Kontrollmaßnahmen zu tun. Einzelne Personen und Personengruppen werden, vorwiegend durch die Polizei, aber auch durch private Sicherheitsdienste, kriminalisiert und aus dem Gebiet vertrieben. Aus der zunächst vielfältigen und undurchsichtigen Bewohnerschaft sind diese „Unerwünschten" zuvor isoliert und als problematisch markiert worden: durch statistische Erfassung (Beispiel: *Greater Los Angeles Homeless Count*), durch Differenzierung (Beispiel: diskursive Dreiteilung) und schließlich durch Problematisierung (Beispiel: Verknüpfung von Wohnungslosigkeit und Hang zu kriminellem Verhalten).

Beispiel die Verschiebung von Problemlösungen vom Raum in die Zeit: eine zeitliche Differenzierung (Abend bis frühe Morgenstunden) ergänzt hier die nur noch residual durchführbare räumliche Differenzierung" (ebenda).

3 RISIKODENKEN UND STADTENTWICKLUNG

Wie einleitend ausgeführt sind die vorgefundenen Maßnahmen für uns nicht „an sich" interessant. Unser Interesse richtet sich vielmehr auf die politische Rationalität, die sich in der spezifischen Mischung aus indirekter und direkter Intervention abbildet. In zahlreichen Arbeiten zu der politischen Rationalität, die gegenwärtigem Regieren zugrunde liegt, ist das Aufkommen von Risikodenken als zentrales Merkmal gegenwärtiger Problembewältigung hervorgehoben worden. Dabei wurde auch präzisiert, was ein solches Risikodenken auszeichnet und welche spezifischen Steuerungsweisen mit ihm verbunden sind. Kennzeichnend für Risikodenken ist die Annahme, dass der sozialen Welt bestimmte Risiken immanent sind. Diese Sicht und die aus ihr resultierenden Maßnahmen zeigen sich auch in unserem Fallbeispiel

Die Besonderheit des Risikodenkens besteht nach François Ewald und Robert Castel darin, die Realität als einen Effekt von Wahrscheinlichkeiten zu begreifen (vgl. Ewald 1993; Castel 1991). Dieser Perspektive unterliegt die charakteristische Transformation von Gefahren in Risiken (siehe hierzu auch die Einleitung von Egner & Pott in diesem Band). Im Unterschied zu einer unartikulierten Gefahr oder Bedrohung kann ein Risiko berechnen werden. Seine Eintrittswahrscheinlichkeit lässt sich auf Regelmäßigkeit hin beobachten und beeinflussen. Ewald, Castel und andere haben im Anschluss an Foucault für unterschiedliche Bereiche gezeigt, welche Konsequenz das Risikodenken haben kann. Durch die Kategorisierung als Risiko und durch die Zuweisung von bestimmten Wahrscheinlichkeiten wird eine spezifische Art von Wissen geschaffen. Risikokalkulationen definieren durchschnittliches Verhalten, sie identifizieren Risikofaktoren und Eintrittswahrscheinlichkeiten und legen damit gleichzeitig nahe, was als normal gilt und was zu tun ist. An diesem Punkt verzahnen sich dann Risikodenken und soziale Kontrolle auf einer programmatischen Ebene:

> „Risk thinking [...] is concerned with bringing possible future undesired events into calculations in the present, making their avoidance the central object of decision-making processes, and administering individuals, institutions, expertise and resources in the service of that ambition. Understood in this way, risk thinking has become central to the management of exclusion in post-welfare strategies of control" (Rose 2000, 332).

Mit unterschiedlichen Techniken wie etwa Versicherungstabellen, epidemiologischen Statistiken, Gesundheits-*Surveys*, Finanzberechnungen, Datenbanken, Überwachungstechniken und *Benchmarking*-Verfahren werden bestimmte Teile der Bevölkerung im Hinblick auf diskursiv hergestellte Risiken qualifiziert und im Sinne einer „Risiko-Minimierung" regiert – so die Analyse einer wachsenden Reihe von *Governmentality-Studies*.

Zwar finden wir in unserem Fallbeispiel nicht den für das Risikodenken klassischen versicherungsmathematischen Zugriff. Dennoch setzen die beobachteten Maßnahmen in vielfacher Hinsicht Risikodenken um: Mit dem Maßnahmenbündel des *Place Making* gestalten die städtischen Akteure und die privaten Entwicklerinnen und Entwickler vorsorglich den Rahmen zukünftiger sozialer Interaktion in der Stadt. Der angenommene Zusammenhang zwischen der physischen Gestalt einer Straße und der Frequenz kaufkräftiger Kundinnen und Kunden schafft oder stärkt die Motivation, aus privaten Mitteln zusätzlich für die Stadtreinigung zu bezahlen, was auf der praktischen Ebene mit Hilfe von *Business Improvement Districts* organisiert wird (vgl. Marquardt & Füller 2008). Der Fokus auf die Eintrittswahrscheinlichkeiten erwünschter oder unerwünschter zukünftiger Ereignisse entspricht dem präventiven Aspekt des Risikodenkens. Die Herstellung von Sauberkeit fungiert in diesem Zusammenhang als zentraler symbolischer Platzhalter für das Versprechen von (Erwartungs-)Sicherheit. Und die Schaffung von (Erwartungs-)Sicherheit wiederum dient der Risikominimierung.

Mit Bezug auf Menschen ohne festen Wohnsitz tritt neben die allgemeine Kontextsteuerung durch das *Place Making* also eine direkte Form der Intervention. Der beschriebene Dreischritt einer Problematisierung der Wohnungslosen, die Herausarbeitung „krimineller Obdachloser" als eine der zentralen Bedrohungen für die Entwicklung des Gebietes und die diesbezügliche Fokussierung der Interventionen entsprechen den Maßgaben des Risikodenkens. Einzelne Risikofaktoren – hier „kriminelle Obdachlose" – werden identifiziert und gezielt beseitigt.

Die dargestellten Maßnahmen demonstrieren folglich insgesamt, dass und wie die gegenwärtige Gestaltung der Restrukturierung von Downtown von einem Risikodenken geprägt ist. Dieses Denken wirkt über die unterschiedlichen Interessen einzelner Akteure hinweg, beeinflusst die Wahrnehmung und Deutung sozialer Probleme und legt bestimmte Umgangsweisen mit ihnen als vermeintlich adäquate Reaktionen nahe. Für die demokratische Qualität der Stadt und die Teilhabemöglichkeit ihrer Bewohnerinnen und Bewohner ist die hier sichtbar werdende politische Rationalität nicht ohne Folgen.

4 FAZIT: SICHERGESTELLTE URBANITÄT

Die Strategie des Risikomanagements basiert auf der Wahrnehmung einer Quasi-Natürlichkeit der gegebenen Problemlagen. Der Stadtentwickler John Given bringt es auf den Punkt, wenn er sagt: „It is much more organic" (im Interview am 12.04.2007 in Los Angeles). Eine durch Risikomanagement geprägte Herangehensweise an städtische Prozesse ermöglicht einerseits, die komplexe Realität der Stadt handhabbar zu machen. Eine unartikulierte Zukunft wird kalkulierbar und scheint steuerbar. Zugleich verlagert ein solches Herangehen die Ursachen der wahrgenommenen Probleme in den Bereich des (Quasi-)Natürlichen. So liegen die kalkulierbar gemachten Einflussgrößen zumindest zum Teil außerhalb eines möglichen Zugriffs. Die Lösungsstrategie des Risikomanagements impliziert deshalb auch, dass sich die Ursachen einer unerwünschten Zukunft zwar identifizieren und modifizieren, jedoch nicht vollkommen und nachhaltig beseitigen lassen.

Für unser Beispiel bedeutet eine solche Logik die Aufgabe politischen Gestaltungswillens: Stadtentwicklung in der Form des Risikomanagements begegnet gesellschaftlich verursachten Problemen, als seien sie naturgegebene Notwendigkeiten. Sie werden derart in eine Sphäre jenseits politischer Lösbarkeit verlagert.

Dem Phänomen Wohnungslosigkeit beispielsweise wird dann flexibel und differenziert begegnet. Das Problemmanagement erscheint möglich und sinnvoll, an der „Unabänderlichkeit" des Phänomens selbst besteht aber kein Zweifel. So sagt Tom Gilmore über das Problem der Wohnungslosigkeit:

> „I don't believe it's solvable like a chronic illness is solvable ultimately. But I do think its something that we need to have an impact on. It's something that should be dealt with, treated, addressed without the notion that you can necessarily solve it. Certainly you have to deal with it head on." (Harcourt 2005, 27).

Im Zuge einer Gentrifizierung mittels Risikomanagement werden jedoch nicht nur die Schattenseiten der Stadt naturalisiert. Es wird auch eine positive Vision fixiert und dadurch das Möglichkeitsfeld Stadt in bestimmter Weise vorstrukturiert. Die politische Konsequenz des geschilderten Risikodenkens ist die Fixierung der Zukunft in den Begriffen und Verständnisweisen der Gegenwart. Erfolgreiches Risikomanagement versucht, das Unvorhersehbare vorhersehbar zu machen. Die Maßnahmen vorausschauender Vorsorge zielen darauf, zukünftige Probleme bereits heute zu lösen. Die gegenwärtig herrschenden Problembeschreibungen werden damit in die Zukunft projiziert und auf Dauer gestellt:

> „The paradigm appears to foster a conservative approach to governance in the attempt to ensure continuity of the future with the past" (Diprose et al. 2008, 272).

Konkret wird die zukünftige Gestalt der Stadt in unserem Fallbeispiel entlang einer reduzierten Vorstellung von lebenswerter Urbanität festgeschrieben. Insbesondere anhand der Taktik des *Place Making* mit den Eckpfeilern Sicherheit, Sauberkeit und komfortabler „lebendiger" öffentlicher Raum wird deutlich, inwiefern Urbanität zu einem *„manageable bit of roughness"* domestiziert werden soll. Die Kritik, die Loren King an dem reduzierten städtischen Ideal der Bewegung des *New Urbanism* formulierte, trifft hier ebenfalls zu:

> „Rather than fostering complex interdependence among citizens from diverse walks of life and across a variety of built forms, the new urbanism may instead permit the purification of public spaces according to particular standards of acceptable behaviors and appearances" (King 2004, 110).

Das analysierte Muster des Risikodenkens verdeutlicht allerdings noch eine zweite Problematik, die zu der von King kritisierten Einschreibung einseitiger Leitbilder in den städtischen Raum hinzutritt. Gemäß der zugrunde liegenden Rationalität des Risikodenkens werden soziale Problemlagen und strukturell unterschiedliche Teilhabemöglichkeiten in der Stadt zu einem Problem des Managements von Sichtbarkeit. In direkter Folge zu der beobachteten Naturalisierung von im Kern gesellschaftlich gemachten Hierarchien und Ausschlüssen setzt ein in die Stadtentwicklung überführtes Risikodenken Symptome sozialer Probleme an die Stelle der Ursachen. So gesehen hat die Rationalität des Risikomanagements eine schwerwiegende Verengung des als Gegenstand politischer Gestaltung Begriffenen zur Folge. Die Frage nach einem allgemeinen Zugang zum Wohnungsmarkt etwa verschwindet in unserem Fall von der Agenda.

Fraglos hat das Fallbeispiel, verglichen mit anderen Stadtentwicklungsprozessen (beispielsweise in europäischen Metropolen) eine Sonderstellung und ist nicht ohne weiteres übertragbar. Gleichzeitig versinnbildlicht der Fall Downtown Los Angeles aber einen Trend der Stadtentwicklung, der durchaus auch europäische Metropolen sowie Städte weltweit betrifft. Die Wiederentdeckung innerstädtischer Viertel als Wohnort wohlhabender Bevölkerungsgruppen ist in den letzten Jahren immer häufiger und für unterschiedliche Städte beobachtet worden (vgl. Seo 2002; Simmons & Lang 2005; Läpple 2005; Atkinson & Bridge 2005; Brühl et al. 2005; Buzar et al. 2007). Die oftmals programmatisch verkündete „Renaissance der Stadt" zeichnet sich zunehmend auch empirisch ab. Setzt sich dieser Trend fort, so wird sich die Problemkonstellation aus unserem Fallbeispiel auch für andere Städte als relevant erweisen. Zu erwarten ist dann, dass das für unser Beispiel charakteristische *Place Making* sowie der neue Umgang mit unerwünschten Personengruppen über den beobachteten Sonderfall hinaus Geltung besitzen.

LITERATUR

655Hope (2008): Welcome. www.655hope.com (abgerufen 23.03.2008).

Aradau, Claudia and Rens van Munster (2007): Governing Terrorism Through Risk: Taking Precautions, (un)Knowing the Future. In: European Journal of International Relations 13 (1): 89–115.

Atkinson, Rowland and Gary Bridge (2005): Gentrification in a Global Context: The New Urban Colonialism. Oxon und New York.

Barney, Phil (2007): A Crisp, New 20 Dollar Bill, A Nickel Taken. Revitalization, Gentrification, and Displacement in Los Angele's Skid Rows. Senior Comprehensive Thesis. Occidental College. Los Angeles.

Blasi, Gary (2007): Policing Our Way Out of Homelessness? The First Year of the Safer Cities Initiative on Skid Row. www.law.ucla.edu/docs/Skid%20Row%20Safer%20Cities%20One%20Year%20Report.pdf (abgerufen 20.03.2008).

Borch, Christian (2005): Crime Prevention as Totalitarian Biopolitics. In: Journal of Sccandinavian Studies in Criminology and Crime Prevention 6 (2): 91–105.

Brühl, Hasso, Claus-Peter Echter, Franciska Fröhlich von Bodelschwingh und Gregor Jekel (2005): Wohnen in der Innenstadt – eine Renaissance? (=Difu-Beiträge zur Stadtforschung 41). Berlin.

Buzar, Stefan, Philip Ogden, Ray Hall, Annegret Haase, Sigrun Kabisch and Annett Steinführer (2007): Splintering Urban Populations. Emergent Landscapes of Reurbanisation in Four European Cities. In: Urban Studies 44 (4): 651–677.

Castel, Robert (1991): From Dangerousness to Risk. In: Burchell, Graham, Colin Gordon and Peter Miller (eds.): The Foucault Effect. Studies in Governmentality, 281–298, Chicago.

CRA/LA, Community Redevelopment Agency of the City of Los Angeles (2002): Implementation Plan for Redevelopment of the Project Area. www.crala.net/internet-site/Projects/CBD/upload/5CI.pdf (abgerufen 21.03.2008).

Diprose, Rosalyn, Niamh Stephenson, Catherine Mills, Kane Race and Gay Hawkins (2008): Governing the Future: The Paradigm of Prudence in Political Technologies of Risk Management. In: Security Dialogue 39 (2-3): 267–288.

DCBID, Downtown Center Business Improvment District (2007): Downtown Center Business Improvement District Overwhelmingly Approved for Third Consecutive Term. Presseerklärung 17.07.2007. http://downtownla.com/pdfs/news_press_releases/renewal_pr_07.17.07.pdf (abgerufen 30.04.2008).

d'Eramo, Marco (1996): Das Schwein und der Wolkenkratzer. Chicago: Eine Geschichte unserer Zukunft. München.

Ewald, François (1993): Der Vorsorgestaat. Frankfurt am Main.

Fine, Howard (2006): City light: Carol Schatz has led the Central City Association through the historic revitalization of downtown. Some challenges remain. In: Los Angeles Business Journal 31.07.2006. www.thefreelibrary.com/City+light:+Carol+Schatz+has+led+the+Central+City+Association+through...-a0149615048 (abgerufen 24.03.2008).

Foucault, Michel (1983): Der Wille zum Wissen. Sexualität und Wahrheit 1. Frankfurt am Main.

Foucault, Michel (1990): Was ist Aufklärung? In: Erdmann, Eva, Rainer Forst und Axel Honneth (Hg.): Ethos der Moderne. Foucaults Kritik der Aufklärung, 35–54, Frankfurt am Main und New York.

Harcourt, Bernard E. (2005): Policing L.A's Skid Row: Crime and Real Estate Development in Downtown Los Angeles (=Public Law and Legal Theory Working Paper. 92). Chicago.

HDBID, Historic Downtown BID (2008): Welcome to the Historic Downtown Los Angeles Business Improvement District. www.historicdowntownla.com/ (abgerufen 10.09.2008).

King, Loren A. (2004): Democracy and City Life. In: Politics, Philosophy and Economics 3 (1): 97–124.

LAHSA, Los Angeles Homeless Services Authority (2007): 2007 Greater Los Angeles Homeless Count. www.lahsa.org/docs/homelesscount/2007/LAHSA.pdf (abgerufen 07.04.2008).

Läpple, Dieter (2005): Phönix aus der Asche: Die Neuerfindung der Stadt. In: Löw, Martina und Helmut Berking (Hg.): Die Wirklichkeit der Städte, 397–413, Baden-Baden.

Lemke, Thomas (2006): Governance and governmentality. In: Marshall, Barbara L. and Hans-Peter Müller (Hg.): Encyclopedia of Social Theory, 232–234, London, New York.

Marquardt, Nadine und Henning Füller (2008): Die Sicherstellung von Urbanität. Ambivalente Effekte von BIDs auf soziale Kontrolle in Los Angeles. In: Pütz, Robert (Hg.): Business Improvement Districts (=Geographische Handelsforschung 14), 119–138, Passau.

Moore, Solomon (2007): Some Respite, if Little Cheer, for Skid Row Homeless. In: New York Times vom 31. Oktober 2007. www.nytimes.com/2007/10/31/us/31skidrow.html (abgerufen 30.04.2008).

Roney, Maya (2007): America's Next Hot Neighborhoods. In: Business Week Online 03.07.2007. Link? (abgerufen 17.09.2008).

Rose, Nikolas (2000): Government and Control. In: British Journal of Criminology 40: 321–339.

Rose Nikolas (2001): The Politics of Life Itself. In: Theory, Culture & Society 18 (6): 1–30.

Seo, J-K (2002): Re-urbanisation in regenerated areas of Manchester and Glasgow: new residents and the problems of sustainability. In: Cities 19: 113–121.

Simmons, Patrick and Robert E. Lang (2005): The Urban Turnaround. In: Katz, Burce J. Robert E. Lang and Alan Berube (eds.): Redefining urban and suburban America. Evidence from Census 2000, 51–62, Washington.

Stichweh, Rudolf (2000): Die Weltgesellschaft. Soziologische Analysen. Frankfurt am Main.

UCEPP, United Coalition East Prevention Project (2006): Safe Haven Handout. www.socialmodel.com/pdf/Safe%20Haven%20Handout.pdf (abgerufen 30.04.2008).

Wappler, Margaret (2006): A walk that offers a lot of eye candy. In: Los Angeles Times 21.12.2006. http://articles.latimes.com/2006/dec/21/news/wk-burn21 (abgerufen 17.09.2008).

SCHLIESSUNG UND WEITUNG

GEOGRAPHISCHE RISIKOFORSCHUNG BEOBACHTET

Heike Egner und Andreas Pott

Den Ausgangspunkt für das vorliegende Buch bildete die Beobachtung der zunehmenden Beobachtung von Risiken. Wir gingen dabei von der Hypothese aus, dass jedes Risiko, dem sich Gesellschaften oder Teile der Gesellschaft ausgesetzt sehen, das Ergebnis einer sozialen Konstruktionsleistung ist – im Gegensatz zu der weit verbreiteten Annahme, dass Risiken „gegeben" sind, also eine ontologische Struktur aufweisen, die die Risikoforschung aufdecken oder feststellen kann. Jede ‚Feststellung' eines Risikos setzt eine Beobachtung und damit einen Beobachter oder eine Beobachterin[1] voraus, der oder die etwas als ein Risiko unterscheidet und bezeichnet.[2] In diesem Sinne ist das, was in der Gesellschaft als Risiko gilt, kontingent und das Resultat einer prozesshaften und kontextabhängigen gesellschaftlichen Kommunikationsdynamik. Der Begriff des Risikos produziert offensichtlich eine wirksame Ordnungsstruktur für gesellschaftliche Prozesse und Phänomene, die ihre Wirkung gleichermaßen für Individuen und soziale Teilbereiche der Gesellschaft entfaltet.

Darüber hinaus nahmen wir an, dass auch die Verräumlichung von Risiken eine sinnvolle und bewährte soziale Praxis darstellt. Hierauf deutet bereits die häufig anzutreffende Verknüpfung oder Indizierung von Risiken mit räumlichen Unterscheidungen hin. Risikosemantiken sind oft raumbezogene Semantiken. Selbstverständlich ist ein raumbezogenes Risiko in gleicher Weise als ein (sozial) konstruiertes Risiko zu verstehen, da auch hier eine Beobachtung voraus- bzw. mit der Risikokonstruktion einhergeht. Raum und räumliche oder raumbezogene Semantiken kann man ebenso wie Risiko als Medien der Kommunikation auffassen, die die Funktion erfüllen, zur gesellschaftlichen Strukturierung und Ordnungsbildung beizutragen. Vor diesem Hintergrund sehen wir eine der zentralen Aufgaben der Risikoforschung darin, die Praktiken der sozialen Konstruktion raumbezogener Risiken zu rekonstruieren und ihre Konsequenzen zu analysieren.

Das Buch präsentiert sozialwissenschaftliche Analysen der Risikokonstruktion und der Risikoforschung, die ein besonderes Augenmerk auf das Raummedium und raumbezogene Praktiken legen. Im gemeinsamen Rekurs auf die unterscheidungstheoretische Beobachtungstheorie vereint der Band verschiedene Perspekti-

---

1 Mit Beobachter(in) ist ein beobachtendes System gemeint, also ein beobachtendes psychisches System bzw. eine beobachtende Person, eine beobachtende Organisation, eine beobachtende Zeitung usw. (siehe Einleitung).

2 Für eine Beschreibung der beobachtungstheoretischen Annahmen unseres Ansatzes siehe in der Einleitung S. 20 ff.

ven und Fallbeispiele aus der geographischen Risikoforschung, die entweder sozialwissenschaftlichen oder naturwissenschaftlichen Ursprungs sind. Aus der Fülle
der sich in den Beiträgen offenbarenden Einsichten in die Praxis der Konstruktion
von Risiken und deren Verräumlichung sowie in die Folgen dieser Praxis für die
Gesellschaft führen wir in diesem Fazit thesenartig einige der uns wesentlich er-
scheinenden Argumentationslinien zusammen und versuchen, Antworten auf die
in der Einleitung gestellten Fragen zu finden. Evidenzen für die Thesen finden
sich mehr oder weniger ausgeprägt in fast allen Fallstudien. Um Redundanzen zu
vermeiden und um spezifische Aspekte der Thesen zu verdeutlichen, greifen wir
nachfolgend exemplarisch immer nur auf einzelne Aufsätze zurück.

These 1: Risiken sind Ergebnisse sozialer Konstruktionen

Alle Beiträge bestätigen unsere Ausgangshypothese, dass jedes Risiko konstruiert,
genauer: sozial konstruiert ist. Auch in denjenigen Kapiteln, die sich mit naturgefahreninduzierten Risiken auseinandersetzen, die teilweise die Gegebenheit der
Phänomene in einem ontologischen Sinn annehmen oder die sich ihrer Thematik
auch mit einer naturwissenschaftlich-physiogeographischen Herangehensweise
nähern, zeigt sich, dass die interessierenden Risiken weder gegeben noch offensichtlich sind. Die betrachteten Risiken erweisen sich durchgängig als kontingente
und entscheidungsabhängige Formen. Sie resultieren nicht einfach aus dem Vorhandensein einer Gefahr (einer Hangrutschung, Lawine oder Überflutung), sondern sind das Ergebnis von sozial präformierten Wahrnehmungen, sozialen Konstruktionen, Bewertungen und Entscheidungen. Risiken sind folglich nicht als
abhängig oder als Funktion einer wie auch immer gegebenen ‚materiellen Realität' zu verstehen, sondern vielmehr als abhängig von den gesellschaftlichen Kontexten zu begreifen, in denen und von denen aus sie konstruiert (bestimmt, definiert, ‚gesehen') werden. So sagt *Michael Bründl*, der Leiter der Forschungsgruppe „Risikomanagement" am Institut für Schnee- und Lawinenforschung (SLF) in
Davos, im Interview explizit, dass Risiko „nur ein Gedankengebäude" (S. 139)
sei, das die Risikoforschung verwende, „um mögliche negative oder positive Zustände eines komplexen Systems innerhalb eines definierten Wertesystems zu
ordnen, zu quantifizieren und daraus Maßnahmen abzuleiten". Auch das von ihm
erwähnte „definierte Wertesystem" (ebenda) ist ein Produkt sozialer Aushand-
lungs- und Entscheidungsprozesse. Schon die Frage, was ein Schaden ist und was
nicht, wird nicht immer gleich oder gar im Konsens beantwortet.

　　Dass auch eine eigentlich eindeutig risikobezogene Fragestellung, wie sie Anlass und Grundlage für beispielsweise eine Kartierung bietet (oder zumindest bieten sollte), weder zu Klarheit noch zu übereinstimmenden Ergebnissen bei mehreren kartierenden Personen führt, zeigt der Beitrag von *Rainer Bell, Kirsten von
Elverfeldt* und *Thomas Glade* über die wissenschaftliche Gefährdungsabschätzung
am Beispiel von Hangrutschungen. Die Beobachtung der Herstellungspraxis verschiedener Hangrutschungsinventare verdeutlicht, dass trotz sehr ähnlicher Ausgangsbedingungen der Untersuchung eines bestimmten Gefährdungsbereichs die

Befunde dreier unterschiedlicher Kartierungsteams bis zu *achtzig Prozent* differieren (vgl. S. 120), obwohl sich alle Beteiligten dem Ziel der Objektivität verpflichtet fühlen und die Kartierungen nach allen Regeln der (Natur-)Wissenschaft durchgeführt wurden. Die unhintergehbare Abhängigkeit der Beobachtung ,realer Phänomene' von den Beobachter(inne)n, den gesetzten Ausgangsunterscheidungen und weiteren bei den beobachtenden Personen liegenden Faktoren (wie Erfahrung, Vorkenntnis, Tagesform usw.) wird in diesem Beitrag sehr offensichtlich.

Die Uneindeutigkeit der Analyse von Risiken zeigen auch *Margreth Keiler* und *Sven Fuchs*. Am Beispiel der Entwicklung eines Gefahrenzonenplans, einem der wesentlichen Instrumente des Risikomanagements, rekonstruieren sie, dass die „zulässigen" Parameter, die in die Abgrenzungsentscheidungen von Gefahrenzonen einfließen, das Ergebnis eines diskursiven Prozesses sind, in dem sich schließlich bestimmte Werte ,einbürgern' (vgl. S. 56 f). Darüber hinaus wird in diesem Beitrag noch ein anderer wesentlicher Aspekt deutlich, der vor allem im Bereich der Risikokommunikation immer wieder als relevanter Unsicherheitsfaktor auftaucht: Selbst ein so vermeintlich eindeutiges Instrument wie ein Zonenplan (mit klaren räumlichen Grenzen und Aussagen) erweist sich im Einsatz als vielfältig interpretierbar. Entscheidend bei der Frage, in welcher Weise (und mit welchen Folgen) die Gefahrenzonen zu verstehen sind, ist ganz offensichtlich die Rationalität der jeweiligen Nutzerinnen und Nutzer (in diesem Beispiel sind das die Gebietsbauleitungen der Wildbach- und Lawinenverbauung in Österreich, die Raumplanung, verschiedene politische Akteure und betroffene Bürgerinnen und Bürger). Ihre unterschiedlichen Rationalisierungen führen zu ganz verschiedenen, teilweise einander widersprechenden Interpretationen der Gefahrenzonen, mit entsprechenden Konsequenzen, die sich beispielsweise in der baulichen Entwicklung der Gemeinde niederschlagen.

Alle Beiträge demonstrieren, dass Risiken sehr oft als raumbezogene Semantiken gedeutet werden können. Diese Semantiken entstehen entweder, indem ganz konkret Grenzlinien gezogen werden (wie im Falle eines Gefahrenzonenplanes), oder aber, indem Orte diskursiv mit bestimmten Risiken verknüpft werden. Dies ist etwa der Fall, wenn bestimmte Bereiche einer Stadt mit der Figur des Fremden verbunden (vgl. *Peter Dirksmeier*, S. 35 f.) oder als „No-Go-Area"ausgewiesen werden und dann als gefährliche Räume gelten (vgl. *Katharina Mohring, Andreas Pott* und *Manfred Rolfes*, S. 163 f.). Die Verbindung von „Risiko" mit „Raum" (oder von „Raum" mit „Risiko") führt zu der Verschränkung beider Konstruktionen, mit der Folge, dass die Konstruiertheit beider Aspekte nicht mehr leicht erkennbar ist. Welche Rolle spielt nun der Raumbezug der Risikosemantik, welche Funktionen erfüllt er im Rahmen der Risikokonstruktion, und welche Folgen hat er? Die diesbezüglichen Ergebnisse der Fallstudien sowie unserer *Beobachtungen* der Beiträge fassen wir in den folgenden drei Thesen knapp zusammen.

These 2: Die Verräumlichung von Risiken erzeugt quasi-objektives
Orientierungswissen und Handlungssicherheit zum Preis der Verschleierung
des Konstruktcharakters von Risiken

Raumbezogene Semantiken kennzeichnet ihr räumlich-territorialer Bezug. Wird
ein Phänomen im Prozess der sozial-kommunikativen Beobachtung auf der Erdoberfläche verortet, impliziert diese Konstruktion Objektivität. Denn der externa-
lisierende Bezug auf die nicht-kommunikative, außersoziale Physis der Erdoberfläche verweist auf territoriale Ausschnitte, Materialität oder Natur, mithin auf
Objekte und Realitäten, die scheinbar auch unabhängig von Beobachtungen existieren. Insofern *simuliert* die Verräumlichung Beobachterunabhängigkeit. Sie simuliert nur, da auch sie eine – spezifische – soziale Konstruktionspraxis ist. Allerdings ist ihr Konstruktionscharakter nicht unmittelbar einsichtig: Wer will be-
zweifeln, dass es die Erdoberfläche und bestimmte territorial markierte Orte oder
Ausschnitte ‚gibt'? Den territorialisierenden Raumbezug von Beobachtungen als
Konstruktion zu erkennen, erfordert daher eine Abstraktionsleistung (die Legion
der geographischen Literatur zu Raum und Raumsemantiken dazu spricht Bände).

Auch hier kann die Beobachtungstheorie mit ihren Möglichkeiten zur Auflö-
sung und zur analytischen Rekonstruktion von Konstruktionen helfen (vgl. auch
Redepenning 2008). Dies veranschaulichen u.a. die Beiträge von *Hans-Jochen
Luhmann* zum Umgang mit BSE in Deutschland, von *Günther Weiss* zu den lokal
unterschiedlich geführten Diskussionen um die Chancen und Risiken der Ansiedlung industrieller Großanlagen, von *Keiler* und *Fuchs* über die Erstellung und
Folgen von Gefahrenzonenplänen oder das Gespräch mit *Andreas Siebert* über die
Praxis der Verräumlichung von Risiken im Kontext der Münchner Rückversiche-
rungs-Gesellschaft.

Nimmt man den Modus der Beobachtung zweiter Ordnung ein, sieht man an
diesen Beispielen, dass die Verräumlichung oder Geocodierung von Risiken durch
ihre vermeintliche Eindeutigkeit und Objektivität Stabilität produziert. Sie erzeugt
ein quasi-objektives Orientierungswissen und macht Risiken auf diese Weise
praktisch bearbeitbar: Die von Wildbächen, Lawinen, der BSE-Seuche oder der
industriellen Sulfatzellstoffproduktion ausgehenden Gefahren bzw. mit ihnen verknüpften Risiken werden durch die Verräumlichungsoperation konkretisiert und
in Risiken transformiert, die in bestimmten Räumen konzentriert sind. Genau betrachtet besteht das Risiko nun in vielen Fällen darin, die ausgezeichneten Räume
zu betreten (zu bewohnen usw.), die Räume selbst erscheinen eher als gefährliche
oder gefährdete Bereiche. In diesem Sinne ließe sich durchaus darüber nachdenken, ob sich durch die Praxis der Verräumlichung von Risiken der von Niklas
Luhmann für moderne Gesellschaft beschriebene Prozess der zunehmenden
Transformation von Gefahren in Risiken, nicht umgekehrt. Also Risiken durch
den Prozess der Verräumlichung wieder zu Gefahren für die Gesellschaft werden
– zumindest in bestimmten Fällen, ähnlich wie in *Dirksmeiers* Interpretation die
Gefahr über die Figur des Fremden in die Stadt zurückkehrt und je nach Kontext
und selbstwahrgenommener Gestaltungskompetenzen der beobachtenden Personen mal als Gefahr und mal als Risiko erscheint (vgl. S. 43 ff).

Wenn *Siebert* von der Münchner Rück erklärt, dass die „Geo-Referenzierung" die „Kontrolle der kumulierten Risiken" erlaubt, drückt er hiermit etwas aus, was auch in den anderen Beiträgen sichtbar wird: Die Verräumlichung macht Risiken für den gesellschaftlichen Umgang mit ihnen handhabbar und schafft Handlungs- und Kalkulationssicherheit. Der Preis für diese in der gesellschaftlichen Praxis sehr ‚wertvolle' Funktion der Verräumlichung, an der auch die Wissenschaft beteiligt ist (siehe den Beitrag von *Ulrich Best*, S. 189), ist die Verschleierung des Konstruktcharakters der räumlich-territorialen Codierung. Mit der Verräumlichung werden die Unschärfe, die Entscheidungsabhängigkeit und damit auch die Unsicherheit der Risikokonstruktion abgedunkelt.

These 3: Die Verräumlichung von Risiken dient der Verantwortungsentlastung, ermöglicht soziale Kontrolle und ist Bestandteil der Reproduktion von Macht- und Ungleichheitsverhältnissen

Die Verräumlichung von Risiken befördert nicht nur ihre Ontologisierung – Risiken ‚existieren', da sie hier oder dort, d. h. an konkret benennbaren Orten oder in bestimmten Räumen bestehen oder zu erwarten sind –, sondern auch ihre ‚Vernatürlichung'. Dies gilt im mehrfachen Sinne. Im Falle von außersozialen Ereignissen wie Hangrutschungen, Überschwemmungen usw. richtet die territorialisierende Verräumlichung den Blick auf Orte, die als Bestandteile der natürlichen Umwelt der Gesellschaft gelten. Die gängige Rede von ‚natürlichen' Ereignissen oder von naturgefahreninduzierten Risiken (hier oder dort ‚schlägt die Natur zurück') zeigt an, dass mit der externalisierenden Referenz auf die physische Umwelt der Gesellschaft oder auf die von der Natur geprägten Räume die Frage der anthropogenen Verursachung bzw. Konstruktion der interessierenden Risiken in den Hintergrund rückt. Exemplarisch illustriert dies die von *Detlef Müller-Mahn* untersuchte Rückkehr des Geodeterminismus in die Klimawandeldebatte. Geodeterministische Deutungen machen den Klimawandeldiskurs zu einem Risikodiskurs, der Ursachen wie Verantwortung letztlich nicht in der Gesellschaft oder bei einzelnen Akteuren sucht, sondern in der Natur. Diese Verantwortungszuschreibung entlastet die Gesellschaft. Dass der Entlastungseffekt der ‚Vernatürlichung' von Risiken nicht nur für ‚natürliche', sondern auch für andere Risiken gilt, zeigt eindrucksvoll der Aufsatz von *Henning Füller* und *Nadine Marquardt*. So basiert die von ihnen rekonstruierte Strategie des Risiko-Managements in Downtown Los Angeles auf der Konstruktion und Wahrnehmung einer „Quasi-Natürlichkeit" der Problemlagen, mit denen Investoren und Stadtentwickler konfrontiert sind. Mit der verräumlichenden Risikomanagement-Strategie des *Place Making* begegnen die Entwickler gesellschaftlich verursachten Problemen, als seien sie naturgegebene Notwendigkeiten. Phänomene wie die Wohnungslosigkeit werden „derart in eine Sphäre jenseits politischer Lösbarkeit verlagert" (S. 226). Die Anerkennung der quasi-natürlichen „Unabänderlichkeit" des Phänomens gebietet und legitimiert die Durchführung eines auf bestimmte Gruppen gerichteten „Problemmanagements" (S. 227).

Dass auf diese Weise sowohl soziale Kontrolle ausgeübt als auch spezifische Macht- und Ungleichheitsverhältnisse reproduziert werden, ist bemerkenswert, aber nicht wirklich überraschend. Wenn man sich von der Annahme leiten lässt (und sie in diesem Band vielfach bestätigt findet), dass Risiken und Sicherheiten soziale Konstruktionen sind, dann sind sie – als Herstellungsleistungen – stets eingelassen in soziale Prozesse und Beziehungen, mithin auch in die Macht- und Ungleichheitsverhältnisse der Gesellschaft. In unterschiedlicher Deutlichkeit belegt jeder Aufsatz des Buches diese These. Die Ordnungsfunktion räumlicher Unterscheidungen (dieses hier – jenes dort) prädestiniert ihren Gebrauch für die Durchsetzung von Machtansprüchen oder den Erhalt von Machtpositionen. Nicht nur bei verräumlichten Konstruktionen von Risiken, sondern auch und gerade bei verräumlichten Konstruktionen von Sicherheiten oder Gefahren sind Interessen im Spiel. Noch klarer als die Beiträge von *Füller* und *Marquardt, Keiler* und *Fuchs, Mohring, Pott* und *Rolfes* oder das Gespräch mit *Siebert* demonstrieren dies die Fallbeispiele von *Ulrich Best* oder von *Olivier Graefe*. Sowohl über *verräumlichte Zugänge* (z. B. zur durch moderne Infrastruktur ermöglichten sicheren Trinkwasserversorgung; siehe den Aufsatz von *Graefe* zur Wasserversorgung im ländlichen Marokko) als auch über *verräumlichte Ausschlüsse* (unerwünschter Migranten vom europäischen „Raum der Freiheit, der Sicherheit und des Rechts"; siehe den Aufsatz von *Best* zur Versicherheitlichung der EU-Migrationspolitik) werden Machtpositionen reproduziert, Ressourcenansprüche artikuliert und die in der Gesellschaft bestehenden sozialen Ungleichheiten verfestigt.

These 4: Die geographische Risikoforschung produziert nicht nur Sicherheit, sondern auch neue Risiken

Paradoxerweise führt die auf Sicherheit zielende Forschung über Risiken zu einer Erhöhung der Risiken für die Gesellschaft. Dies gilt zunächst in einem eher allgemeinen Sinn: Die Erforschung von Risiken sowie die Entwicklung von geeigneten Strategien für den Umgang mit ihnen beabsichtigen, Risiken zu zähmen und die Welt sicherer zu machen. Oft genug produziert diese Praxis jedoch den umgekehrten Effekt: Das wissenschaftlich geförderte Bewusstsein über Risiken und das Nachdenken über Abwehr- oder Minimierungsstrategien führen zu einer größeren Intensität von Anspannung und Angst in der Gesellschaft. Dies ist seit längerem bekannt (vgl. Lupton 1999, S. 13). Darüber hinaus zeigen einige der hier versammelten Beiträge, dass die Risikoforschung selbst – neben der beabsichtigten Produktion von sicherheitsorientierten Strategien – neue Risiken für die Gesellschaft erzeugt. *Keiler* und *Fuchs*, zum Beispiel, weisen nach, dass die für die Stadtplanung gedachte Entwicklung des Gefahrenzonenplans und sein anschließender Einsatz zu einer intensivierten Bautätigkeit im Bereich der gelben Gefahrenzone (synonym für „teilweise gefährdeter Bereich"), vor allem aber am Rand zur roten Gefahrenzone (synonym für „hochgefährdeter Bereich") geführt haben. Die Konsequenz ist, dass sowohl die Gebäudewerte als auch die Zahl der sich dort in der Regel aufhaltenden Personen ansteigen (S. 65 ff.). Die Bedrohung und der potenzielle Schaden durch Lawinen, die sich nicht an die berechneten Gefährdungsbereiche halten (was angesichts des globalen Wandels im Klimasystem eher zu erwarten als ausgeschlossen erscheint) sind folglich gestiegen. Der Gefahrenzonenplan, ein zentrales Instrument des Risikomanagements zur Produktion von Sicherheit für die betroffenen Gemeinden, erweist sich gerade aufgrund der konkreten Verräumlichung der Risiken und der damit einhergehenden Vorstellung von Handhabbarkeit und Handlungssicherheit selbst als Instrument der Produktion neuer Risiken.

Insbesondere aufwändige technische Installationen und Verbauungen werden häufig zur Quelle neuer Risiken. So erzeugen das Aufstauen eines Flusses und die Möglichkeit zum regulierten Wasserdurchfluss einerseits einen Teil der für unsere Lebensweise nötigen Energie; gleichzeitig stellt ein Staudamm ein enormes (und neues) Risiko für die am Unterlauf des aufgestauten Flusses liegenden Gemeinden dar. Erdbeben (auch in Deutschland nicht ausgeschlossen) oder terroristische Anschläge würden hier einen enormen Schaden verursachen. *Bründl* weist in diesem Zusammenhang noch auf einen anderen wesentlichen Aspekt hin (S. 148): Die Räume, die mit einer baulichen Schutzmaßnahme (Deich, Lawinenschutz, Befestigung von Hängen usw.) versehen wurden, sollen und wollen – aus ökonomisch-gesellschaftlicher Perspektive – auch genutzt werden. Oftmals geht das mit einer intensiveren Nutzung als vor Errichtung der Schutzmaßnahme einher. Man denke beispielsweise an die Niederlande: Zwanzig Prozent des Landes liegen unter dem Meeresspiegel, 38 Prozent unter dem Hochwassermeeresspiegel, und genau in diesen Bereichen lebt etwa die Hälfte der Gesamtbevölkerung der Niederlande. Die Region wird seit Jahrzehnten durch intensivste Deichbaumaßnahmen geschützt, deren Ausmaß fast jährlich steigt. Es ist jedoch absehbar, dass die Verbauungen nicht sehr lange ausreichen werden. Zum einen sinkt die Landmasse aufgrund isostatischer Ausgleichsbewegungen nach der letzten Eiszeit immer noch (vgl. Rietveld 1980), zum anderen wird aufgrund des globalen Klimawandels ein Ansteigen des Meeresspiegels erwartet. Der gesellschaftliche Wunsch nach Nutzung von Flächen, die mit derart teuren Verbauungen geschützt werden, ist verständlich. Gleichzeitig erhöht jede Baumaßnahme das Risiko für ein Mega-Ereignis. Nach dem langen zwanzigsten Jahrhundert, in dem der Glauben an das technisch Machbare und Ideen von Steuerung und Kontrolle sehr dominant waren, ist die Wissenschaft selbst riskant geworden. Das ist keine neue Erkenntnis: Nach Ulrich Beck (1986, 2008) ist dieser Zusammenhang eines der Kernelemente der reflexiven Gesellschaft der so genannten Zweiten Moderne, die sich mit ihren selbstproduzierten Risiken konfrontiert sieht.

Für die Forschenden in der Risikoforschung ist dies dennoch eine wichtige Erkenntnis. Zwar wird bereits vielfach gefordert, dass die „Unsicherheiten" der Analyse (meist bezogen auf die bei der Berechnung eingeflossenen Parameter) deutlicher kommuniziert werden sollten. Jedoch erscheint die Ergebnisdarstellung von Risikoanalysen noch allzu oft im Modus der Repräsentation einer traditionellen wissenschaftlichen Expertenkultur, für die das Eingeständnis von „Unsicherheit" oder „Nicht-Wissen" einer massiven Bedrohung ihrer Existenz gleichkommt. In einer Gesellschaft, in der das Handeln von Individuen, Organisationen

und Staaten zunehmend auf Wissen basiert, in der aber gleichzeitig die Begrenzt-
heit des Wissens bewusst wird und die Bedeutung von Nicht-Wissen (im Sinne
der Unkalkulierbarkeit von Entscheidungsfolgen, vgl. Bechmann & Stehr 2000)
zunimmt, bleibt uns nichts anderes übrig, als zu akzeptieren, dass der Wunsch
danach, „gefahrlos riskant leben" (Luhmann 1990, 163) zu können, ein Wunsch-
traum bleiben muss. Gesellschaftlich gesehen gibt es keine Alternative, als uns
Risiken zu leisten. Denn in der Regel muss entschieden werden, egal ob dies unter
den Bedingungen von Wissen oder unter den Unsicherheitsbedingungen von
Nicht-Wissen erfolgt. Trotz aller Einschränkungen und Unsicherheiten, die mit
der wissenschaftlichen Wissensproduktion einhergehen, erscheint die Wissenschaft nach wie vor als vorteilhafter Weg, um Wissen für die moderne Gesellschaft zu erzeugen. Allerdings sollte sich ihre Haltung ändern, will sie ihre Legitimation als Wissensproduzentin beibehalten (die sie angesichts diverser Krisen in
den letzten Jahrzehnten zunehmend einbüßt). Mit Bechmann & Stehr (2000, 121)
liest sich die zentrale Anforderung an die Wissenschaft wie folgt: „Nicht die Ver-
kündung gesicherten Wissens ist ihre Aufgabe, sondern Management von Unsicherheit". Und dazu gehört notwendigerweise auch die Kommunikation über die
Bedingungen und Praktiken der Konstruktion von Risiken.

Abschließend werfen wir noch einen (selbst-)kritischen Blick auf die Chancen
und Limitationen, die Potenziale und Grenzen der Beobachtungstheorie, die wir
am Beispiel der geographischen Risikoforschung erproben wollten. Wir räumen
ein, dass die Beobachtungstheorie als Analyseinstrument durchaus Schwierigkeiten mit sich bringt. So sind beispielsweise Fragen nach Machtverhältnissen und
den eingesetzten Strategien in sozialen Aushandlungsprozessen nicht automatisch
im Fokus. Es bedarf einiger gedanklicher Anstrengung, um diese Aspekte beobachtungstheoretisch zu fassen. Darüber hinaus ist es keineswegs einfach, Beobachtungen erster Ordnung und Beobachtungen zweiter Ordnung analytisch klar
voneinander zu trennen. Jede Beobachtung zweiter Ordnung ist zugleich eine Beobachtung erster Ordnung, so dass von einem ‚mehr Sehen' nicht wirklich ausgegangen werden kann, von einem Sehen von ‚anderem' dagegen sehr wohl.
Zugleich fordert die Anwendung der Beobachtungstheorie eine Umstellung in der
Forschung, da bei der Bearbeitung der wissenschaftlichen Fragestellung mit Hilfe
die Beobachtung zweiter Ordnung gleichzeitig der Modus der Selbstreflexion
mitgeführt wird. Diese Schwierigkeit offenbart sich in unseren Fallbeispielen an
vielen Stellen. Exemplarisch sei (mit dem Einverständnis der Autorin und der
Autoren) noch einmal auf den Beitrag von *Bell, von Elverfeldt* und *Glade* verwiesen. In ihrem Text wird deutlich, dass es sich um eine *post hoc*-Betrachtung der
Forschungsprozesse handelt, die mit Hilfe der Beobachtungstheorie das eigene
und das Vorgehen anderer in den Blick nimmt. Der ontologische Bruch zwischen
den Primärarbeiten und der in diesem Band dargestellten (selbst-)reflexiven Zusammenschau ist spürbar: Hier die Annahme, dass Hangrutschungen etwas Gege-
benes in der Realität sind, die mit der Kartierung bestimmt werden, dort die Perspektive, dass alles, was ‚ist', das Resultat einer beobachtungs- und kontextabhängigen Entscheidung ist. Man merkt an diesem Beispiel, dass sich die Potenzia-

le der Beobachtungstheorie nicht voll entfalten konnten. Offen bleiben muss daher leider, zu welchen Ergebnissen ein derartiges Kartierungsprojekt gelangt wäre, wäre es von Beginn an beobachtungstheoretisch informiert konzipiert worden.

Wir wagen an dieser Stelle kein abschließendes Urteil über die Potenziale und Grenzen der Beobachtungstheorie. Jedoch zeigen alle Beiträge auf unterschiedliche Weise, dass (und teilweise auch wie) man den auftretenden Schwierigkeiten begegnen kann. Über den Modus der Beobachtung zweiter Ordnung lässt sich nachvollziehen, dass einerseits tatsächlich jedes Risiko das Ergebnis eines sozial-kommunikativen Konstruktionsprozesses und damit kontingent ist. Andererseits ist es genau diese Kontingenz, die das Konstrukt „Risiko" so anschlussfähig und sozial erfolgreich in der modernen Gesellschaft sein lässt. Kontingenz bedeutet weder Beliebigkeit noch Determiniertheit. Vielmehr ist das, was in der modernen Gesellschaft als Risiko wahrgenommen und bezeichnet wird, das Ergebnis prozesshafter und kontextualisierter Kommunikationen, in denen jedes Konzept von Risiko seine Anschlussfähigkeit immer wieder beweisen muss. Insbesondere die Breite der Fallstudien – von naturgefahreninduzierten Risiken über die Ansiedlung von Industrieunternehmen bis hin zu Migration und Stadtentwicklung – lässt den vorläufigen Schluss zu, dass die Beobachtungstheorie für die Risikoforschung einen wertvollen Beitrag leisten kann und sich in ein tragfähiges Konzept für die Risikoanalyse einbinden lässt. Insofern bleibt zu hoffen, dass dieser Band den Anfang einer beobachtungstheoretisch fundierten geographischen Risikoforschung bildet.

LITERATUR

Bechmann, Gotthard und Nico Stehr (2000): Risikokommunikation und die Risiken der Kommunikation wissenschaftlichen Wissens: Zum gesellschaftlichen Umgang mit Nichtwissen. In: GAIA 9 (2): 113–121.

Beck, Ulrich (1986): Risikogesellschaft. Auf dem Weg in eine andere Moderne. Frankfurt am Main.

Beck, Ulrich (2008): Weltrisikogesellschaft. Auf der Suche nach der verlorenen Sicherheit. Frankfurt am Main.

Luhmann, Niklas (1990): Risiko und Gefahr. In: Ders. (Hg.): Konstruktivistische Perspektiven, 131–169, Opladen.

Lupton, Deborah (1999): Risk. Milton Park.

Redepenning, Marc (2008): Eine selbst erzeugte Überraschung: Zur Renaissance von Raum als Selbstbeschreibungsformel der Gesellschaft. In: Jörg Döring und Tristan Thielmann (Hg.): Spatial Turn. Das Raumparadigma in den Kultur- und Sozialwissenschaften. Bielefeld, transcript: 317-340.

Rietveld, H. (1980): Land subsidence in the Netherlands. Delft, Netherlands

DIE AUTORINNEN UND AUTOREN

Dr. Rainer Bell
Institut für Geographie und Regio-
nalforschung der Universität Wien
Universitätsstraße 7
A-1010 Wien
rainer.bell@univie.ac.at

Dr. Ulrich Best
DAAD Visiting Professor
Canadian Center for German and
European Studies and
Department of Geography
York University
4700 Keele Street
Canada - Toronto, ON, M3J 1P3
ubest@yorku.ca

Dr. Michael Bründl
WSL-Institut für Schnee- und Lawi-
nenforschung SLF
Flüelastraße 11
CH-7260 Davos-Dorf
bruendl@slf.ch

Dr. Peter Dirksmeier
Geographisches Institut der
Humboldt-Universität zu Berlin
Unter den Linden 6
D-10099 Berlin
peter.dirksmeier@geo.hu-berlin.de

Prof. Dr. Heike Egner
Institut für Geographie und Regio-
nalforschung der Alpen-Adria-
Universität Klagenfurt
Universitätsstrasse 65-67
A-9020 Klagenfurt
heike.egner@uni-klu.ac.at

Dr. Kirsten von Elverfeldt
Institut für Geographie und Regio-
nalforschung der Universität Wien
Universitätsstraße 7
A-1010 Wien
kirsten.von.elverfeldt@univie.ac.at

PD Dr. Sven Fuchs
Institut für Alpine Naturgefahren
Universität für Bodenkultur
Peter-Jordan-Straße 83
A-1190 Wien
sven.fuchs@boku.ac.at

Dr. Henning Füller
Institut für Geographie der
Universität Erlangen
Kochstraße 4/4
D-91054 Erlangen
*hfueller@geographie.uni-
erlangen.de*

Prof. Dr. Thomas Glade
Institut für Geographie und Regio-
nalforschung der Universität Wien
Universitätsstraße 7
A-1010 Wien
thomas.glade@univie.ac.at

Prof. Dr. Olivier Graefe
Department of Geosciences,
Geography Unit
Chemin du Musée 4
CH-1700 Fribourg
Olivier.Graefe@unifr.ch

Dr. Margreth Keiler
Institut für Geographie und Regio-
nalforschung der Universität Wien
Universitätsstraße 7
A-1010 Wien
margreth.keiler@univie.ac.at

Dr. Hans-Jochen Luhmann
Wuppertal Institut für Klima,
Umwelt, Energie GmbH
Döppersberg 19
D-42103 Wuppertal
jochen.luhmann@wupperinst.org

Dr. Nadine Marquardt
Institut für Humangeographie der
Universität Frankfurt am Main
Robert-Mayer-Straße 6-8
D-60325 Frankfurt am Main
n.marquardt@em.uni-frankfurt.de

Dipl.-Geogr. Katharina Mohring
Institut für Geographie der
Universität Potsdam
Karl-Liebknecht-Straße 24/25
D-14476 Potsdam
kmohring@uni-potsdam.de

Prof. Dr. Detlef Müller-Mahn
Lehrstuhl für Bevölkerungs- und
Sozialgeographie der
Universität Bayreuth
Universitätsstraße 30
D-95447 Bayreuth
muellermahn@uni-bayreuth.de

Prof. Dr. Andreas Pott
Geographisches Institut der
Universität Osnabrück
Seminarstraße 19 a/b
D-49069 Osnabrück
andreas.pott@uni-osnabrueck.de

Prof. Dr. Manfred Rolfes
Institut für Geographie der
Universität Potsdam
Karl-Liebknecht-Straße 24/25
D-14476 Potsdam
mrolfes@rz.uni-potsdam.de

Dipl.-Geogr. Andreas Siebert
Münchener Rückversicherungs-
Gesellschaft AG
Königinstraße 107
D-80802 München
asiebert@munichre.com

PD Dr. Günther Weiss
Seminar für Geographie und ihre
Didaktik der Universität Köln
Gronewaldstraße 2
D-50931 Köln
g.weiss@uni-koeln.de